3D PRINTING
Technology, Principles and Applications

3D打印

原理、技术与应用

吕鉴涛 | 编著

人 民 邮 电 出 版 社
北 京

图书在版编目（C I P）数据

3D打印 ：原理、技术与应用 / 吕鉴涛编著. -- 北京 ：人民邮电出版社，2017.5
ISBN 978-7-115-44055-6

Ⅰ. ①3… Ⅱ. ①吕… Ⅲ. ①立体印刷－印刷术 Ⅳ. ①TS853

中国版本图书馆CIP数据核字(2016)第284346号

内 容 提 要

本书通过汇集整理国内外与增材制造（3D 打印）相关的大量资料、文献以及前沿技术报道，书的前半部分章节对 3D 打印技术的起源与发展、3D 打印机系统结构与控制系统、3D 打印技术及材料分类与应用、3D 打印数据处理与通用建模软件概览以及 3D 打印编程技术与通用算法等方面进行了系统性的阐述。书的后半部分章节则从实战的角度，通过解构现有的部分软硬件系统，对初步接触 3D 打印技术的读者进行具有可操作性和实用化的学习引导。本书还讨论了 3D 打印技术与“中国制造 2025”的重要关系，以及对 3D 打印技术未来发展的前瞻性的展望。

本书适合对 3D 打印技术感兴趣的读者阅读与参考。

◆ 编　　著　吕鉴涛
　责任编辑　邹文波
　责任印制　杨林杰
◆ 人民邮电出版社出版发行　　北京市丰台区成寿寺路 11 号
　邮编　100164　　电子邮件　315@ptpress.com.cn
　网址　http://www.ptpress.com.cn
　北京天宇星印刷厂印刷
◆ 开本：700×1000　1/16
　印张：16.5　　　2017 年 5 月第 1 版
　字数：227 千字　　　2024 年 7 月北京第 7 次印刷

定价：49.80 元

读者服务热线：(010)81055256　印装质量热线：(010)81055316
反盗版热线：(010)81055315
广告经营许可证：京东市监广登字 20170147 号

前言

INTRODUCTION

3D 打印技术自面世以来，距今已有 30 多年的历史。直至近年，随着信息科学与材料技术等相关产业的高速发展，3D 打印突破原有诸多应用上的技术障碍，逐渐走入大众的视野，并引发人们极大的关注和探索热情。3D 打印，即快速成型技术，是基于材料堆积法的一种高新制造技术，被认为是近 20 年来制造领域的一个重大成果。它集机械工程、CAD、逆向工程技术、分层制造技术、数控技术、材料科学、激光技术于一身，可以自动、直接、快速、精确地将设计思想转变为具有一定功能的原型或直接制造模型，从而为原型制造、新设计思想的校验提供一种低成本的实现手段。

3D 打印作为第四次工业革命的代表技术，受到了世界各国政府的高度重视。2013 年，美国总统奥巴马在国情咨文演讲中强调了 3D 打印技术的重要性，希望推动美国 3D 打印产业的发展。在军工领域，美国军方不间断地举行各种 3D 打印技术的培训活动，而且也正在研究新型的 3D 打印应用方案以优化现役军队的作战装备，同时还在海军战舰上配备了性能强大的 3D 打印设备以备不时之需。德国在 3D 打印领域也处于全球领先地位，这得益于德国 3D 打印联盟对这一技术的大力推广。2007—2013 年，欧盟第七框架计划（7th Framework Programme）为 60 个 3D 打印联合研究项目提供了支持，总计投资 1.6 亿欧元。在欧盟《地平线 2020 项目计划（2014—2020 年）》框架下，一些新的 3D 打印研究项目将继续被支持，并且一些用于商业应用的 3D 打印项目也将纳入计划。此外，欧盟还将成立一个欧洲 3D 打印技术平台，为 3D 打印行业的企业分享信息、提供技术和经济方面的解决方案或者进行指导等，并且欧盟还将支持一些 3D 打印成果转化中心的建设。

2015 年，《中国制造 2025》以及《国家增材制造产业发展推进计划

（2015—2016 年）》相继出台。计划指出，到 2016 年，初步建立较为完善的增材制造产业体系，整体技术水平保持与国际同步，在航空航天等直接制造领域达到国际先进水平，在国际市场上占有较大的份额。我国于 1999 年才开始金属零件的激光快速成型技术研究，晚美国十几年，但是发展速度很快。在 3D 打印领域，中国厚积薄发，尤其是近年来的发展势头极为迅猛，大有后来居上之势。在飞机钛合金大型整体结构件的激光快速成型方面，我国已取得重要突破。目前，中国已具备了使用激光成型超过 $12m^2$ 的复杂钛合金构件的技术和能力，成为目前世界上唯一掌握激光成型钛合金大型主承力构件制造和应用的国家。中国航空业在 3D 打印技术上已经走在了世界前列，多个型号飞机使用了 3D 打印部件，部分技术已经达到世界领先水平。据新华社报道，中船重工第 705 研究所历经近一年的研制，在 3D 打印技术领域取得重大突破，借助直接金属激光烧结快速成型技术实现了 3D 打印，成为继美国、德国等 3D 打印技术巨头之后，世界上第四家掌握该技术的企业。

正因为 3D 打印技术如此重要，与之相关的大量技术资料也应运而生。作为一名 3D 打印行业的从业者，面对网络及其他各种渠道扑天盖地而来、良莠不齐的海量信息片段进行真伪辨识时我们也颇感力不从心，于是想通过自己的努力，基于项目运作的实际经验和相关知识的积累，编写一本通俗易懂、内容准确、可读性强的资料性读本奉献给大家，力求在创新性、前瞻性、可操作性和应用性等方面形成特色，做到内容尽量涵盖 3D 打印技术的主要方面。

本书适用范围较广，既可作为具有一定基础的技术爱好者对这一领域的认知导引，也可作为 3D 打印技术培训机构的培训教材，或者作为高等院校相关专业的课程和教学参考用书。

随着 3D 打印技术应用日新月异的飞速发展，该领域的理论与技术水平也将同步快速提升。尽管我们力求精益求精，及时吸纳最新的技术理念和应用成果，但限于编者的理论水平和知识结构，书中难免出现各种错误和不妥之处，恳请读者不吝赐教予以批评斧正。

本书由吕鉴涛编著，郭洋和程小伟也参与了部分章节的编写及资料的收集整理工作。电子科技大学教授高源慈博士在本书编写过程中提供了宝贵的意见。在此，向所有为本书的出版做出贡献的朋友表示衷心感谢。同时也要感谢我的家人，没有他们的支持，本书不可能这么快面世。

编者

2017 年 1 月于成都

目录

CONTENTS

第 1 章 引论

人类发展历史上的每一次革命性技术进步都会给整个社会生活和行业生态带来巨大的变革和机遇。作为一项新型技术，增材制造（Additive Manufacturing，AM）开始在各个领域展现出前所未有的巨大潜能，并吸引了众多国家和产业巨头对此投以极大的关注和资本投入。增材制造，俗称三维打印（Three-Dimensional Printing，3D Printing）或者快速原型制造（Rapid Prototyping，RP），它基于离散—堆积（Discrete-Collecting）原理，由零件三维数据驱动直接制造零件，是传统制造工艺的全新升级。

人类制造技术的发展已有几千年历史，制造工艺经历了“手工制造”“等材制造”“减材制造”和“增材制造”4 个阶段。其中，“手工制造”是最原始的方法，它通过简易的工具对材料进行加工。该方法制作出来的产品一般精度不高、功能简单，而且对原材料的浪费也很大。“等材制造”则是指采用锻造、铸造、焊接、粉末冶金等热加工材料制造方法，在加工的过程中原材料基本不会损失。“减材制造”则是指采用车、铣、磨等技术，在加工过程中原材料会损失一部分。直到近 30 年来，采用材料逐渐累加制造实体零件的技术，也就是所谓的“增材制造”技术才逐步发展起来并成为一种引起社会广泛关注的新型技术，采用该技术进行制造，不会对原材料造成浪费。西方媒体把这种实体自由成型制造技术誉为将带来“第四次工业革命”的新技术。《连线》杂志（Wired）主编克里斯·安德森（Chris Anderson）曾说过，“3D 打印是一件比互联网更重大的事情。”我们同样也有理由相信，3D 打印技术与当年工业革命所带来的庞大工厂整合一样，人们可以将工厂整合到计算机屏幕上一个简单的图标——制造。

3D 打印，作为一种快速成型技术，它是一种以数字模型文件为基础，将金属粉末、流体材质、塑料等各种类型的可粘合材料，通过计算机软件程序控制，使用逐层堆叠材料的方式来构建物体的立体成型技术。3D 打印机（3D Printers）（见图 1-1）作为 3D 打印技术具体呈现的可操作实体装备，一般根据用途和所采用的打印材料，具有各种不同的外观和形态。目前，我们能想象的很多东西，如房子、汽车、衣服、飞机零部件、人们日常吃的煎饼和巧克力甚至是人体部分器官等都可以通过 3D 打印机“打印”出来。

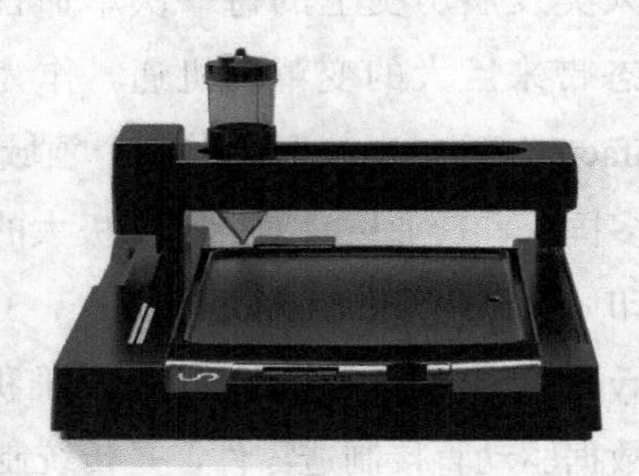

图 1-1　3D 打印机实物图

无论如何，3D 打印实现了一种可能：只要你拥有一台打印机，一个创意或想法，无论你是身处边远乡村，抑或是繁华都市，都可以通过自己的方式去改造这个世界——至少可以先改变自己的世界。

图 1-1 中，左例为一款以 ABS 材质为原料的通用 3D 打印机实物图；右例为一款煎饼打印机实物图（煎饼打印机所用原料为精面粉、牛奶、鸡蛋、白糖等按照一定比例混合调配而成的流体状可食用材料）。

3D 打印技术起源于 20 世纪 90 年代中期，经过 20 多年的发展，现在技术日趋成熟和稳定。随着 3D 打印技术应用的不断拓展，它将不再局限于制造技术领域，而是逐渐成为一种社会创新的工具。特别是在当前“大众创业，万众创新”的大环境下，这种工具使人人都可以成为创造者，从而支撑创新型社会的快速发展。随着 3D 打印开辟新的前沿领域，普通民众可以方便快捷地通过拥有 3D 打印机，从而拥有以前难以轻易获取的设计和生产制造工具的能力，制造业和商业模式将发生巨大的变革，现有的知识产权法也将面临巨大的挑战。一些传统的行业将受到 3D 打印技术冲击逐渐萎缩直至消失。然而，更多的新兴行业可能因此脱颖而出并衍生出各种新的商业生态。例如，基于云计算技术和3D打印技术的分布式制造系统的出现，从根本上颠覆了传统的工厂来料加工制造模式，客户仅需要一个好的想法就可以通过3D打印云平台对接在线的创意设计师，将客户的想法变成可打印的三维数字切片文件，然后通过分布在不同地域的联机3D云打印机，将最终产品通过订制化的流程制造出来。在这种模式下，生产周期将极大缩短，同时生产流程的客户现场参与感将大幅度提升。

随着技术的迅猛发展，对于3D打印技术潜在优势的预测，在现阶段还无法做到十分准确的描述。然而，通过对不同行业、不同专业背景、不同技术水平和不同认知水平群体的调查和分析，可以将3D打印在减少生产成本、时间和空间复杂度方面所体现出来的技术优势做如下归纳。

1. 制造复杂物品不增加成本

就传统制造而言，物体形状越复杂，制造成本越高。对于3D打印机而言，制造形状复杂的物品不增加成本，制造一个华丽的、形状复杂的物品并不比打印一个简单的方块消耗更多的时间、技能或成本。制造复杂物品而不增加成本将打破传统的定价模式，并改变人们计算制造成本的方式。

2. 产品多样化不增加成本

传统的制造设备功能较少，做出的形状种类有限。一台3D打印机却可以打印许多形状，它可以像工匠一样每次都做出不同形状的物品。3D打印省去了培训机械师或购置新设备的成本，一台3D打印机只需要不同的数字设计蓝图和一批新的原材料。

3. 无需组装

传统的大规模生产建立在组装线基础上，在现代工厂，机器生产出相同的零部件，然后由机器人或工人（甚至跨洲）组装，产品组成部件越多，组装耗费的时间和成本就越多。3D打印能使部件一体化成型。3D打印机通过分层制造可以同时打印一扇门及上面的配套铰链，不需要组装。省略组装就缩短了供应链，节省在劳动力和运输方面的花费。供应链越短，污染也就越少。

4. 零时间交付

3D 打印机可以按需打印。即时生产减少了企业的实物库存，企业可以根据客户订单使用 3D 打印机制造出特别的或定制的产品来满足客户需求，所以 3D 打印机将使新的商业模式成为可能。如果人们所需的物品按需就近生产，零时间交付式生产能最大限度地减少长途运输的成本。

5. 设计空间无限

传统制造技术和工匠制造的产品形状有限，制造形状的能力受制于所使用的工具。例如，传统的木制车床只能制造圆形物品，轧机只能加工用铣刀组装的部件，制模机仅能制造模铸形状。3D 打印机则可以突破这些局限，开辟巨大的设计空间，甚至可以制作目前可能只存在于自然界的形状。

6. 零技能制造

虽然计算机自动控制下的机器制造降低了对人员技能的要求，但是传统的制造机器仍然需要熟练的专业人员进行机器调整和校准以及其他相关操作，这些操作很多时候非常依赖技术人员的经验和技能累积。若采用 3D 打印技术进行制造，机器在生产制造过程中会从设计文件里自动获得各种操作指示，大幅降低了对技术人员的依赖程度。生产一件传统制造方式下相当复杂的物品，3D 打印机所需要的操作技能相比之下将会更少。从某种意义上说，非技能制造开辟了一种新的商业模式，并能在远程环境或极端情况下为人们提供新的生产方式。

7. 不占空间、便携制造

就单位生产空间而言，与传统制造机器相比，3D 打印机的制造能力更强。例如，一台注塑机只能制造比自身小很多的物品，然而，3D 打印机通常可以制造如其打印台一样大的物品。通过 3D 打印设备的自由移动，甚至可以制造出比自身还要大的物品。较高的单位空间生产能力使得 3D 打印机适合家用或办公使用，因为它们所需的物理空间小。

8. 减少废弃副产品

与传统的金属制造技术相比，3D 打印机制造金属时产生较少的副产品。传统金属加工的浪费量惊人，90% 的金属原材料被丢弃在工厂车间里。3D 打印制造金属时浪费量减少。随着打印材料的进步，“净成型”制造可能成为更环保的加工方式。

9. 材料无限组合

对当今的制造机器而言，将不同原材料结合成单一产品是件难事，因为传统的制造机器在切割或模具成型过程中不能轻易地将多种原材料融合在一起。随着多材料 3D 打印技术的发展，人们有能力将不同原材料融合在一起。以前无法混合的原料混合后将形成新的材料，这些材料色调种类繁多，具有独特的属性或功能。

10. 精确的实体复制

数字音乐文件可以被无休止地复制，音频质量并不会下降。未来，3D 打印将数字精度扩展到实体世界。扫描技术和 3D 打印技术将共同提高实体世界和数字世界之间形态转换的分辨率，人们可以扫描、编辑和复制实体对象，创建精确的副本或优化原件。

正是这些已经部分得到实证的优势，让很多传统企业在审慎的思考后，将前瞻性的目光凝视、定格于这个依然在蓬勃发展的新技术上，并以此为未来发展规划的战略制高点。在后续的章节，我们将逐步揭开 3D 打印技术的神秘面纱，一起走进 3D 打印技术的神奇世界，共同探讨该技术如何改变我们的生活、工作，乃至衣食住行的各个方面。

第 2 章
3D 打印技术的起源与发展

对许多第一次听到 3D 打印的人而言，他们的第一反应往往是脑海中出现与桌面老式喷墨打印机类似的东西。而实际上，桌面打印机与 3D 打印机之间的最大区别在于最终作品呈现的维度。桌面打印机属于二维打印，是在平面的各类纸张上喷绘彩色或者黑白墨水，而 3D 打印机“打印”出来的则是我们常见的三维立体实物。

2.1 3D 打印技术的基本原理与起源

对任何新技术、新理论或学说，人们总是喜欢追根朔源。例如，一直以来大家耳熟能详的那只神奇的苹果砸中了伊萨克·牛顿，从而引起了伟大的万有引力的发现。虽然据说那是法国文豪伏尔泰根据牛顿的外甥女巴尔顿夫人的说法编的，当然牛顿的手稿中也没提到那只举世闻名改变世界的苹果，然而人们仍然选择相信有这么回事。这个故事对于那些喜欢刨根问底寻找各种起源的人们或许是个很好的解释，不过是否会因此让更多的人在思考问题的时候选择坐在树下，或者通过遥望星空寻找灵感就不得而知了。但是可以肯定的是，对于 3D 打印这一新技术，人们没能提供类似的传奇故事来注解它的不平凡。

3D 打印技术的原理其实并不复杂，它是一种以数字模型文件为基础，运用粉末状金属或塑料等可黏合材料，通过逐层打印的方式来构造物体的技术。由于在 3D 打印技术原理中把复杂的三维制造转化为一系列二维制造的叠加，因而可以在不用模具和工具的条件下生成几乎任意复杂度的零部件，极大地提高了生产效率和制造柔性。对于需要模具生产的产品，手板（prototype）验证是可行性论证的第一步。3D 打印技术对于手板的制作而言，无论是其时间成本还是开模设计费用成本都将极大压缩。

一个完整的3D打印过程，首先是通过计算机辅助设计（Computer Aided Design，CAD）或其他计算机软件辅助建模，然后将建成的三维模型“切片”（Slicing）成逐层的截面数据，生成打印机可识别的文件格式（通常为STL格式文件），并把这些信息传送到3D打印机上，3D打印机会根据切片数据文件的描述来控制机器将这些二维切片堆叠起来，直到一个固态物体成型（见图2-1）。STL文件格式是由3D Systems公司于1988年制定的一个接口协议。STL文件由多个三角形面片（Triangular Facet）的定义组成，每个三角形面片的定义包括三角形各个顶点的三维坐标及三角形面片的法矢量（Normal Vector）。STL文件格式简单，只能描述三维物体的几何信息，不支持颜色材质等信息，是计算机图形学处理、数字几何处理（如CAD）、数字几何工业应用和3D打印机支持的最常见文件格式。

图2-1（a）图解了物体从三维实物到三维建模然后经过二维切片生成打印数据描述文件，最后从二维切片逐层堆叠形成三维实体的过程。图2-1（b）则图解了3D打印机的工作原理和基本步骤。

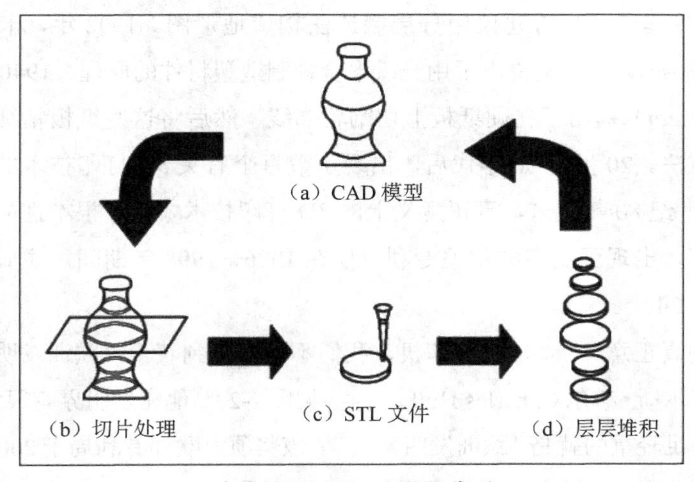

（a）3D-2D-3D 变换示意图

图2-1　3D打印原理示意图

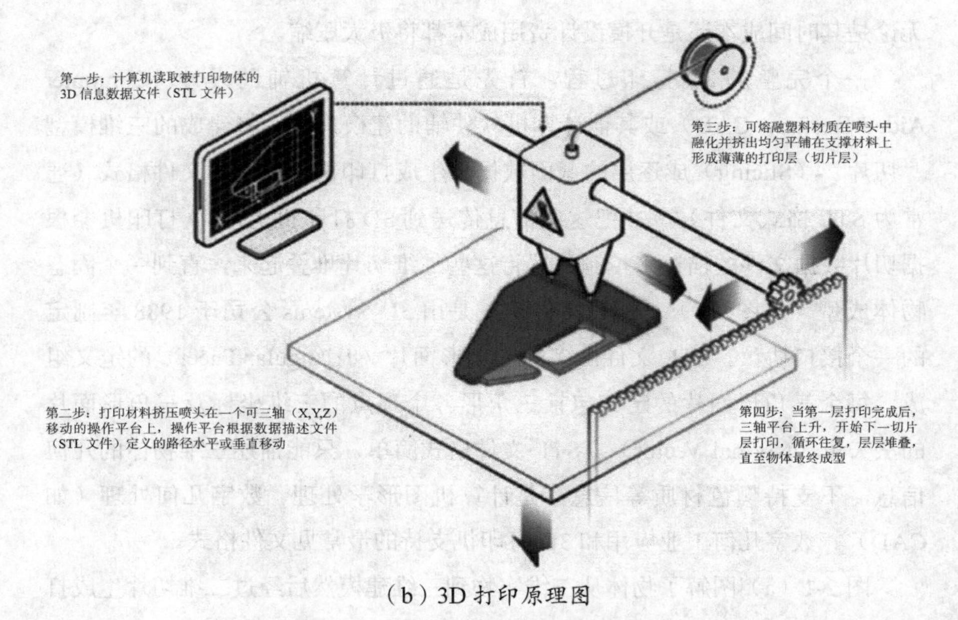

（b）3D 打印原理图

图 2-1　3D 打印原理示意图（续）

3D 打印技术的核心思想最早起源于美国。早在 1892 年，J. E. Blanther 在其专利中曾建议用分层制造法构成地形图。1902 年，卡罗基地（Carlo Bases）的专利提出了用光敏聚合物制造塑料件的原理。1940 年，佩雷拉（Perera）提出了在硬纸板上切割轮廓线，然后将这些纸板粘结成三维地图的方法。20 世纪 50 年代后，出现了数百个有关 3D 打印技术的专利。直到 20 世纪 80 年代末，真正意义上的 3D 打印技术才有了根本性的发展，这一时期，出现了更多的相关专利。仅在 1986—1998 年期间，注册的美国专利就有 24 个。

说到真正意义上的 3D 打印机，我们不得不提到获得“欧洲发明家奖”提名的查尔斯·赫尔（Charles Hull）先生（见图 2-2）。他在发明界有很多奖项，但是最举足轻重的就是“欧洲发明家奖”，该奖项由欧洲专利局于 2006 推出，并每年评选一次。该奖项荣誉颁发给为人类科技发展做出突出贡献的个人和团队。查尔斯·赫尔（Charles Hull）在 1983 年发明了液态树脂光固化成型

（*S*tereo Lithography Apparatus，SLA）技术，随后于 1984 年申请了美国专利，并于 1986 年获得有史以来第一个结合电脑绘图、固态激光与树脂固化技术的 3D 打印技术专利证书（US4 575 330）。同年，他也在加州成立了业界知名的 3D Systems 公司。1988 年 3D Systems 公司根据查尔斯·赫尔（Charles Hull）的专利，生产出第一台现代光固化 3D 打印设备 SLA-250，开创了 3D 打印技术发展的新纪元。

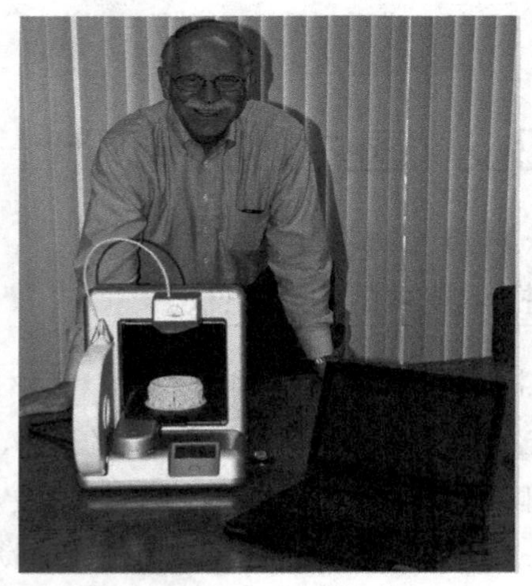

图 2-2　查尔斯·赫尔（Charles Hull）先生和他的 3D 打印机

继查尔斯·赫尔（Charles Hull）先生的发明后，1988 年 Michael Feygin 发明了分层实体制造（Laminated Object Manufacturing，LOM）成型技术。E.M.Sachs 于 1989 年申请了 3DP（Three-Dimensional Printing）工艺专利。在此后的 10 年中，3D 打印技术蓬勃发展，涌现出了十余种新型工艺和相应的 3D 打印设备。1991 年美国斯特塔西（Stratasys）公司的熔融沉积成型（Fused Deposition Modeling，FDM）设备、以色列 Cubital 公司的实体平面固化（Solid Ground Curing，SGC）设备和美国 Helisys 公司的叠层实体制造（Laminated Object Manufacturing，LOM）设备都实现了商业化。1992 年美国 DTM 公司研发成功选择性激光烧结（Selected Laser Sintering，SLS）技术。1994 年，德国 EOS 公司推出了 EOSINT 打印设备。1996 年，3D Systems 旗

下的 Z Corp 部门发布了 Z402 3D 型号打印机。总体而言，美国在设备研制、生产销售方面占全球的主导地位，其发展水平及趋势基本代表了世界的发展水平和趋势。欧洲国家和日本也不甘落后，纷纷进行相关技术和设备的研发。在这一轮技术革命中，各个国家都铆足全力试图抢占战略制高点。中国发展 3D 打印技术的起步并不晚，这方面的研究在 20 世纪 80 年代末就已经开始，研究力量主要集中在华中科技大学、清华大学、西安交通大学以及北京航空航天大学等几个高等院校。

2.2 3D 打印技术国内外发展现状

2.2.1 国外 3D 打印技术的发展现状

3D 打印技术的核心为成型装备。美国、德国和日本在该领域目前处于世界领先水平，并已形成了多家专业化和规模化的研制、生产 3D 打印设备的知名企业，如美国的 3D Systems、德国的 EOS 以及日本的 CMET 等公司。美国的 3D Systems 公司生产的 SLA 设备在国际市场上占有比例最大。该企业自 1988 年推出首台 SLA-250 型商业化产品后，又相继推出 SLA-250HR、SLA-3500、SLA-5000、SLA-7000 以及最新的 Viper Pro System 等型号的 SLA 设备（最大成型尺寸可达 1500mm×750mm×550mm）。日本的 DENKEN 工程公司和 AUTOSTRADE 公司打破了 SLA 设备使用紫外光源的行规，率先使用 680nm 左右波长的半导体激光器作为光源，大大降低了 SLA 装备的成本。在 SLS 设备研制方面，德国 EOS 公司和美国的 3D Systems 公司是世界上该技术的主要商业供应商，成型精度为 0.1mm ～ 0.2mm。

3D 打印技术的应用领域和应用范围相当广泛，除了辅助更新换代的家电和新数码产品开发外，在航空航天、船舶、武器装备、生物制造、医疗设备和食品行业等领域也皆有非常成功的应用。例如，美国的 Boeing 公司采用 3D 打印与传统铸造技术相结合，制造出铝合金、不锈钢等不同材料的货舱门托架等部件。美国 GE 公司应用 3D 打印技术制造出航天与船舶用叶轮等关键部件，并将所有的专门技术应用于下一代军用发动机的研发。美国军方应用 3D 打印技术辅助制造导弹用弹出式点火器模型，并取得了良好效果。美国海军还在寻求通过在机器人体内植入 3D 打印机，使机器人半自动化地实现“相互沟通、协作及制造”等能力。换句话说，美国海军希望能利用机器人来生产更多的机器人。另外，美国陆军也于 2012 年 8 月向阿富汗部署移动实验室，配备 3D 打印机用于原型设计和制造，可以为士兵现场创建工具和其他设备。2013 年 1 月 7 日，美国陆军快速装备部队将其第 2 个移动远征实验室部署到阿富汗战区。该实验室可使用 3D 打印机和数控机床设备将铝、塑料和钢材生产加工成所需零部件。美国陆军计划通过这种做法增强单兵作战、战区巡逻及小型前线作战基地的持续作战能力。

2.2.2 国内 3D 打印技术的发展现状

近年来，我国大力开展对 3D 打印技术的积极探索和研发，到目前为止已经取得了不错的成绩。从整体技术储备而言，和发达国家在该领域的差距逐步缩小，而且在某些领域，我们的技术水平甚至处于世界领先地位。

国内从事商业化 SLA 装备研制的主要机构有清华大学、西安交通大学、华中科技大学等高等院校。凭借高校的科研优势，借助校企合作模式，相关企业依托这些高校先进的技术和人才储备资源研发和生产的 3D 打印设备代表了该领域目前国内最高的技术水平。其中，依托于西安交大的陕西恒通智能机器有限公司于 1993 年在国内率先开展了 SLA 技术的研究，先后成功研制了使用氦镉（He-Cd）气体激光器的 LPS 系列和使用 Nd:YVO_4 半导体泵浦紫外固体激光器的 SPS 系列 SLA 设备。其后，为了降低成本，该公司于 1996 年推出了一种采用特殊紫外灯光源替代激光器的 CPS 系列低成本 SLA 设备。该设备采用大功率紫外灯光源经椭球面反射罩实现反射聚焦，聚焦后的紫外光经光纤偶和传输，再经过透镜聚焦，最后将紫外光传到树脂液面上。2001 年，他们又研制出 HLPS250 型高分辨率 SLA 设备，成型制件精度可达

±0.01mm。

目前，国内从事商业化 SLS 设备研发生产的单位主要有依托于华中科技大学的武汉华科三维科技有限公司和通过引进、消化、吸收再创新的北京隆源自动成型系统有限公司等。华中科技大学于 20 世纪 90 年代初期在国内率先开展 LOM、SLA、SLS 与 SLM 技术的研究。以 SLS 技术为例，华中科技大学在 2000 年左右研制成功了基于 CO_2 激光器的 SLS 设备，成型台面可达 400mm，制件精度约为 0.2mm。2005 年华中科技大学研制成功成型台面达 500mm 的 SLS 设备，可广泛应用于高分子、金属、陶瓷、覆膜砂等功能材料的 3D 打印制造，整机性能接近国外先进水平。与此同时，华中科技大学还成功研制国产化的三维振镜系统，配以国产化的激光器使 SLS 设备的成本降低了 50%，大大提高了市场竞争力。2005 年以后，为了满足大尺寸制件的整体 3D 成型打印，该单位成功研制了世界最大工作台面达 1000mm×1200mm×1400mm 的大型 SLS 设备，为我国的大型飞机、舰艇和机床等装备制件的快速研发生产提供了重要的技术支撑平台。

北京航空航天大学与西北工业大学研制了可用于航空航天复杂结构件快速制造的 LENS 设备，并在激光 3D 金属打印技术的材料、工艺和性能方面做了系统性的研究。

随着我国经济的飞速发展，3D 打印技术的应用范围日益广泛，应用领域不断拓展。首先，在行业层面，我国许多制造企业先后引进了 3D 打印技术，辅助自主品牌的快速自主研发。很多企业，特别是汽车制造企业分别建立了专门的 3D 打印部门。其次，在科研和技术层面，我国在生物制造、功能制件快速制造等先进应用领域也开展了众多的应用研究与推广工作。

从 2012 年设备数量上看，美国目前各种 3D 打印设备的数量占全世界 40%，而中国只占 8% 左右。国内 3D 打印在过去 20 年发展比较缓慢，在技术上存在如下 3 个瓶颈。

（1）材料的种类和性能受限制，特别是使用金属材料制造领域还存在诸多问题。

（2）制造成型的效率需要进一步提高。

（3）在工艺的尺寸、精度和稳定性上迫切需要提高。

中国与美国的差距主要表现在以下方面。

（1）中国产业化进程缓慢，市场需求不足。

（2）美国 3D 打印产品的快速制造水平比国内高。

（3）激光烧结的材料尤其是金属材料，英国质量和性能比中国好。

（4）激光烧结陶瓷粉末、金属粉末的工艺方面中国与美国还有一定差距。

（5）国内企业的收入结构单一，主要靠卖 3D 打印设备；而美国的公司则是多元化经营：设备、服务和材料基本各占销售收入的 1/3。

在全球 3D 模型制造技术的专利实力榜单上，美国 3D Systems 公司、日本松下公司和德国 EOS 公司遥遥领先。

然而，近年来，随着政府的支持力度日益加大，以及综合国力的持续上升，中国在 3D 打印技术方面和西方发达国家的差距日益缩小，在部分领域甚至处于领先地位。例如，激光成形钛合金构件技术就优于美国，中国成为世界上唯一掌握激光成形钛合金大型主承力构件制造且付诸实用的国家。

2.3 3D 打印技术与中国制造 2025

2.3.1 中国制造 2025

《中国制造 2025》是中国政府实施制造强国战略第一个十年的行动纲领。2014 年 12 月，“中国制造 2025”这一概念被首次提出。2015 年 3 月 5 日，国务院总理李克强在全国两会上做《政府工作报告》时首次提出“中国制造 2025”的宏大计划。2015 年 3 月 25 日，李克强组织召开国务院常务会议，部署加快推进实施“中国制造 2025”，实现制造业升级。也正是这次国务院常务会议，审议通过了《中国制造 2025》。2015 年 5 月 8 日，国务院正式印发《中国制造 2025》。

《中国制造 2025》提出：坚持“创新驱动、质量为先、绿色发展、结构优化、人才为本”的基本方针，坚持“市场主导、政府引导，立足当前、着眼长远，整体推进、重点突破，自主发展、开放合作”的基本原则。通过“三步走”实现制造强国的战略目标。第一步，到 2025 年迈入制造强国行列；第二步，到 2035 年中国制造业整体达到世界制造强国阵营中等水平；第三步，到新中国成立一百周年时，综合实力进入世界制造强国前列。围绕实现制造强国的战略目标，《中国制造 2025》明确了 9 项战略任务和重点，提出了 8 个方面的战略支撑和保障。2016 年 4 月 6 日国务院总理李克强主持召开国务院常务会议，会议通过了《装备制造业标准化和质量提升规划》，要求对接《中国制造 2025》。

2.3.2 3D 打印与中国制造 2025

3D 打印产业的发展自然离不开政府的大力支持。国家领导人对将 3D 打印列为国家重大科技项目的建议做出了重要批示。科技部也将 3D 打印编入《国家高技术研究发展计划（863 计划）》和《国家科技支撑计划制造领域 2014 年度备选项目征集指南》。不仅如此，各地方政府也于 2013 年提出了关于支持 3D 打印发展的各项规划与政策。

2015 年，《中国制造 2025》及《国家增材制造产业发展推进计划（2015—2016 年）》相继出台。计划指出，到 2016 年，初步建立较为完善的增材制造产业体系，整体技术水平保持与国际同步，在航空航天等直接制造领域达到国际先进水平，在国际市场上占有较大的市场份额。“中国 3D 打印第一人”清华大学颜永年教授曾说过，“目前，在众多新兴技术中，真正意义上进行材料加工，并能把材料变成零部件的技术当属 3D 打印了，可以说未来 3D 打印将成为《中国制造 2025》发展的一个支柱产业”。2015 年 8 月 21 日，中共中央政治局常委、国务院总理李克强主持国务院专题讲座，讨论加快发展先进制造与 3D 打印等问题。会议上，中国工程院院士、西安交通大学教授卢秉恒介绍了我国制造业发展现状、世界 3D 打印主流技术和将带来的科技重大突破，并提出了相关建议。卢院士提出，美国的特点，叫“互联网＋制造”，今年我们在《政府工作报告》也明确提出“互联网＋”。我们的工业体系要通过市场化方式，推进“中国制造 2025”，实现智能升级，这是一个关键举措。

2015 年《求是》杂志第 20 版发表的李克强总理的题为《催生新的动能实现发展升级》的文章中也多次提到 3D 打印技术。《中国制造 2025》及“互联网＋”行动计划发布以来，一直是社会各界关注的热点。“实施互联网＋制造业行动计划，智能制造是一个重点。而 3D 打印增材制造正是加快发展智能制造设备和产品的重要途径。”全国政协经济委员会副主任，工信部前部长李毅中在第三届世界 3D 打印技术产业大会的开幕式致辞时表示，“在《中国制造 2025》规划当中，有五个地方出现了 3D 打印，并且被列为制造业创新中心建设工程。3D 打印和高等数控机床、机器人已经并列为要突破发展的十大重点领域之一。增材制造首先是智能制造的一个新技术。研究增材制造，要掌握三个技术关键节点，一是数字技术应用于 3D 打印，把数字技术变成软件，变成打印的工业技术，要制定系列标准和规范；二是针对金属和非金属，不同的材料打印设备和关键零部件、元器件；三是应用于不同行业，有金属、非金属和成型材料，尤其是一些专用的特种型材料。抓住 3D 打印这三个节点，大力推广 3D 打印的产业化应用，是发展这项新技术的落脚点。”在李毅中看来：“打造 3D 打印产业链，可以推动传统产业优化升级。3D 打印应该发育成一个新兴产业，产业链包括研发设计、设备制造、材料开发、产业应用、公共服务等环节。而 3D 打印产业与相关产业的关联点，重点体现在新材料开发和带动传统产业转型升级。”

在材料方面，针对不同的行业领域的特殊要求，要研发出一批 3D 打印专业的新材料，其中金属材料包括细粒、球状、粉末等，非金属材料包括光敏树脂、碳纤维、尼龙等。这些材料的研发、研制，主要不是靠增材制造行业自己来承担，而是要依靠钢铁、有色、石化、建材等行业。开发这些新材料具有技术含量高、品种多、用量少的特点，但可能会产生投资大、风险高、回报低的问题，这就需要与上述原材料行业密切合作，形成 3D 打印产业链可靠的供应商。这样一来，3D 打印行业对这些传统产业不仅要有技术指导还可以和 3D 打印产业链可靠的供应商合资合作，形成资本和技术的紧密联盟。

在带动传统产业转型升级方面，3D 打印要加强为用户服务，打造、完善社会公共服务平台，例如，发展 3D 打印创新设计应用中心，为用户提供创新设计、产品优化、模具开发、教育培训等技术服务。提供文化解决方案，开展培训教育等技术指导，逐步使 3D 打印技术深入应用到传统产业的相应领域，达到节能、节材、保护环境、提高制造工效、降低制造成本的实际效果，进而推动传统产业的转型升级。

目前，我国 3D 打印技术尚处于初期发展阶段。与 3D 打印技术发展最为领先的美国尚有一定的差距。影响我国 3D 打印进一步产业化推广的因素主要可以总结为以下两点。第一，我国尚未对 3D 打印行业建立统一的共性标准。由于使用 3D 打印技术制造产品的特点为小批量、个性化，这就凸显行业共性标准的决定性意义。而国内目前整个行业尚处于一个整合度较低，发展无序的阶段，这很大程度上制约了 3D 打印在国内的大规模商业化进程。第二，3D 打印原材料供给不足已成为制约其在我国发展的障碍之一。由于 3D 打印技术的特殊性，耗材在整个制造过程中起到了决定性的作用。而我国 3D 打印耗材（尤其是金属材料）主要依赖于国外进口，过高的材料成本可能成为阻碍发展的原因之一。国内机械制造产业链相对比较成熟，偏低的传统制造成本，在一定程度上削弱了市场对此技术的依赖性和重视程度。

虽然当前我国 3D 打印在产业化的道路上稍落后于世界其他发达国家，但是在 3D 打印技术的研发上，我国并不逊色于其他国家，甚至在某些领域还处于世界领先地位。特别是在利用选择性激光烧结（SLS）技术制造大型零部件技术上，我国更是走在 3D 打印技术发展最为成熟的美国之前，领先于全球。中国工程院院士，北京航空航天大学王华明教授所带领的科研团队，凭借“飞机钛合金大型复杂整体构件激光成型技术”获得“2012 年度国家技术发明一等奖”。该项技术已成功应用于我国第二款自主设计制造的国产大型客机 C919 的零部件制造上［见图 2-3（a）］。通过该技术仅需 55 天便可以在实验室中打造出 C919 机头的 4 个主风挡窗框。若向国外公司定制，则需至少两年时间，且成本也会相应增加许多。并且以此项技术打印出的钛合金零部件很可能大规模应用于我国第四代战斗机上。

华中科技大学史玉升教授所带领的科研团队是我国较早取得 3D 打印技术进步成就的团队。他们在 2001 年凭借“选择性激光烧结（SLS）”技术，荣获“国家科技进步二等奖”，并且以“基于粉末床的激光烧结立体打印”技术，获得“2011 年国家技术发明二等奖”，其团队打造的 1.2m×1.2m 工作面的世界最大“立体打印机”［见图 2-3（b）］入选两院院士评选的“2011 年中国十大科技进展新闻”。由此可见，一旦以金属打印材料为主的 SLS 技术的商业化进程有了重大进展，3D 打印产业在国内市场的发展空间将十分庞大。

（a）3D 打印技术制造出的金属部件

（b）SLS 3D 打印机

图 2-3（a）所示为王华明团队应用激光成型 3D 打印技术为 C919 飞机制造的大型钛合金结构件（王华明，中国工程院院士，北京航空航天大学材料学院教授，航空科学与技术国家实验室首席科学家，国防科技工业激光增材制造技术研究应用中心主任）。2012 年“飞机钛合金大型复杂整体构件激光成型技术”获得“国家技术发明一等奖”。图 2-3（b）所示为史玉升教授与他发明的 3D 打印机（史玉升教授，华中科技大学材料学院教授，副院长）。他发明的该装备被两院院士评为“2011 年中国十大科技进展第一名”和“国家技术发明二等奖”。

图 2-3　我国领先的 3D 打印技术部分成果

在未来，预计政府会进一步出台一系列有利于 3D 打印行业发展的政策。

作为“第四次工业革命”的代表技术，3D 打印将会受到更多外界的关注。借助《中国制造 2025》的东风，并结合云计算、大数据、物联网等新技术的优势，3D 打印技术在发展智能制造，实现中国成为世界制造强国的目标这一伟大进程中具有举足轻重的地位。

在后续章节，我们将逐步深入探讨 3D 打印技术所涉及的诸多方面，包括硬件结构设计，软件编程接口技术，通用三维模型设计软件介绍，通用 3D 打印算法，基于云计算的 3D 打印云平台等。

第3章 3D打印机系统结构与控制系统

世界上第一台3D打印机诞生于20世纪80年代初期。自此以后，随着技术的发展进步和商业化流程步伐的加快，各国政府高度重视3D打印机潜在的工业应用价值，纷纷出台各种优惠政策和发展规划来扶持3D打印产业的发展。与此同时，3D打印技术也开始在民用市场快速崛起，各类3D打印设备生产厂商也日渐增多。基于目前各类3D打印制造需求的不断增长，政府对3D打印技术相关知识的普及势在必行。对3D打印机系统结构的解析可以从全局的视角引导读者对相关的技术架构做全景式的观察和了解，从而提纲挈领地为后续的技术细节剖析做铺垫。

3.1 通用3D打印机硬件系统概述

在第2章中，我们已经讨论了3D打印机的基本原理，具体打印过程如下。

首先，通过计算机对目标物体进行三维建模，然后将目标物体模型“切片”（将三维模型分区为逐层的截面）并将3D模型保存为打印目标格式文件（通常为STL格式），最后，3D打印机通过读取文件中的横截面信息，用液状体、粉状体或片状体打印材料将这些横截面逐层打印出来，再将各层截面以各种不同的方式粘合在一起从而制造出一个三维实体。基于这种技术特点，包括在普通制造方式下难以完成的各种复杂形状物体皆可制造出来。3D打印机打印出来的横截面厚度（即z轴方向）及平面方向（xy轴）的分辨率以dpi（每英寸能打印的点数，即打印精度）或者μm（微米）来计算。

由3D打印基本原理可以得知，一个通用的3D打印机系统一般由两大部分组成，即硬件系统和3D打印软件系统。为了便于讨论，后续的部分将基于熔融沉积成型（FDM）类型的3D打印机（见图3-1）来进行详细阐述。

图 3-1 FDM 3D 打印机实物图

硬件系统包括机械结构子系统和硬件控制子系统。其中机械结构子系统主要包括电机、电源、导轨、丝杆、加热板（热床）、喷头、机械结构与打印机框架等。硬件控制子系统主要包括硬件电路系统、传感器系统及其他辅助系统等。

3D 打印软件系统主要包括系统控制软件、3D 打印模型处理软件及接口软件。其中系统控制软件用于对机械硬件部分进行控制，以及对各个传感器反馈回的数据及时进行处理。3D 打印模型处理软件对上传到打印设备的模型数据进行切片、分层、工艺规划（包括打印控制方式、成型方向优化等）等操作。接口软件主要完成上位机与下位机之间的接口驱动。

3.1.1 3D 打印机机械结构系统

3.1.1.1 电机

作为 3D 打印机运动控制的主要部件，电机（Motor）的选择是系统设计时需要首先考虑的问题。对精度要求不高的 3D 打印机，一般选择步进电机；对精度要求较高的 3D 打印机，则一般选用伺服电机。

步进电机控制系统主要包括步进控制器、功率放大器和步进电机等。其中，步进控制器由缓冲器、环形分配器、控制逻辑及方向控制部件组成。功率放大器的作用是控制环形脉冲放大，驱动步进电机旋转。步进电机控制系统如图 3-2 所示。

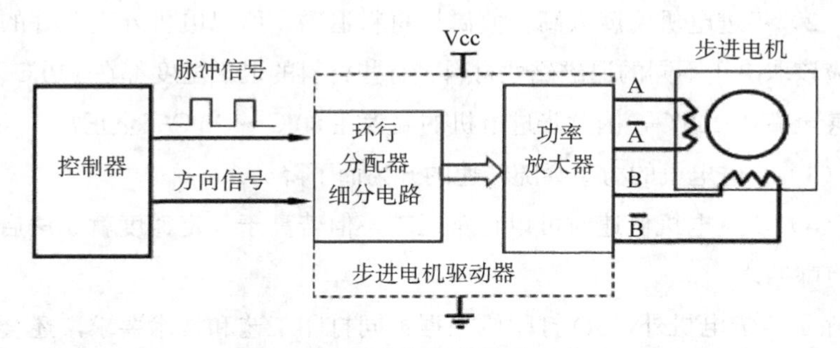

图 3-2　步进电机控制系统示意图

步进电机是一种将电脉冲信号转换成角位移或线位移的机电元件。步进电动机的输入量是脉冲序列，输出量则为相应的增量位移或步进运动。因此，在步进电机控制软件设计中要解决的一个重要问题，是产生周期性的脉冲序列，如图 3-3 所示。我们一般通过脉冲频率来控制步进电机的速度，通过脉冲个数来控制电机行进的位置。正常情况下，步进电机每转一周都具有固定的步数。做连续步进运动时，其旋转转速与输入脉冲的频率保持严格的对应关系，不受电压波动和负载变化的影响。由于步进电动机能直接接受数字量的控制，所以特别适宜采用单片机来进行控制。

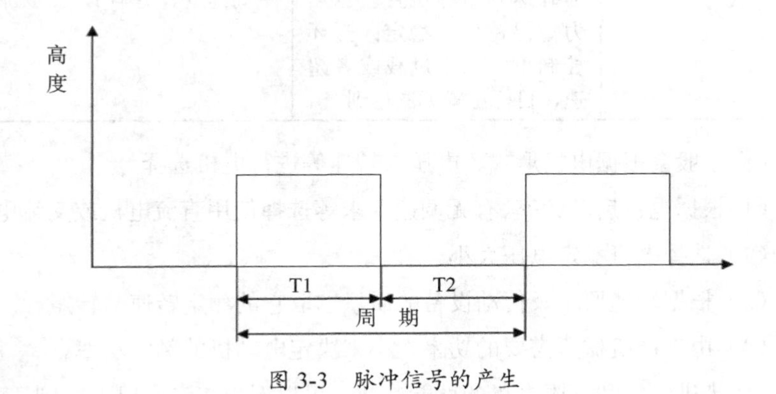

图 3-3　脉冲信号的产生

步进电机具有以下 4 个特点。

（1）一般步进电机的精度为步进角的 3% ～ 5%，且不累积。

（2）步进电机温度太高会使磁性材料退磁，所以电机外壳允许的最高温度应该取决于不同的退磁磁性材料。有些材料的退磁温度都在 130℃以上，有的甚至高达 200℃，因此步进电机的温度在 80℃～ 90℃完全正常。

（3）步进电机的力矩会随转速的升高而下降。

（4）步进电机低速时可以正常运转，但若高于一定速度就无法启动，并伴有啸叫声。

除了步进电机外，3D 打印机根据不同打印工艺和技术要求，还会用到直流电机和伺服电机等。各型电机参数性能比较如表 3-1 所示。

表 3-1　各型电机参数性能比较表

	步进电机	伺服电机
力矩和速度	在低速下满转矩，速度增加转矩明显下降	几乎线性化的力、速度曲线
动态特性（速度和加速度）	小	良好的加速度特性，高速
稳定性	加速的时候固定频率的振动会引发问题，细分控制可减少此类问题	宽动态范围内平稳运动
目标位置	准确达到目标位置；自然力矩保持位置稳定；开环控制下，如果过载或者超速，目标位置无法达到	更高速度、更小步距、无后冲

人们一般会根据电机形式、电压与转速等进行电机选择。

（1）根据电机启动频率、有无调速要求等选择使用直流电机或交流电机。

（2）选择电机额定电压大小。

（3）根据转速要求及传动设备的质量选取它的额定转速与转矩。

（4）由生产机械所需要的功率大小来决定电动机的额定功率。

对比步进电机和伺服电机的性能参数，可以看出二者有以下区别。

（1）控制精度不同。步进电机的相数和拍数越多，它的精确度就越高。伺服电机取决于自带的编码器，编码器的刻度越多，精度就越高。

（2）控制方式不同。步进电机是开环控制，伺服电机是闭环控制。

（3）低频特性不同。步进电机在低速时易出现低频振动现象，当它工作在低速时，一般采用阻尼技术或细分技术来克服低频振动现象。伺服电机运转非常平稳，即使在低速时也不会出现振动现象。交流伺服系统具有共振抑制功能，可涵盖机械的刚性不足，并且系统内部具有频率解析机能，可检测出机械的共振点，以便于系统调整。

（4）矩频特性不同。步进电机的输出力矩会随转速升高而下降，交流伺服电机为恒力矩输出。

（5）过载能力不同。步进电机一般不具有过载能力，而交流伺服电机具有较强的过载能力。

（6）运行性能不同。步进电机的控制为开环控制，启动频率过高或负载过大易出现丢步或堵转的现象，停止时转速过高易出现过冲现象。交流伺服电机为闭环控制，驱动器可直接对电机编码器反馈信号进行采样，内部构成位置环和速度环，一般不会出现步进电机的丢步或过冲的现象，控制性能更为可靠。

（7）速度响应性能不同。步进电机从静止加速到工作转速需要上百毫秒，而交流伺服电机的加速性能较好，一般只需几毫秒，可用于要求快速启停的控制场合。

从性能角度出发，通过以下 5 个方面的考虑，人们会选择使用步进电机。

（1）将电脉冲信号转变为角位移或线位移，在非超载的情况下，电机的转速、停止的位置只取决于脉冲信号的频率和脉冲数，不受负载变化的影响，当步进驱动器接收到一个脉冲信号时，它就驱动步进电机按设定的方向转动一个固定的角度。

（2）进步电机可以通过控制脉冲个数来控制角位移量，从而达到准确定位的目的。

（3）步进电机可以通过控制脉冲频率来控制电机转动的速度和加速度，从而达到调速的目的。

（4）步进电机可以精确地到达目标位置，精度比直流无刷电机更高，开环方式更便于控制。

（5）步进电机使用细分功率放大器并使用高输入信号频率可基本消除共振现象。

综上所述，步进电机不需要反馈信号，就可以对系统的位置、速度输出直接控制，而且价格相对便宜，虽然对打印速度有所影响，但对精度要求不高的 FDM 类型 3D 打印机并不要求高速运转，所以用步进电机作为驱动装置是个不错的选择。一个简单的 3D 打印机一般需要 4 ～ 5 个步进电机，对要求不高的机器而言，通用的 42 型步进电机就可以胜任。通用的 42 型步进电机，扭力最好在 0.5N 以上（要根据机架重量来计算），通常情况下尺寸长的电机比短的电机扭力更大。步进电机还需要至少 3 个限位开关来帮助打印机确定远点位置。限位开关种类很多，可以是机械式的、光电式的及霍尔（磁性）式的。电机的电流一般为 0.2A ～ 3A，电流越大，扭力越大，市面上比较常见的 42 型步进电机标称值在 1A 左右。

3.1.1.2　电源

电源（Power Supply）通常可以选择 12V/200W 的开关电源。用于提供 12V 电压，也可以使用 PC 机上的 ATX 电源，但接线时需要注意，对打印机电源的选择还需符合以下 9 个要求。

（1）输入电压范围宽，符合全球使用标准。

（2）效率高，工作温度低。

（3）软启动电流、有效降低 AC 输入冲击。

（4）具有恒压、过压、自动恢复等功能。

（5）体积小、重量轻。

（6）抗干扰性能好。

（7）直流波纹小，工作效率高。

（8）绝缘性能好，抗电强度高。

（9）具有短路、过载、过压保护等功能。

3.1.1.3 导轨

导轨（Guide/Slider）按运动轨迹可以分为直线运动导轨和圆运动导轨。其中直线运动导轨（Linear Slider）又可分为滚轮直线导轨、圆柱直线导轨、滚珠直线导轨三种。直线运动导轨是用来支撑和引导运动的部件，按照给定的方向做往复直线运动。依摩擦性质而定，直线运动导轨可以分为滑动摩擦导轨、滚动摩擦导轨、弹性摩擦导轨、流体摩擦导轨等种类。

桌面级低端 3D 打印机经常用到光轴导轨（滚轮直线导轨的一种）。光轴导轨与一般的直线运动导轨功能类似，都是提供支撑和运动引导，但形状和外观差别较大。光轴导轨为圆柱型，一般的直线运动导轨一般呈方形，而且安装滑块。光轴导轨一般两头固定，中间悬空连接部件包住光轴径向全部或大部分。一般的直线运动导轨则是其中一面以螺栓固定于设备。光轴导轨的优势在于其结构简单，安装容易，而且行走速度流畅，寿命很长，维修起来也相当方便，其缺点主要在于精度略低。一般直线运动导轨结构略为复杂，安装维护比前者难度要大，但其主要优势在于精度很高。一般直线运动导轨虽然价格比光轴导轨要高，但是在高端专业机型设计时，通常会被优先选用。

3.1.1.4 丝杠

丝杠（Screw）是工具机械和精密机械上最常使用的传动元件之一，其主要功能是将旋转运动转换成线性运动，或将扭矩转换成轴向反复作用力，同时它还兼具高精度、可逆性和高效率的特点。由于丝杠具有很小的摩擦阻力，其被广泛应用于各种工业设备和精密仪器。

在 3D 打印机设计的过程中，丝杠的选择有以下 5 个重要参数。

（1）直径。直径指的是丝杠的外径。常见规格为 12、14、16、20、25、32、40、50、63、80、100、120 等。公称直径和负载基本成正比，直径越大的负载越大。实际负荷与额定负荷的比值越小，丝杠的理论寿命越高。

丝杠直径尽量选择 16 ～ 63 规格。

（2）导程。导程也称螺距，即螺杆每旋转一周螺母直线运动的距离，换而言之，每秒移动的距离（每秒的速度）除以每秒丝杠的转速就是丝杠的导程。常见导程有 1、2、4、6、8、10、16、20、25、32、40。中小导程现货产品一般只有 5 和 10，大导程一般有 1616、2020、2525、3232、4040（4 位数前两位指直径，后两位指导程），其他规格导程的丝杆因为不常用，一般只可到厂家定制。导程与直线速度有关，在输入转速一定的情况下，导程越大速度越快。在通用的桌面级 FDM 打印机设计中，导程规格尽量选 5 和 10。

（3）长度。长度有两个概念，一个是全长，另一个是螺纹长度。螺纹长度中也有两个部分，一个是螺纹全长，另一个是有效行程。前者是指螺纹部分的总长度，后者是指螺母直线移动的理论最大长度，螺纹长度 = 有效行程 + 螺母长度 + 设计裕量。在设计绘图时，丝杠的全长大致可以按照参数累加：丝杠全长 = 有效行程 + 螺母长度 + 设计余量 + 两端支撑长度（轴承宽度 + 锁紧螺母宽度 + 裕量）+ 动力输入连接长度。

（4）精度。滚珠丝杠按 GB 分类有 P 类和 T 类，即传动类和定位类，精度等级有 1、2、3、4 几种。国外产品一般不分传动还是定位，一律以 C0 ～ C10 或具体数值表示。一般来说，通用机械或普通数控机械选 C7（任意 300 行程内定位误差 ±0.05）或以下，高精度数控机械选 C5（±0.018）以上 C3（±0.008）以下，光学或检测机械选 C3 以上。特别需要注意的是，精度和价格关联性很大，并且，精度的概念是组合和维持，也就是说，螺杆的导程误差不能说明整套丝杠的误差，出厂精度合格不能说明额定使用寿命内都维持这个精度，这是个可靠性问题，与生产商的生产工艺有关。平时用到的滚珠丝杠精度尽量选 C7。

（5）螺母。各厂家的产品样本上都会有很多种螺母形式，一般型号中的前几个字母即表示螺母形式。按法兰形式分，螺母大约有圆法兰、单切边法兰、双切边法兰和无法兰 4 种。按螺母长度分，有单螺母和双螺母（单螺母和双螺母没有负载和刚性差异，其主要差异是后者可以调整预压而前者不能，另外后者的价格和长度约为前者的 2 倍）。在安装尺寸和性能允许的情况下，设计者在选用时应尽量选择常规形式，以避免维护时出现备件的货期问题。在频繁动作、高精度维持场合尽量选双螺母，其他场合尽量选单螺母。在平常使用中，螺母形式尽量选内循环双切边法兰单螺母。

3.1.1.5 加热板 / 热床

加热板 / 热床（Heat Bed）是熔融沉积型（Fused Deposition Modeling，FDM）3D 打印机特有的配件（见图 3-4），其主要作用是在使用丙烯腈 - 丁二烯 - 苯乙烯共聚物（ABS）或聚乳酸（PLA）材料打印的过程中防止翘曲。挤出机在挤出材料后，材料会冷却，在冷却的过程中材料会出现体积收缩。如果在整体打印完成之前发生收缩，将导致成型物体扭曲形变，影响后续的打印过程。这种翘曲通常会出现在 3D 打印物体的角落或边缘部分。加热板在打印过程中对材料进行加热，并使材料保持一定的温度，以完成高质量的物体打印。不同材料收缩率不同，导致翘曲程度也有差异。但是有一点可以肯定，翘曲是必然的，热床只能减轻翘曲的程度，很难完全避免翘曲。

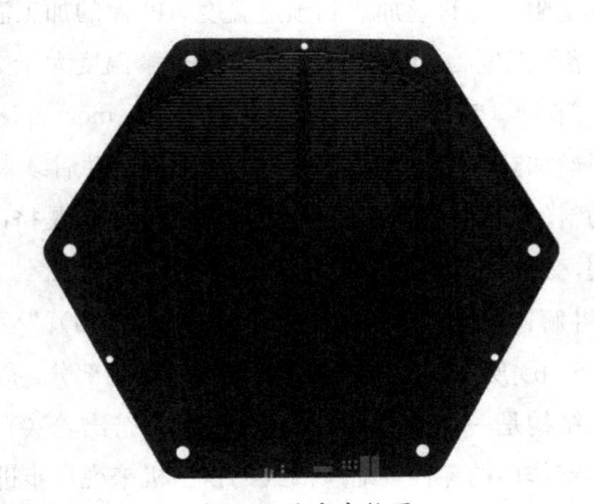

图 3-4　热床实物图

常见的热床有以下 3 种。

（1）聚酰亚胺加热片。其特点是加热不均匀，容易损坏。使用上需要加 3M 胶带将其固定到铝板上，一般需要定制。

（2）加热棒 & 铝板。特点是加热不均匀，铝板需要很厚。

（3）PCB 热床。是目前最好的热床。特点是加热均匀，可以不加铝板，增加手动调节，工作稳定，不易损坏。电流通过电阻会产生热量，PCB 热床就是靠电阻热效应来加热的。通常加热功率为 120W，在 12V 电压条件下，电阻约为 1Ω，电流为 10A。电压增加，将会大幅度提高加热功率，所以在使用过程中，不要随意提高供电电压，以免发生危险。

目前也有部分商业打印机采用恒温箱来完成这一功能，其作用效果与热床类似。主要原理是通过加热，让打印件维持在一个较高的温度上（PLA 材料约为 60℃，ABS 材料约为 100℃）。恒温箱的效果比热床要好很多，但造价也相对较高。

3.1.1.6 挤出机

一盘硬的塑料丝（Filament）（ABS 或 PLA）通过步进电机（Stepper Motor）的送丝轮进入到加热头（Heater）的黄铜喷嘴内。喷嘴有一个加热腔，并连接发热电阻，将料丝加热到预定温度。PLA 的加工温度为 170℃～230℃，ABS 的熔融温度为 217℃～237℃，热分解温度大于 250℃。加热装置一般由电热调节器（Thermistor）或热电偶（Thermocouple）来进行温控调节与监控。料丝加热会熔化，步进电机的转动会带动后续未熔化的料丝前进并将已熔化的料丝顶出，完成挤出过程。上面的描述就是挤出机（Extruder）的基本工作原理，挤出机结构如图 3-5（a）所示。

为了便于讲解，把挤出机分为“冷端（Cold End）”和“热端（Hot End）”，如图 3-5（b）所示。进入黄铜喷嘴加热之前的部分，称之为“冷端”。“冷端”的主要结构是一个步进电机，一个或两个挤出轮（有刀口的齿轮）和一些用来起固定作用的零件。对于旧式的挤出机来说，步进电机一般都安装在喷嘴的上方，这样就会导致整个头部很重，影响移动速度和精度。现在较好的做法是将“冷端”分为两个部分，将步进电机固定在机架上，送丝轮通过一条硬的导管将料丝送到“热端”，这样可以减轻机头的重量，从而提高打印速度和制件精度。

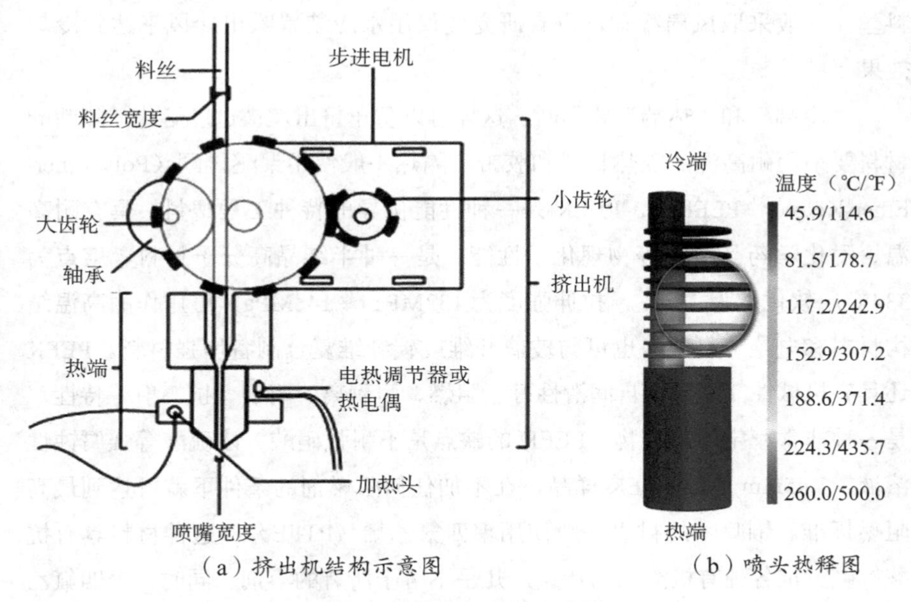

（a）挤出机结构示意图　（b）喷头热释图

图 3-5　挤出机原理示意图

“热端”则是挤出机的重要部分，它可让塑料丝从铜喷嘴的入口进入，一般 3mm 的料丝使用 5mm 入口的喷嘴，1.7mm 的料丝使用 2mm 入口的喷嘴。喷嘴的出口一般是 3mm、3.5mm、4mm、5mm 等规格。规格小的喷嘴很难加工，规格大的喷嘴挤出精度一般会很差。喷嘴通常用黄铜制作，因为铜的导热性非常好。喷嘴的一边放置发热电阻，通常阻值为 5 ～ 9Ω，功率为 20 ～ 80W。喷嘴也可以一边用发热丝缠绕，另一边是一个测温用的热敏传感器，通常用负温度传感器，如 NTC 100K B3950。

如图 3-5b 所示，上端区域是“冷端”。材料在“冷端”时温度必须低于 80℃，防止材料变软失去下推力。圆圈内所示区域为喉管区，这一区域越短越好，因为这个区域的料是软的，会影响出料精度。图中下端区域是“热端”。“热端”要求材料液化后保持良好的流动性，并且在喷嘴尖端让材料尽可能达到固化点，确保材料一旦从喷嘴流出，接触到空气之后立刻冷却凝固。如果想提高打印速度，需要额外的散热装置来冷却已经挤出的料丝，一般采取风扇冷却，也有研究建议用水冷装置吹出冷风来达到冷却效果。

“冷端”和“热端”要隔断，这样可以防止挤出丝被过度熔化，隔断的材料要采用耐高温的隔热材料和胶带，隔热一般使用聚醚醚酮（Poly Ether-Ether-Ketone，PEEK）。PEEK 是一种性能优异的特种工程塑料，具有耐高温、耐化学药品腐蚀等物理化学性能，是一种半结晶高分子材料，熔点为 334℃，软化点为 168℃，拉伸强度为 132MPa ～ 148MPa，可用作耐高温结构材料和电绝缘材料，也可与玻璃纤维或碳纤维复合制备增强材料。PEEK 还具有机械性能优异、自润滑性好、阻燃、耐剥离、耐磨、抗辐射等特性，是一种非常稳定的聚合物。PEEK 的缺点是不耐强硝酸、浓硫酸等强腐蚀性溶液。1.45mm 厚的 PEEK 样品，在不加任何阻燃剂的条件下就可达到最高阻燃标准。铜喷嘴的衬里一般使用聚四氟乙烯（PTFE），这种材料具有抗酸抗碱、抗各种有机溶剂的特点，几乎不溶于所有的溶剂。同时，聚四氟乙烯具有耐高温的特点，它的摩擦系数极低，所以除了有润滑作用还是喷嘴内层的理想涂料。

3.1.1.7 机身结构

1. 三角爪式结构

三角爪式（Delta 结构）是开源 3D 打印机的一个重要分支，其数学原理实际上还是笛卡尔坐标系，只是通过三角函数将 x、y 坐标映射到三台垂直的轴上去，这种结构对喷头的重量有较高的要求，而其机械复杂程度要比传统的直角坐标系结构简单很多。Delta 型 3D 打印机通常含并联式运动机构，该并联式运动机构的作用是牵引喷头。为保证喷头有良好的运动轨迹和工作精度，该并联式运动机构要限制喷头在各个方向的转动自由度，从而使喷头工作于水平面内。基于以上要求，Delta 型 3D 打印机的运动机构有两种设计方案：其一是使用工业用并联机械手臂，如图 3-6（a）所示；其二是采用 Rostock 运动结构，如图 3-6（b）所示。

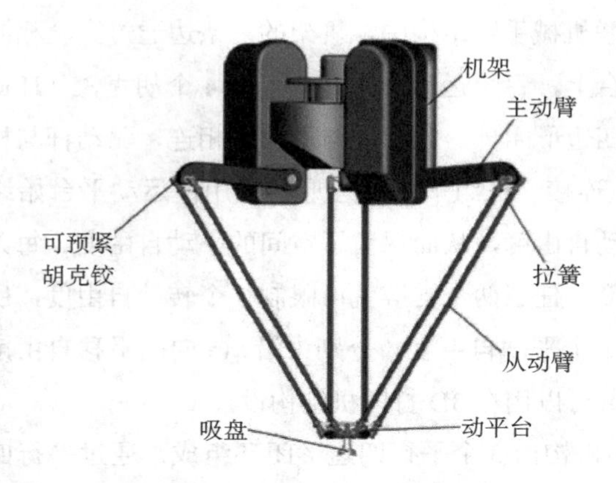

（a）工业用并联机械手臂

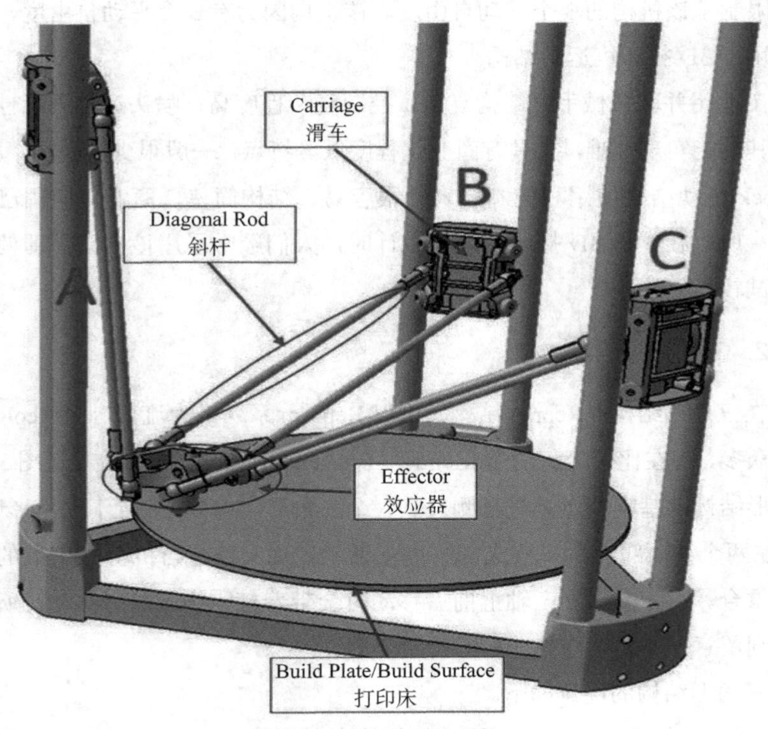

（b）Rostock 运动结构

图 3-6　Delta 结构

在工业用并联机械手臂结构中，机架的三条边通过完全相同的运动链分别连接到运动平台上，每个运动链中有一个由 4 个胡克铰（Hooke Joint）和杆件组成的平行四边形闭环，此闭环与主动臂相连，驱动杆与机架间通过转动副（Revolute）连接。三组平行四边形的应用使运动平台始终保持水平，消除了平台的转动自由度，从而保留了空间的平动自由度。每条支链约束平台两个转动自由度，任意两个支链就可限制 3 个转动自由度，所以工业用并联机械手臂共有 3 个平动自由度，分别为沿 *xyz* 向的平移自由度。因此，工业用并联机械手臂可以用在 3D 打印机结构设计上。

Rostock 运动机构由 3 个平行四边形闭环组成，通过平行四边形闭环把立柱和运动平台连接起来。与工业用并联机械手臂相似，3 个平行四边形闭环也限制了该机构的 3 个转动自由度。该机构因为有 3 个平动自由度，因此亦可用于 3D 打印机运动结构。

工业用并联机械手臂结构复杂、控制复杂程度高、喷头运动平稳性差，加上其功能实现较难，且具有商业化程度低等特点，一般很少被采用。反之，Rostock 运动结构使用和控制起来都很容易、结构简单，商业化应用已经很成熟，所以在进行 3D 打印机结构设计时，人们经常采用该方案，即使其固件调试较为复杂。

2. 三角形结构

在三角形结构（Reprap 结构）中以 RepRap 系列最为流行，而 RepRap 的分支众多，现在比较流行的是 Mendel、Prusa 和 Huxley 3 个分支（见图 3-7）。三角形结构的基本特点是机身侧边是一个三角形，热床一般置于三角形底部。*x* 轴在两个 *z* 轴部件电机构成的平面上活动，而 *z* 轴则与机身三角形的垂直中线重合。由于热床在 *y* 轴上前后移动时会带着打印物体前后移动，所以需要特别留意打印物体与热床的黏合要牢固。

三角形结构的优点如下。

（1）结构简单，组装、维修等都较为方便。

（2）对于丝杠、光轴导轨的切割精度要求不高（两边有点余量不会影响结构，因为两头都是开放的）。

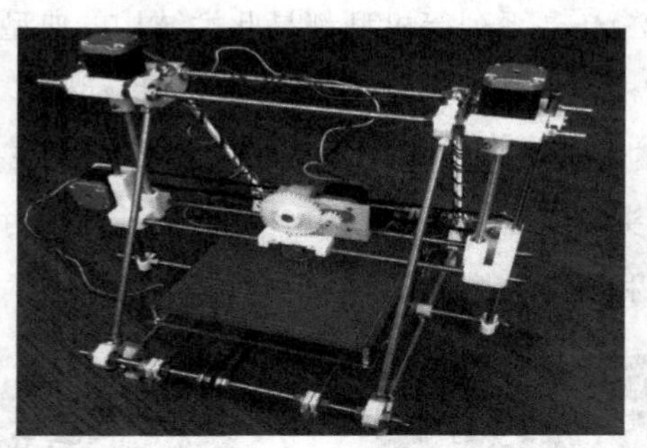

（a）Mendel

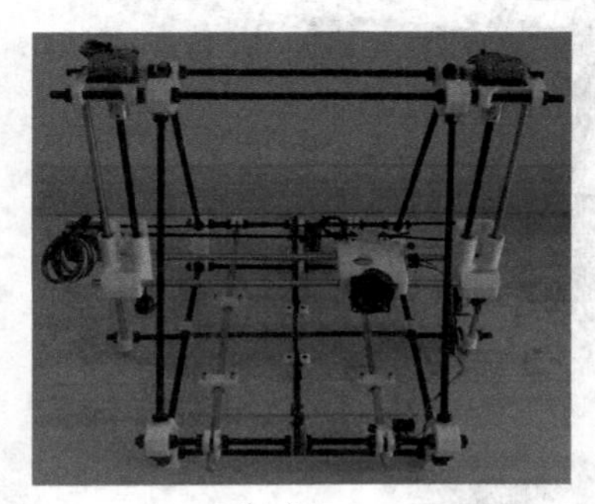

（b）Prusa

（c）Huxley

图 3-7　三角形结构 3D 打印机代表机型

（3）需要的部件较少。

三角形结构的缺点如下。

（1）机体的制作精度较低，通常只能达到 1mm 级。

（2）打印过程中物体会随热床在 *y* 轴前后移动。

（3）因其结构简单，电源、控制板等摆放的位置比较随意，影响整体美观。

3. 矩形盒式结构

矩形盒式结构（Rectangular box structure）的机器是目前市面上最为普及的机型。从整个 3D 打印技术的发展历程来看，这种结构的机器也是发展较为完整的一种机型，且其商业化程度最高。Makerbot 的 Replicator 系列、Ultimaker 系列以及 Mbot 系列等机型都是此类结构的典型代表，如图 3-8 所示。矩形盒式结构机器的特点为其热床是沿 z 轴移动的，物体固定在热床上不会有 xy 轴方向的移动，所以基本不用担心打印物体在打印过程中出现位移的现象。由于喷头只需在 xy 平面移动，因此设计喷头时，可以减轻重量，从而提高打印速度和打印精度。

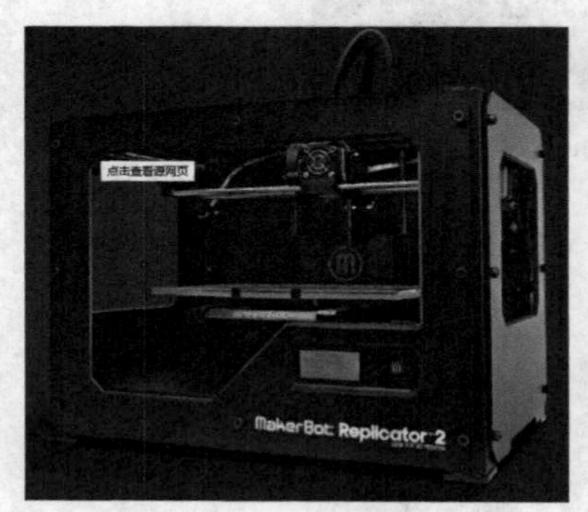

（a）Replicator 打印机

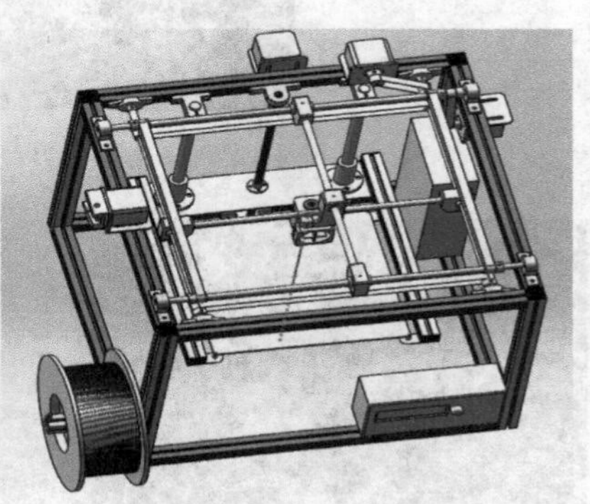

（b）Ultimaker 打印机

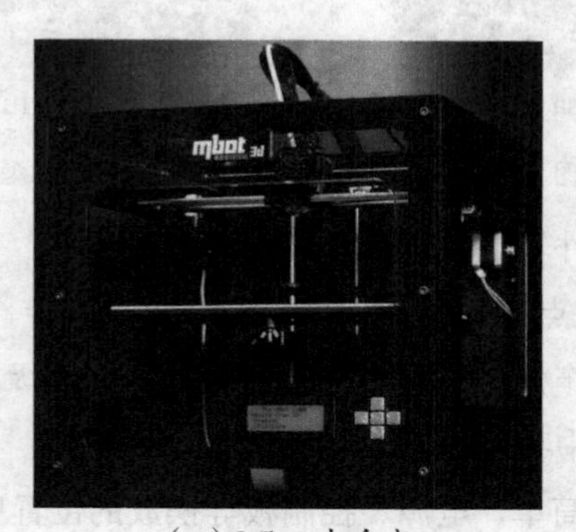

（c）Mbot 打印机

图 3-8　矩形盒式结构 3D 打印机代表型号

矩形盒式结构的优点如下。

（1）打印精度以及打印速度都相对较高。

（2）安装精度高，因为采用激光切割技术，其精度可以轻松达到 0.1mm。

（3）电源、电线等可以很好地收藏在机体内，使机器看上去更整洁美观。

矩形盒式结构的缺点如下。

（1）安装过程较为复杂，维修起来也比较困难。

（2）丝杠、导轨加工精度要高于 Prusa 等三角形结构机型。

（3）整机成本相对较高。

4．矩形杆式结构

矩形杆式结构（Rectangular cradle structure）采用激光切割技术进行机身组装，精度可以跟矩形盒式结构相媲美，同时继承了三角形结构的简单特性。其 *xyz* 轴的运动方式与三角形结构的运动方式一致，所以也同时继承了三角形结构的缺点。矩形杆式结构的 *z* 轴步进电机放在机身的底部，由于杆式结构与工作平台的接触面积较小，所以将较重的步进电机放在底部可以降低重心。Printrbot 系列机型是该结构的主要代表。

矩形杆式结构的优点如下。

（1）结构简单，组装、维修等都较为方便。

（2）安装精度高，因为采用激光切割技术，其精度可以轻松达到 0.1mm。

（3）整机成本较低。

矩形杆式结构的缺点如下。

（1）打印时，打印物体随热床在 *y* 轴前后移动。

（2）电源、控制板放置的位置比较随意，影响整体美观。

图 3-9　矩形杆式结构代表机型 Printrbot

3.1.2 3D 打印机硬件控制系统

在进行 3D 打印机系统的整体设计时，对整个硬件系统的控制规划至关重要，它是整个设计流程中的关键环节。系统硬件驱动控制的性能直接关系到打印系统的性能。硬件控制系统主要包括电源模块、按键显示模块、主控 CPU 及外围基本电路模块、电机驱动模块、挤出机控制模块和通信模块等。

3D 打印系统的硬件控制电路基本原理如图 3-10 所示，其基本工作流程如下：主控芯片接收上位机设备的数据或者在存储设备读取目标数据，根据用户的按键输入命令开始进行打印工作，按键输入部分包括基本的开始、暂停、选择、取消等功能。主控芯片读取命令后根据命令的解析数据来控制驱动芯片，驱动芯片驱动电机运转，实现 *x*、*y*、*z* 轴以及喷头部分的有序运动。

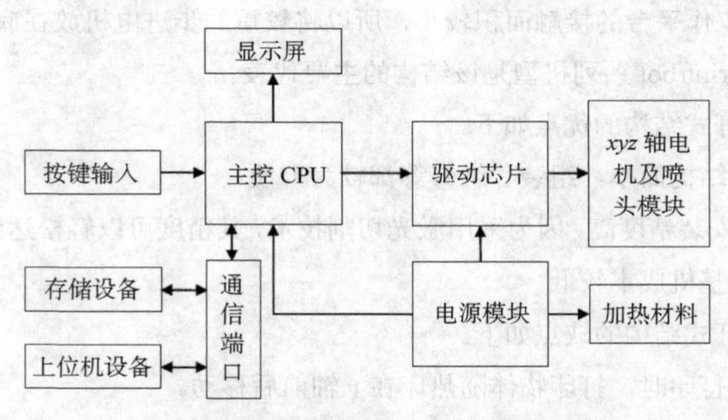

图 3-10 3D 打印机硬件系统示意图

驱动控制系统是打印传动系统的核心组成部分，它负责整体机械结构的有序调度。驱动控制系统主要包括：核心控制芯片（我们采用网云三维科技的通用 3D 打印控制芯片）、数据传输模块、电机驱动控制模块等（见图 3-11）。3D 打印的驱动控制其实质就是按照接收或读取的数据指令来控制挤出机喷头部分沿 *x*、*y*、*z* 三轴协调运动。由于系统中各传动轴都是以步进电机带动丝杆作为动力，因此，驱动控制的本质在于对步进电机的精确指令化控制，喷头的移动轨迹的精确度直接影响到打印成品的精度。如何更精确、更稳定地控制步进电机的运动是设计研究的重点。

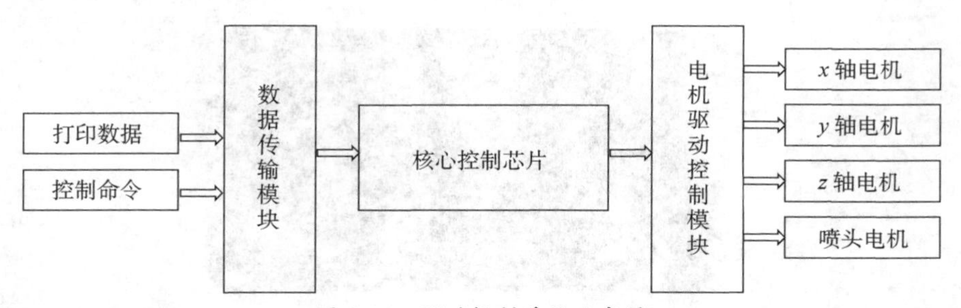

图 3-11　驱动控制系统示意图

对于低成本的桌面普及型 FDM 3D 打印机设计，人们通常采用 Arduino Mega 2560 主控板、RAMPS1.4 扩展板和若干 4988 步进电机驱动板组成核心驱动控制系统。Arduino Mega2560 采用 USB 接口，处理器核心是 ATmega2560，具有多达 54 路的数字输入 / 输出口（其中 16 路可作为 PWM 输出），特别适合需要大量 IO 接口的设计。16 路模拟输入，4 路 UART 接口，一个 16MHz 晶体振荡器，一个 USB 口，一个电源插座，一个 ICSP header 和一个复位按钮组成了 Arduino Mega2560 主控板（如图 3-12（a）所示）。

A4988 是一款带转换器和过流保护的 DMOS 微步驱动控制板（如图 3-12（b）），该产品可在全、半、1/4、1/8 及 1/16 步进模式下操作双极步进电动机，输出驱动性能可达（35±2）V。A4988 包括一个固定关断时间电流稳压器，该稳压器可在慢或混合衰减模式下工作，具有自动电流衰减模式检测、过热关闭电路、欠压锁定、交叉电流保护等功能。在图 3-14（a）中，展示了 Arduino 主控板通过 A4988 步进电机控制板与电机连接的原理示意图。RAMPS（RepRap Arduino Mega Pololu Shield）［见图 3-12（c）］扩展板的主要设计目标是在小尺寸电路板上低成本集成 Reprap 所需的所有电路接口。RAMPS 连接强大的 Arduino MEGA 平台，并拥有充足的扩展空间，除了提供步进电机驱动器接口，还提供了大量其他应用电路的扩展接口。RAMPS 是一款更换零件非常方便，拥有强大的升级能力和扩展模块化设计的 Arduino 扩展板。

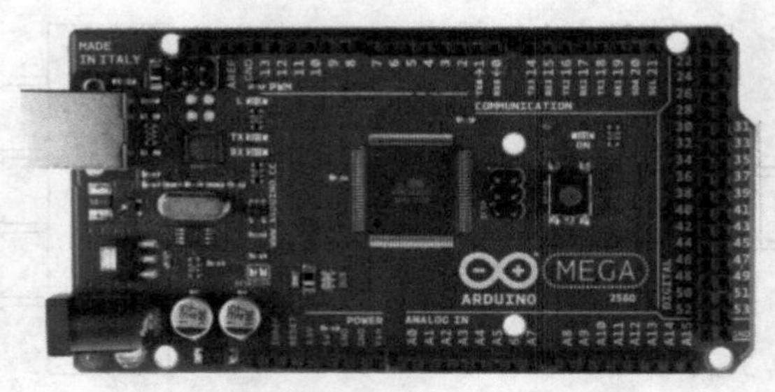

（a）Aduino Mega 2560 主控板

（b）A4988 步进电机驱动板

（c）RAMPS 1.4 扩展板

图 3-12　3D 打印通用核心控制芯片

3.2　通用 3D 打印机软件控制系统

3D 打印软件控制系统主要由打印控制计算机、应用软件、底层控制软件和接口驱动单元组成。

打印控制计算机一般采用上位机（Host/Master Computer）和下位机（Client/Slave Computer）两级控制。其中上位机一般采用高性能 PC 机，下位机采用嵌入式系统 DSP 或者单片机（SCM）来采集数据信息或驱动执行机构。上位机和下位机采用特定的通信协议进行双向通信，构成控制的双层结构。通信协议可以采用常见的 TCP/IP，或采用 RS232 串口通信及 RS485 串行通信，也可以采用更适合工业控制的双线 PROFIBUS-DP 通信。当然，如果有必要，可以自己编写驱动类的接口协议来控制上位机和下位机之间的数据通信。

上位机用于打印数据处理与总体控制任务，主要功能如下。

（1）从 3D 模型（CAD 或者 STL 格式）生成符合快速打印成型工艺特点的数据信息。

（2）设置打印参数信息。

（3）对打印成型情况进行监控并接受运动参数的反馈，必要时通过上位机对成型设备的运动状态进行干涉。

（4）实现人机交互，提供打印成型进度的实时监控与相关信息显示。

（5）提供多种打印参数选择，满足不同材料和加工工艺的要求。

对于桌面级通用 FDM 打印机，有很多第三方 3D 打印上位机综合控制软件。在开源社区比较流行的著名软件有 Printrun 和 Repetier-Host（如图 3-13 所示）等。

Printrun 是一款基于 Python 语言开发的 3D 打印控制软件，主要包括 printcore、pronsole 及 pronterface 3 个模块和其他相关脚本。其中 printcore.py 是一个使写 RepRap 上位机控制软件变得更加简单的 Python 函数库。pronsole.py 是一个命令行（Console）交互软件，pronterface.py 与 pronsole 功能相同，但可以提供图形界面。

Printrun 软件下载地址为：http://koti.kapsi.fi/ ～ kliment/printrun/。其软件操作界面如图 3-13（a）所示，具体使用方法可参见 https://github.com/kliment/Printrun。

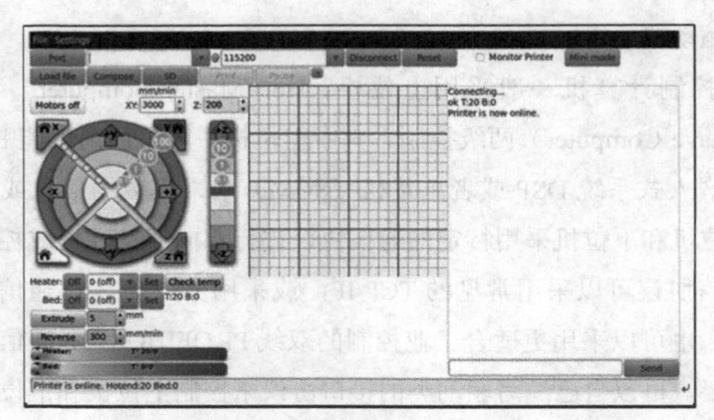

（a）Printrun 软件界面

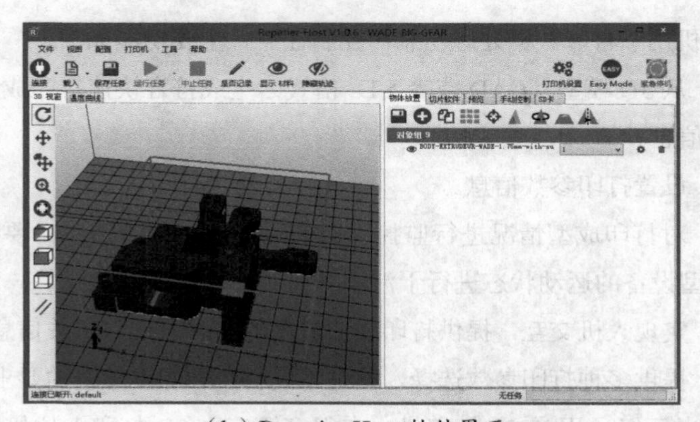

（b）Repetier-Host 软件界面

图 3-13 常用 3D 打印控制系统软件

Repetier-Host 是 Repetier 公司开发的一款开源的 3D 打印综合软件，可以进行切片、查看修改 Gcode、手动控制 3D 打印机、更改某些固件参数及其他功能。Repetier 公司并不提供切片引擎，而是在该软件外部调用其他如 CuraEngine、Slic3r 及 Skeinforge 等软件进行模型切片。Repetier-Host 下载地址为 http://www.repetier.com/download/，用户可以选择相应的操作系统下载最新版本。

Repetier-Host 软件主界面包括菜单栏、工具栏、视图区和功能区，如图 3-13（b）所示。工具栏主要用于连接打印机，对打印机进行设置。视图区主要用来查看模型、Gcode 文件，观察温度变化曲线，另外包含一些查看视角快捷按钮。功能区是该软件的核心区域，包含 5 个功能块，即物体放置、切片软件、预览、手动控制和 SD 卡。“物体放置”用于对载入的 3D 模型进行变换，使 3D 模型更方便被打印；“切片软件”用于选择切片引擎，对变化好的模型进行切片，得到 Gcode 文件；“预览”用于查看切片结果，可以单层查看、多层查看，模拟打印过程，查看打印统计，修改 Gcode 等；“手动控制”用于调试打印机，包括测试各轴的运动、风扇开关、加热控制，查看打印机反馈信息，向打印机发送 Gcode 指令；“SD 卡”用于在联机状态下读写 SD 卡内容及删除某些 Gcode 文件。

下位机进行打印运动控制，并将打印数据向打印喷头传送。它按照预定的顺序向上位机反馈信息，并接受控制命令和运动参数等控制代码，对运动状态进行调控。下位机也同时可以处理各种传感器传递过来的反馈信息，对机器的整体运行状态进行控制和修正。

应用软件主要包括以下 4 个功能模块。

（1）3D 模型处理模块：主要功能是 3D 图形展示、缩放、移动等操作，STL 模型转换 Gcode 代码，根据不同参数进行 3D 模型分层切片等。

（2）数据处理：主要功能是切片模块到打印位图数据的转换，打印区域的位图排版。此外，若是彩色打印还可以对彩色图像进行处理。

（3）工艺规划：主要功能是打印控制方式与打印方向控制等。

（4）安全监控：主要功能是设备和打印过程的故障自我诊断、故障自动停机保护等。部分功能需要对相关传感器反馈的信息进行处理才能实现。

底层控制软件主要通过下位机控制各电机来完成热床的升降、打印喷头的 X-Y 平面运动等。

接口控制单元主要完成上位机与下位机接口部分驱动。固件程序主要功能为 G 代码解析、电机控制、加热控制及与上位机进行通信。

目前市面上已经开发出 3D 打印集成控制一体板，在一张电路板上主要集成了主板和电机驱动控制、电源控制、加热控制等功能，如图 3-12 所示。这种一体板具有集成度高、体积小、成本低、安装方便等诸多优点。图 3-14 所示为一个双喷头 3D 打印机主控与驱动电路连接原理图。

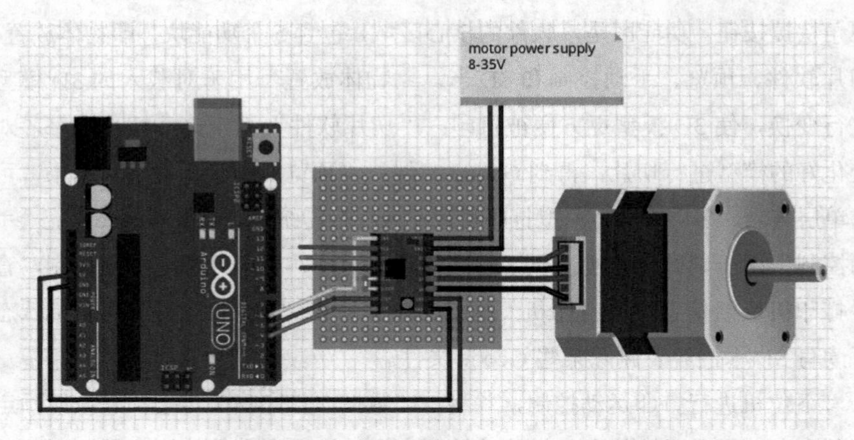

（a）步进电机驱动控制与 Arduino 主控板接线示意图

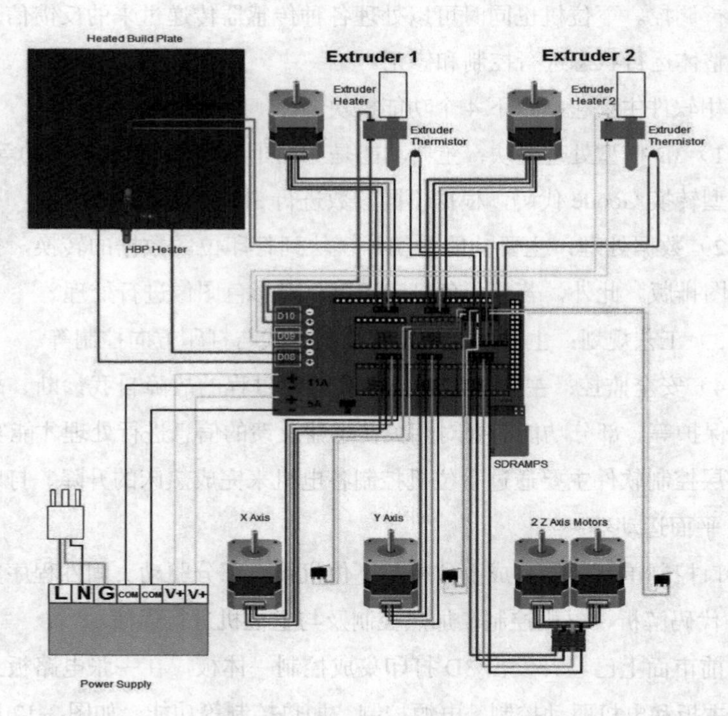

（b）3D 打印机驱动控制电路接线图

图 3-14　3D 打印硬件控制电路连接示意图

第 4 章 3D 打印技术及材料分类与应用

一般而言，3D 打印技术与激光成型技术类似，也是采用分层加工，堆叠成型来完成一个三维实体的打印。从技术细节上看，3D 打印技术根据成型原理、成型材料等方面的不同可以有多种分类。本章将从几个不同的方面来详细讨论具体的分类方式，以及每个类别的技术原理与应用。

4.1 3D 打印技术分类

4.1.1 熔融沉积成型技术

熔融沉积成型（Fused Deposition Modeling，FDM）技术工艺，也叫挤出成型技术，该方法使用丝状材料（石蜡、金属、塑料、低熔点合金丝）为原料，保持半流动成型材料刚好在熔点之上（通常控制在约比熔点高 1℃）。在计算机的控制下，喷头作 *xy* 平面运动，FDM 喷头受 CAD 分层数据控制，使半流动状态的熔丝材料（丝材直径通常大于 1.5mm）从喷头中挤压出来，将熔融的材料涂覆在工作台上，冷却后形成工件的一层截面。当一层成型后，喷头上移一层高度并进行下一层涂覆，这样逐层堆积形成三维工件（见图 4-1）。

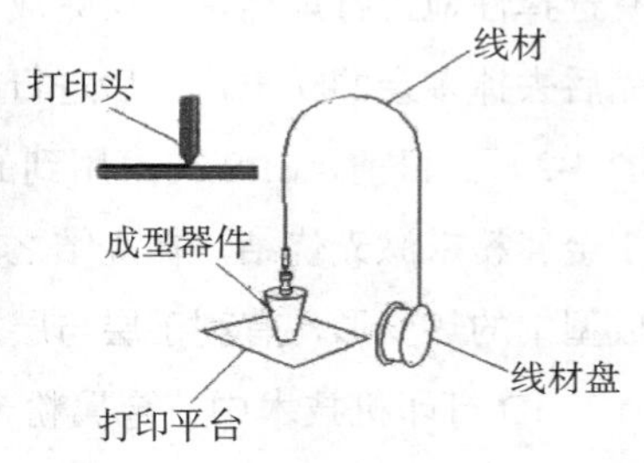

图 4-1 FDM 工艺成型原理图

FMD 打印技术污染小，材料可以回收，适用于中、小型工件的成型。成型材料主要是固体丝状塑料，制件性能相当于工程塑料或蜡模，主要用于制作塑料件、铸造用蜡模、样件或模型。目前国内常见的桌面级 3D 打印机多用 FDM 打印技术，但该技术的主要缺点是制件表面光洁度较差。美国 3D Systems 公司的 BFB 系列和 Rapman 系列产品全部采用 FDM 技术，使用 FDM 技术的特点是直接采用工程材料 ABS、PLA 等材料进行制作，适合设计的不同阶段。

4.1.2 选择性激光烧结技术

选择性激光烧结（Se1ected Laser Sintering，SLS）技术最初由美国德克萨斯州立大学奥斯汀分校（University of Texas at Austin）提出，后来美国 DTM 公司于 1992 年推出了该工艺的商业化生产设备 Sinter Station。几十年来，奥斯汀分校和 DTM 公司在 SLS 领域做了大量研究工作，在设备研制和工艺、材料开发上取得了丰硕成果。德国的 EOS 公司在这一领域也做了很多研究工作，并研制出相应的系列成型设备，EOS 公司的 P 系列塑料成型机和 M 系列金属成型机产品，是全球最好的 SLS 技术设备。

SLS 技术采用二氧化碳（CO_2）激光器作为能源，目前使用的打印材料多为各种粉末。SLS 打印过程是：首先在工作台上均匀铺上一层很薄的（100μm ～ 200μm）粉末，然后激光束在计算机控制下按照零件分层轮廓有选择性地进行烧结，一层完成后再重新铺粉进行下一层烧结。待全部烧结完后去掉多余的粉末，最后进行打磨、烘干等处理，便可获得成型零件（见图 4-2）。目前，SLS 技术用到的材料为尼龙粉、塑料粉及金属粉末等。对于金属粉末激光烧结，在烧结之前，整个工作台被加热至一定温度，可减少成型中的热变形，有利于层与层之间的结合。

3D 打印机技术中，金属粉末 SLS 技术是近年来业界研究的一个热点。实现对高熔点金属直接烧结成型，对于用传统切削加工方法难以制造出高强度复杂结构零件这一难题，以及对快速成型技术更广泛的行业应用都具有特别重要的意义。展望未来，SLS 成型技术在金属材料领域中的研究方向应该是单元体系金属零件烧结成型，多元合金材料零件的烧结成型，以及先进金属材料（如金属纳米材料、非晶态金属合金等）的激光烧结成型等，SLS 技术尤其适合硬质合金材料微型元件的成型。此外，SLS 技术也可根据零件的具体功能及经济要求来烧结形成具有功能梯度和结构梯度的零件。值得相信的是，随着人们对激光烧结金属粉末成型机理的掌握，对各种金属材料最佳烧结参数的获得，以及专用的快速成型材料的出现，SLS 技术的研究和应用必将进入一个新的境界。

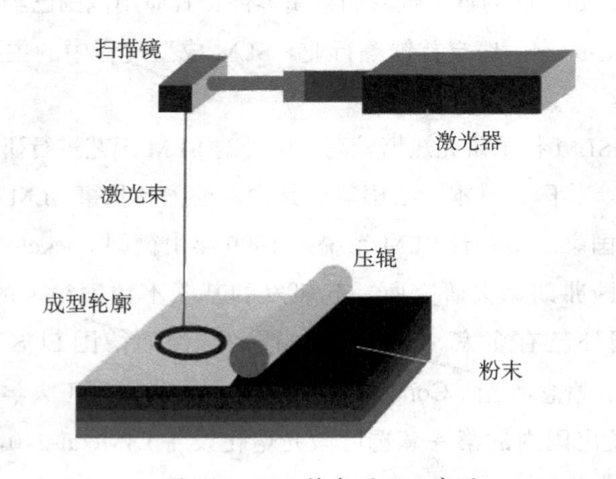

图 4-2　SLS 技术原理示意图

与其他 3D 打印技术相比，SLS 技术最突出的优点在于它使用的成型材料十分广泛。从理论上说，任何加热后能够形成原子间粘结的粉末材料都可以作为 SLS 的成型材料。目前，可成功进行 SLS 成型加工的材料有石蜡、高分子、金属、陶瓷粉末和它们的复合粉末材料。由于 SLS 成型材料品种多、用料节省、成型件性能分布广泛、适合多种用途，以及 SLS 无需设计和制造复杂的支撑系统，所以 SLS 的应用越来越广泛。

4.1.3　激光选区熔化成型技术

激光选区熔化成型（Selective Laser Melting，SLM）技术过程原理与 SLS 基本相同。该技术使用材料多为不同金属组成的混合物，各成分在烧结过程中相互补偿，有利于保证制作精度。为了保证金属粉末材料快速熔化，SLM 技术需要高功率密度激光器（光斑可聚焦到几十 μm 到几百 μm 的区域）。SLM 技术目前最常使用的光纤激光器的功率在 50W 以上，功率密度达 5×10^6W/cm²。SLM 是极具发展前景的金属零件 3D 打印技术。SLM 成型材料多为金属粉末，包括奥氏体不锈钢、镍基合金、钛基合金、钴 - 铬合金和贵重金属等。激光束快速熔化金属粉末可以直接获得几乎任意形状，具有完全冶金结合，高精度的近乎致密的金属零件。其应用范围已经扩展到航空航天、微电子、医疗、珠宝首饰等行业。SLM 成型过程中的主要缺陷是球化和翘曲变形。

国内外对 SLM 技术研究热情较高。国外对 SLM 工艺进行研究的国家主要集中在德国、英国、日本、法国等。其中，德国是从事 SLM 技术研究最早和最深入的国家。第一台 SLM 系统是 1999 年由德国 Fockele & Schwarze（F&S）与德国弗朗霍夫研究所一起研发的基于不锈钢粉末的 SLM 成型设备。目前国外已有多家 SLM 设备制造商，例如德国 EOS 公司、SLM Solutions 公司和概念激光（Concept Laser）公司。华南理工大学杨永强团队于 2003 年开发出国内的第一套选区激光熔化设备 DiMetal-240，并于 2007 年开发出 DiMetal-280，于 2012 年开发出 DiMetal-100。目前，DiMetal-100 设备已经步入商业化阶段（见图 4-3）。在国家 863 和自然科学基金等项目的资助下，经过十年的长期努力，2016 年 4 月份，华中科技大学武汉光电国家实验室曾晓雁教授领导的激光先进制造研究团队，在 SLM 成型理论、工艺和装备等诸多方面取得了重要成果，特别是突破了 SLM 成型难以高效制备大尺寸金属零件的瓶颈，项目率先在国际上提出并研制出成型体积为 500mm×500mm×530mm 的 4 光束大尺寸 SLM 增材制造装备，它由 4 台 500W 光纤激光器、4 台振镜分区同时扫描成型，成型效率和尺寸是迄今为止同类设备中世界之最。而此前，SLM 增材制造装备最多使用两台光纤激光器，成型效率低。我国激光先进制造研究团队的项目攻克了多光束无缝拼接、四象限加工重合区制造质量控制等众多技术难题，实现了大型复杂金属零件的高效率、高精度、高性能成型。该团队还自主研制出 SLM 系列多种装备，并采用国产的钛合金、不锈钢、高温合金、铝合金、镁合金粉末，实现了各种复杂精密零件的成型。其关键技术指标与国外水平相当，首次在 SLM 装备中引入双向铺粉技术，其成型效率高出同类装备 20% ～ 40%，标志我国自主研制的 SLM 成型技术与装备达到了国际先进水平。目前已有多台 SLM 装备被航天科技集团三大总体研究院用于航天零件的研制与批量生产，SLM 装备研制的零件不仅大大缩短了产品的研制周期，简化了工序，更重要的是将结构—功能一体化，可以获得性能优良的轻质零件。

图 4-3　华南理工大学的 DiMetal-100 SLM 设备

SLM 技术成型精度高、性能好、且不需要模具，属于典型的数字化过程。目前，SLM 技术在复杂精密金属零件的成型中具有不可替代性，在精密机械、能源、电子、石油化工、交通运输等几乎所有的高端制造领域都具有广阔的工业应用前景。

4.1.4　光固化立体成型技术

光固化立体成型（Stereo Lithography Apparatus，SLA）技术以光敏树脂

为原料，将计算机控制下的紫外光按预定零件各分层截面的轮廓为轨迹，对液态树脂进行连点扫描，使被扫描区的树脂薄层产生光聚合反应，从而形成零件的一个薄层截面。当该层固化完毕，移动工作台，在原先固化好的树脂表面再敷上一层新的液态树脂以便进行下一层扫描固化，使新固化的一层牢固地粘合在前一层上。此过程重复执行，直至整个零件原型制造完毕，SLA 成型艺原理如图 4-4 所示。美国 3D Systems 是最早推出 SLA 技术的公司。SLA 技术的特点是精度和光洁度高，但是材料比较脆，运行成本较高，后期处理复杂，而且对操作人员要求较高，一般适合在验证装配设计过程中使用。

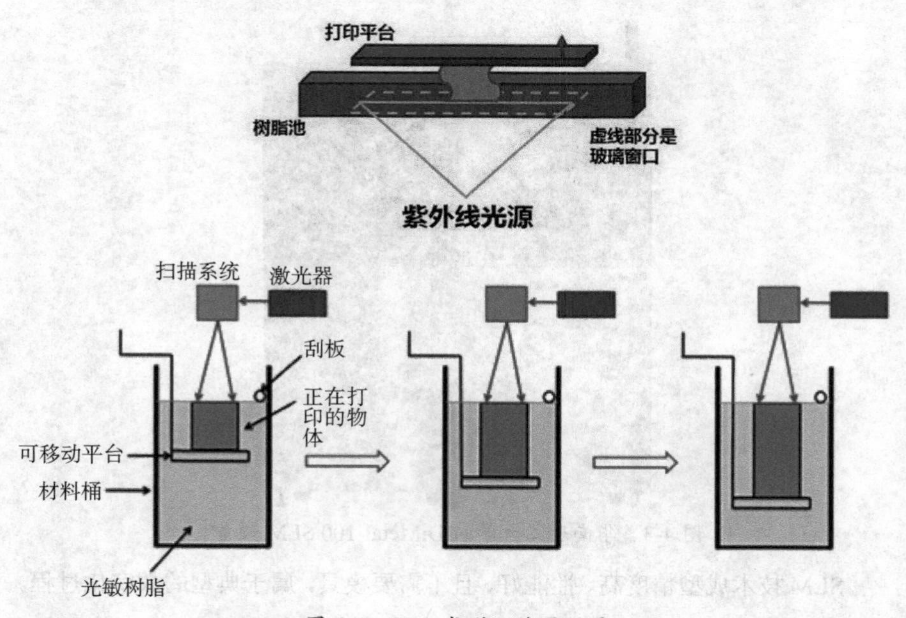

图 4-4　SLA 成型工艺原理图

SLA 技术的发展趋势是高速化、节能环保与微型化，不断提高的加工精度使 SLA 技术有可能最先在生物、医药、微电子等领域大有作为。

4.1.5　分层实体制造技术

分层实体制造（Laminated Object Manufacturing，LOM）技术又称层叠法成

型，其基本原理是利用激光等工具逐层面切割、堆积薄板材料，最终形成三维实体。LOM 技术以片材（如纸片、塑料薄膜或复合材料）为原材料，其成型原理如图 4-5 所示。首先激光切割系统按照计算机提取的横截面轮廓线数据，将背面涂有热熔胶的纸用激光切割出工件的内外轮廓。切割完一层后，送料机构将新的一层纸叠加上去，利用热粘压装置将已切割层粘合在一起，然后再进行切割，这样层层切割、黏合，直到最终成为三维工件。利用纸板、塑料板和金属板可分别制造出木纹状零件、塑料零件和金属零件。各层纸板或塑料板之间的结合常用粘结剂实现，而各层金属板直接的结合常用焊接（如热钎焊、熔化焊或超声焊接）和螺栓连接来实现。LOM 技术常用材料是纸、金属箔、塑料膜、陶瓷膜等，此技术除了可以制造模具、模型，还可以直接制造结构件或功能件。

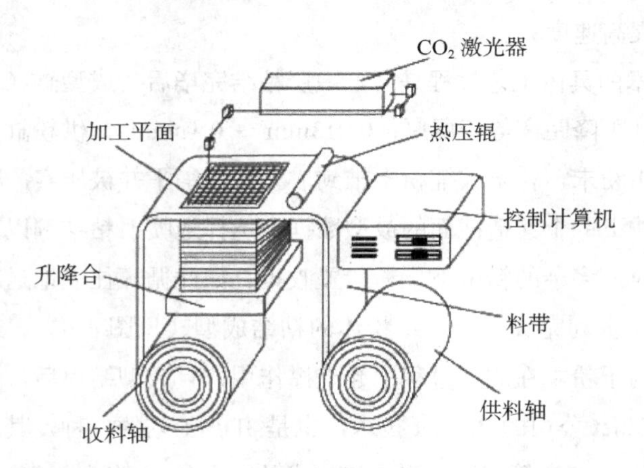

图 4-5　LOM 成型工艺原理图

LOM 技术的优点是工作可靠，模型支撑性好、成本低、效率高；缺点是前、后处理费时费力，且不能制造中空结构件和结构太复杂的零件，而且材料范围很窄，每层厚度不可调整，精度有限。LOM 技术的主要用途是快速制造新产品样件、模型或铸造用木模。

4.1.6　三维打印成型技术

三维打印成型（3 Dimensional Printing，3DP）技术与 SLS 工艺类似，

采用粉末材料（如陶瓷粉末、金属粉末等）打印成型。3DP 技术与 SLS 工艺不同的是，3DP 技术的材料粉末不是通过烧结连接起来的，而是通过喷头用粘结剂（如硅胶）将零件的截面“印刷”在材料粉末上。用粘结剂粘接的零件强度较低，需要进行后期处理。3DP 工艺是美国麻省理工学院 E.M.Sachs 等人研制的。E.M.Sachs 于 1989 年申请了 3DP 专利，该专利是非成型材料微滴喷射成型范畴的核心专利之一。目前采用 3DP 技术的厂商，主要是 ZCorporation 公司、EX-ONE 公司等，Zprinter、R 系列三维打印机是采用 3DP 技术的主要机型。3DP 打印机能打印的材料比较多，包括石膏、塑料、陶瓷和金属等，而且还可以打印彩色零件，成型过程中没有被粘结的粉末起到了支撑作用，能够形成内部有复杂形状的零件。3DP 打印机一般通过多碰头和喷嘴来提高速度。

3DP 技术的具体工艺过程是：上一层粘结完毕后，成型缸（升降台）下降一个距离（下降距离等于层厚：0.013mm ～ 0.1mm），供粉缸上升一定高度，推出若干粉末，粉末被铺粉辊推到成型缸，铺平并被压实。喷头在计算机控制下，按下一个建造截面的成型数据有选择地喷射粘结剂以建造层面。铺粉辊铺粉时，多余的粉末被集粉装置收集。如此循环往复地送粉、铺粉和喷射粘结剂，直到完成一个三维粉体的粘结成型（见图 4-6）。未被喷射粘结剂的地方为干粉，在成型过程中起支撑作用，且成型结束后，干粉比较容易被去除。Objet 公司的 Polyjet 技术，也是 3DP 工艺的一种，其采用的是光敏树脂、橡胶、ABS 等多种材料。该技术的特点是成型制件精度较高。

3DP 技术优点如下。

（1）成型速度快，成型材料价格低，适合做桌面型的快速成型设备。

（2）在粘结剂中添加颜料，可以制作彩色原型，这是 3DP 工艺最具竞争力的特点之一。

（3）成型过程不需要支撑，多余粉末的去除比较方便，特别适合于做内腔复杂的原型。

3DP 技术的主要缺点是制件强度较低，只适合制作概念型模型，不适合打印功能性制件。

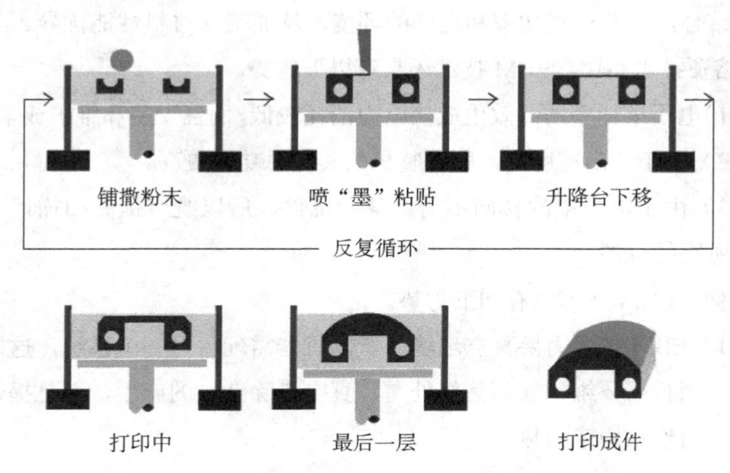

图 4-6 3DP 工艺原理示意图

4.1.7 其他 3D 打印技术

除了上面论及的多种 3D 打印技术，其他 3D 打印技术也在不同场合中有各种应用。如多层激光熔覆（Direct Metal Deposition，DED）技术，主要用于制作大型金属零件的毛坯。它是利用激光或其他能源材料从喷嘴输出时同步熔化材料，凝固后形成实体层，逐层叠加，最终形成三维实体零部件。DED 技术成型精度较低，但是成型空间不受限制。

电子束熔融（Electron Beam Melting，EBM）技术经过密集的深度研发，现已广泛应用于快速原型制作、快速制造、工装和生物医学工程等领域。EBM 技术使用电子束，将金属粉末一层一层地融化生成完全致密的零件。因其具有直接加工复杂几何形状的能力，EBM 工艺非常适合小批量复杂零件的直接量产。EBM 工艺使零件定制化成为可能，因为该技术可获得用其他制造技术无法形成的几何形状，零件也将因无与伦比的性能而向客户体现其价值。EBM 工艺直接使用 CAD 数据，一步到位，所以速度很快，设计师从完成设计开始，在 24 小时内即可获得全部功能细节。与砂模铸造或熔模精密铸造相比，该工艺使交货期将显著缩短。在生产过程中，EBM 和真空技术相结合，可获得高功率和良好的环境，从而确保材料性能优异。与激光烧结 / 熔覆技术相比，EBM 技术还具有以下优势。

（1）电子束功率的高效生成使电力消耗较低，而且安装和维护成本较低。

（2）由于产出速度高，所以整机的实际总功率更高。

（3）由于电子束的转向不需要移动部件，所以既可提高扫描速度，又减少了所需的维护。

当然，EBM 技术也有如下劣势。

（1）EBM 技术需要真空环境，所以机器需配备另一个系统，这需要额外开支，而且需要维护（而其好处是，真空排除杂质的产生，而且提供了一个利于自由形状构建的热环境）。

（2）电子束技术的操作过程会产生 X 射线（解决方案：真空腔的合理设计可以完美地屏蔽射线。）

激光金属 3D 打印还有金属直接激光烧结成型（Direct Metal Laser Sintering，DMLS）技术。该技术的主要原理是通过在基材表面添加熔覆材料，并利用高能密度的激光束使之与基材表面薄层一起熔凝，一层一层将金属面堆积起来使金属部件直接成型。

DMLS 工艺的主要特点如下。

（1）激光熔覆层与基体为冶金结合，结合强度不低于原基体材料的 95%。

（2）对基材的热影响较小，引起的变形也小。

（3）材料范围广泛，如镍基、钴基、铁基合金、碳化物复合材料等，可满足工件不同用途要求，兼顾性能与表面特性。

（4）熔覆层及其界面组织致密，晶粒细小，无孔洞、夹杂裂纹等缺陷。

（5）可对局部磨损或损伤的大型设备的贵重零部件、模具进行修复，延长使用寿命。

（6）熔覆工艺可控性好，易实现自动化控制。

（7）对于损坏零部件，可实现高质量、快速修复，减少因故障导致的停机时间，降低设备的维护成本。

（8）常用熔覆层硬度范围 HRC30 ～ 60，超高硬度要求的可达 HRC65 ～ 75，熔覆层厚度范围为 0.1mm ～ 10.0mm。

（9）可对金属部件进行直接生产制造。

DMLS 工艺适用行业范围涉及冶金、石化、船舶、电力、机械、液压、化工、模具等，也可对大型传动设备重要零部件如轴、叶片、轮盘、曲轴、泵轴、齿轴、模具及阀门等进行直接制造。

2015 年，3D 打印技术又出现新的理念。2015 年 3 月 20 日出版的《科学》杂志报道，美国北卡罗莱纳大学的研究人员发明了一种全新的 3D 成型工艺，并将它命名为“连续液体界面制造技术（Continuous Liquid Interface Production，CLIP）”。CLIP 成型工艺原理和机器实物分别如图 4-7（a）和图 4-7（b）所示。现有的 3D 打印方法是利用液态树脂，逐层构筑物体结构，过程缓慢，打印机先打印一层，矫正外形，再灌入树脂，然后重复之前的步骤。而在 CLIP 系统中，一个投影设备（Projector）会连续不断地用紫外线从下方无形地切割出物体剖面。这种紫外线能让整个池子的液体树脂（UV Curable Resin）的底部一层硬化，与此同时，一个可升降平台（Build Platform）会把已经成型的物体从树脂池中抬起来。CLIP 技术的最重要特点就是池子底部——一个能让氧和紫外线穿过的窗口（Oxygen Permeable Window）。因为氧会妨碍固化过程，这层薄膜（池子底部）能在底部长久有效地形成不可固树脂的“死亡区”（Dead Zone），然而，这一层薄膜就像由红细胞构成的一样薄。它允许紫外线穿过，能让所有位于“死亡区”正上方的含低氧的树脂固化。没有树脂粘底部的这个装置，能像变戏法一样提高印刷速度，因为它不是在上“水面”发生，那里不会和氧气接触，所有步骤都不会慢下来。而当打印机把成型的物体拿出来后，吸引器又会在底部注入更多树脂。

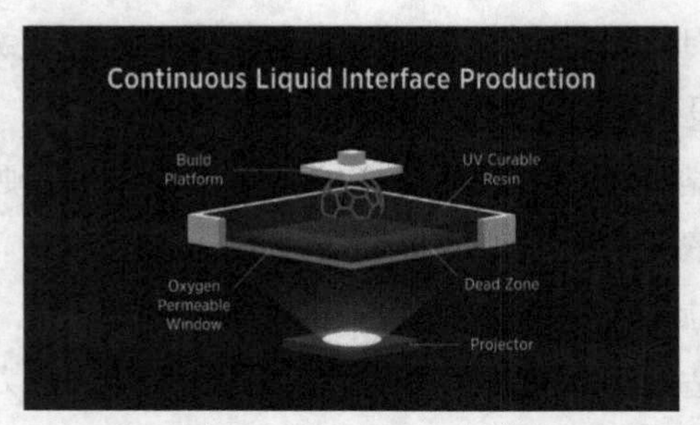

（a）CLIP 成型原理示意图

（b）CLIP 打印机实物图

图 4-7　CLIP 成型工艺原理及实物图

CLIP 技术不仅能大大加快树脂固化速度，还能让 3D 打印出来的成品表面更光滑细腻。与现存的 3D 设备不一样，CLIP 技术不需要等待单面的 3D 物品凝固，它会持续建模，与其他注塑型设备原理不同。CLIP 的制造商还称他们的设备能生产更加精细的物体元件，小到 20 微分的物体也可打印出来。除此之外，CLIP 还有一个优点就是能利用大多数 3D 打印机不能使用的材料，如人造橡胶及其他组织兼容的生物材料。CLIP 打印技术的生产工艺流程看起来极具创意性，创造者甚至说他们的灵感来自于《终结者 2》的液态金属机器人 T-1000。在所有优点中，令 CLIP 在众多 3D 打印设备中卓尔不群的还是它的成型速度。CLIP 的发明者称，它的打印速度能比传统的成型工艺快 20 ～ 100 倍。研究人员打算将这个正在申请专利的产品交给新公司 Carbon3D 来生产，该公司计划在 2016 年底生产出 CLIP 技术产品的商业版本。人们目前还不了解它的成本和规格，但预计 Carbon3D 的第一批设备应该会用于新公司和研究机构。

4.2 3D 打印材料分类

随着技术的飞速进步，3D 打印行业可利用的原材料朝着日益多样化和实用化的趋势同步发展。正是这些越来越多可供选择的打印材料的问世，使 3D 打印技术的应用范围日益广泛，因而 3D 打印技术在诸多行业中已有高效而成熟的应用案例。3D 打印材料可以按照不同的属性和方法分为以下类别。

4.2.1 3D 打印材料物理状态分类

按照材料的物理状态可以将打印材料分为液体材料和固体材料。

1. 液体材料

液体 3D 打印材料一般是液体树脂材料。在光固化（SLA）和连续液面成型技术（CLIP）中经常用到。

2. 固体材料

固体材料又可以分成丝状材料、薄片状材料及粉末状材料等。

4.2.2 3D 打印材料化学性能分类

按照材料的化学性能可以分为 ABS/PLA 材料、高精度树脂类材料、石蜡材料、金属材料、陶瓷材料、砂岩材料、尼龙材料及其他复合材料等。对于目前市面上出现的 3D 食品打印机，如网云三维科技的 3D 煎饼打印机和武汉巧意的 3D 巧克力打印机所采用的材料皆为可食用的食品级材料，前者为面粉、牛奶、鸡蛋等调制在一起的混合流体状材料，后者为巧克力材料。

4.2.3 3D 打印材料成型方法分类

按照 3D 打印成型方法可以将打印材料分类为 SLA 材料、LOM 材料、SLS 材料、FDM 材料等，其中各种 3D 成型方法在本章 4.1 节已有详细论述。

4.3 各类打印材料及其应用

3D 打印已经成功在我们日常生活和工业生产的很多领域广泛应用，如模具制造、艺术创意产品、珠宝制作、生物工程与医学、航空、汽车制造、玩具制作、3D 人像摄影等。3D 打印技术的快速发展使其成为近几年国内外快速成型技术研究的重点。目前，美国、欧洲国家及日本都站在 21 世纪制造业竞争的战略高度，对快速成型技术投入大量资金进行研究，使 3D 打印技术得到迅猛发展。在国防领域，欧美发达国家也非常重视 3D 打印技术的应用，并投入巨大资金研制 3D 打印金属零部件，特别是大力推动增材制造技术在钛合金等高价值材料部件的制造应用上。

材料是 3D 打印技术的物质基础，也是当前制约 3D 打印技术发展的主要瓶颈。在某种程度上，材料技术的发展决定着 3D 打印技术能否有更大的发展空间和广泛应用。3D 打印材料与 3D 打印技术是相辅相成的，3D 打印技术在上个世纪 80 年代开始诞生，但是直到近些年才有了飞速的发展，这很大程度上就是受制于当时材料科学的发展水平。目前 3D 打印材料主要包括工程塑料（ABS、PLA 等）、光敏树脂、橡胶类材料、金属材料、陶瓷材料等，除此之外还有彩色石膏材料、人造骨粉、细胞生物材料及砂糖面粉巧克力等食品材料也在 3D 打印领域得到广泛应用。3D 打印材料所用到的这些原材料都是针对 3D 打印设备和工艺专门研发而成，与普通的塑料、石膏、树脂等材料有所区别。3D 打印材料的形态一般有粉末状、丝状、片层状、液体状、流体状等。通常情况下，根据打印设备的类型及操作条件的不同，使用的粉末状打印材料的粒子直径为 1μm ～ 100μm 不等。为了使粉末保持良好的流动性，一般要求粉末具有高度球状几何特征。

4.3.1 3D 打印工程塑料

工程塑料指被用做工业零件或外壳材料的工业用塑料，是强度、耐冲击性、耐热性、硬度及抗老化性均优的塑料。工程塑料是当前应用最为广泛的一类 3D 打印材料，常见的有丙烯腈 - 丁二烯 - 苯乙烯共聚物（Acrylonitrile Butadiene Styrene，ABS）类材料、聚碳酸酯（Polycarbonate，PC）类材料、尼龙类材料、聚砜（Polysulfome，PSU）等。

ABS类材料是FDM快速成型工艺常用的热塑性工程塑料，它具有强度高、韧性好、耐冲击等优点，正常变形温度超过90℃，可对其进行机械加工（钻孔、螺纹）、喷漆及电镀。ABS材料的颜色种类很多，如象牙白、白色、黑色、深灰、红色、蓝色、玫瑰红色等，在汽车、家电、电子消费品领域皆有广泛的应用。

PC 类材料是真正的热塑性材料，具备工程塑料的所有特性：高强度、耐高温、抗冲击和抗弯曲，可以作为最终零部件使用。使用 PC 材料制作的样件，可以直接装配使用，应用于交通工具及家电行业。PC 材料的颜色比较单一，只有白色，但其强度比 ABS 材料高出 60%，具备超强的工程材料属性，可广泛应用于电子消费品、家电、汽车制造、航空航天、医疗器械等领域。

PC-ABS 材料是一种应用最广泛的热塑性工程塑料。PC-ABS 具备 ABS 材料的韧性和PC材料的高强度及耐热性，大多应用于汽车、家电及通信行业。使用该材料制作的样件强度比传统的 FDM 系统制作的部件强度高出 60%，所以使用 PC-ABS 能打印出包括概念模型、功能原型、制造工具及最终零部件等热塑性部件。

PC-ISO 材料是一种通过医学卫生认证的白色热塑性材料，具有很高的强度，广泛应用于药品及医疗器械行业，用于手术模拟、颅骨修复、牙科等专业领域。同时，因为 PC-ISO 材料具备 PC 材料的所有性能，也可以用于食品及药品包装行业，做出的样件可以作为概念模型、功能原型、制造工具及最终零部件使用。

尼龙玻纤是一种白色的粉末，与普通塑料相比，其拉伸强度、弯曲强度有所增强，热变形温度及材料的模量有所提高，材料的收缩率减小，但表面粗糙，冲击强度降低。材料热变形温度为 110℃，主要应用于汽车、家电、电子消费品领域。

PSU 类材料是一种琥珀色的材料，热变形温度为 189℃，是所有热塑性材料里面强度最高、耐热性最好、抗腐蚀性最优的材料，通常作为最终零部件使用，广泛用于航空航天、交通工具及医疗行业。PSU 类材料能带来直接数字化制造体验，性能非常稳定，通过与 RORTUS 设备的配合使用，可以达到令人惊叹的效果。

4.3.2 3D 打印光敏树脂

光敏树脂（UV Curable Resin）也称光固化树脂，由聚合物单体与预聚体组成，其中加有光（紫外光）引发剂（或称为光敏剂）。在一定波长的紫外光（250nm ~ 300nm）照射下能立刻引起聚合反应完成固化。光敏树脂一般为液态，可用于制作高强度、耐高温、防水的材料。目前，研究光敏材料 3D 打印技术的主要有美国 3D Systems 公司和以色列 Object 公司。常见的光敏树脂有 somos NEXT 材料、somos 11122 材料、somos 19120 材料和环氧树脂。somos NEXT 材料为白色材质，类 PC 新材料，韧性非常好，基本可达到 SLS 制作的尼龙材料性能，而精度和表面质量更佳。somos NEXT 材料制作的部件拥有迄今最优的刚性和韧性，同时保持了光固化立体造型材料做工精致、尺寸精确和外观漂亮的优点，主要应用于汽车、家电、电子消费品等领域。Somos 11122 材料看上去更像是真实透明的塑料，具有优秀的防水性能和尺寸稳定性，能提供包括 ABS 和 PBT 在内的多种类似工程塑料的特性，这些特性使它很适合用在汽车、医疗及电子类产品领域。Somos 19120 材料为粉红色材质，是一种铸造专用材料。成型后可直接代替精密铸造的蜡膜原型，避免开发模具的风险，大大缩短周期，拥有低留灰烬和高精度等特点。环氧树脂是一种便于铸造的激光快速成型树脂，它含灰量极低（800℃时的残留含灰量< 0.01%），可用于熔融石英和氧化铝高温型壳体系，而且其不含重金属锑，可用于制造极其精密的快速铸造型模。

4.3.3 3D 打印橡胶类材料

橡胶类材料具备多种级别弹性材料的特征，这些材料所具备的硬度、断裂伸长率、抗撕裂强度和拉伸强度，使其非常适合要求防滑或柔软表面的应用领域。3D 打印的橡胶类产品主要有消费类电子产品、医疗设备及汽车内饰、轮胎、垫片等。

4.3.4 3D 打印金属材料

近年来，3D 打印技术逐渐应用于实际产品的制造，其中，金属材料的 3D 打印技术发展尤其迅速。在国防领域，欧美发达国家非常重视 3D 打印技术的发展，不惜投入巨资加以研究，而 3D 打印金属零部件一直是研究和应用的重点。3D 打印所使用的金属粉末一般要求纯净度高、球形度好、粒径分布窄、氧含量低。目前，应用于 3D 打印的金属粉末材料主要有钛合金、钴铬合金、不锈钢和铝合金材料等，此外还有用于打印首饰用的金、银等贵金属粉末材料。

钛是一种重要的结构金属，钛合金因具有强度高、耐蚀性好、耐热性高等特点，从而被广泛用于制作飞机发动机压气机部件，以及火箭、导弹和飞机的各种结构件。钴铬合金是一种以钴和铬为主要成分的高温合金，它的抗腐蚀性能和机械性能都非常优异，用其制作的零部件强度高、耐高温。采用 3D 打印技术制造的钛合金和钴铬合金零部件，强度非常高，尺寸精确，能制作的最小尺寸可达 1mm，而且其零部件机械性能优于锻造工艺。

不锈钢以其耐空气、蒸汽、水等弱腐蚀介质和酸、碱、盐等化学浸蚀性介质腐蚀而得到广泛应用。不锈钢粉末是金属 3D 打印经常使用的一类性价比较高的金属粉末材料。3D 打印的不锈钢模型具有较高的强度，而且适合打印尺寸较大的物品。

4.3.5 3D 打印陶瓷材料

陶瓷材料具有高强度、高硬度、耐高温、低密度、化学稳定性好、耐腐蚀等优异特性，在航空航天、汽车、生物等行业有广泛的应用。但由于陶瓷材料硬而脆的特点使其加工成型尤其困难，特别是复杂陶瓷件需通过模具来成型。模具加工成本高、开发周期长，难以满足产品不断更新的需求。3D打印用的陶瓷粉末是由陶瓷粉末和某一种粘结剂粉末组成的混合物。由于粘结剂粉末的熔点较低，激光烧结时只是将粘结剂粉末熔化，从而使陶瓷粉末粘结在一起。在激光烧结之后，需要将陶瓷制品放入温控炉中，在较高的温度下进行后期处理。陶瓷粉末和粘结剂粉末的配比会影响陶瓷零部件的性能。粘结剂分量越多，烧结越容易，但在后处理过程中零件收缩越大，会影响零件的尺寸精度。粘结剂分量太少，则不易烧结成型。颗粒的表面形貌及原始尺寸对陶瓷材料的烧结性能非常重要，陶瓷颗粒越小，表面越接近球形，陶瓷层的烧结质量越好。

陶瓷粉末在激光直接快速烧结时液相表面张力大，在快速凝固过程中会产生较大的热应力，从而形成较多微裂纹。目前，陶瓷直接快速成型工艺尚未成熟，国内外正处于研究阶段，还没有实现大规模商品化。

4.3.6 其他 3D 打印材料

除了上面介绍的常见 3D 打印材料，目前用到的还有彩色石膏材料、人造骨粉、细胞生物原料及砂糖等材料。

彩色石膏材料是一种全彩色的 3D 打印材料，是基于石膏的、易碎、坚固且色彩清晰的材料。基于在粉末介质上逐层打印的成型原理，3D 打印成品在处理完毕后，表面可能出现细微的颗粒效果，外观很像岩石，在曲面可能出现细微的年轮状纹理，因此，彩色石膏材料多应用于动漫玩具等领域。

3D 打印技术与医学、组织工程相结合，可制造出药物、人工器官等用于治疗疾病的成品。加拿大目前正在研发“骨骼打印机”，试图利用类似喷墨打印机的技术，将人造骨粉转变成精密的骨骼组织。打印机会在骨粉制作的薄膜上喷洒一种酸性药剂，使薄膜变得更坚硬。

美国宾夕法尼亚大学打印出来的鲜肉，是先用实验室培养出的细胞介质，生成类似鲜肉的代替物质，以水基溶胶为黏合剂，再配合特殊的糖分子制成。

还有尚处于概念阶段的用人体细胞制作的生物墨水，以及同样特别的生物纸。打印的时候，生物墨水在计算机的控制下喷到生物纸上，最终形成各种器官。

在食品材料方面，目前，砂糖 3D 打印机 CandyFab 4000 可通过喷射加热过的砂糖，直接做出具有各种形状、美观又美味的甜品。

如果看过美国科幻大片《终结者 2》（Terminator 2），大家应该对里面的液态金属机器人 T-1000 可以进行自我修复的能力记忆深刻。据悉，西班牙的科学家们已经成功研制出首个自愈合的聚合物，它能自动重组。研究人员将这种新材料称作“终结者”，同时研究人员表示，从电子元件到住宅，该材料有助于提高塑料部分的寿命和安全性。该研究成果发表在英国皇家化学学会的《材料地平线（Materials Horizons）》杂志上。据联合国国际新闻报道，“终结者”被誉为第一款无需外来干预就能进行自我修复的聚合物。西班牙圣塞瓦斯蒂安电化学技术中心的研究人员表示，聚合物被切割成两半后，它们会重新聚拢到一起，一个样本在 2 个小时内能够完成 97% 的自我修复。据说，用这种材料制成的单个组件，即使用手使劲拉伸，也不会断掉。他们还表示：“这种材料在室温环境下能进行有效的自我修复，不用加热或光照等任何额外的外来干预。”科学家称，类似聚合物已经被应用到很多商品中，这种新型聚合物“具有很大的商业潜力，便于真正的商业应用”。如果结合 3D 打印技术，这种自愈合的聚合材料将会研制很多意想不到的神奇应用。

日常生活中，电子产品随处可见。每个电子产品都有电路控制板，随着 3D 打印技术的应用渗透，电路板行业也开始研究采用 3D 打印技术来制作电路板的可能性。近年来，美国多家公司研制出电子电路 3D 打印的核心材料——导电墨水。光伏纳米细胞（PV Nano Cell，PNC）公司推出一款全新的铜基导电墨水，同时也是全球首款铜基导电墨水。用这种墨水制造出的电子产品能带来许多好处，主要包括电子产品能具备十分优越的导电性和电气性能，同时相比于传统制造工艺，产生的废弃物更少。该导电墨水是由单晶纳米颗粒制成的，这令其非常适合在塑料、织物甚至纸张等柔性材料上进行

3D 打印。美国马瑟诸塞州大学洛威尔分校（UML）研发出一种新型导电墨水，并成功用其 3D 打印出电子雷达的部件。UML 的导电墨水实际上是由悬浮在热塑性聚合物中的金属纳米颗粒组成的，不过不同于之前的同类产品，这种材料具有能够通过电压而调整的电子特性。此外，它的固化温度很低，但这可确保它在 3D 打印时与塑料完美融合。

4.4 我国 3D 打印材料技术发展的现状与机遇

近年来，3D 打印技术得到了快速发展，其实际应用领域逐渐增多。但 3D 打印材料的供给形势却并不乐观，成为制约 3D 打印产业发展的瓶颈。目前，我国 3D 打印原材料缺乏相关标准，国内有能力生产 3D 打印材料的企业很少，特别是金属材料主要依赖进口，产品价格很高，这就造成了 3D 打印产品成本大幅增加，影响了其产业化的进程。因此，当前的迫切任务之一是建立 3D 打印材料的相关标准，加大对 3D 打印材料研发和产业化的技术、资金支持，提高国内生产的 3D 打印材料的质量，从而促进我国 3D 打印产业的可持续性高速发展。可以预计，3D 打印技术的进步一定会促进我国制造业的跨越式发展，使我国实现从制造业大国成为制造业强国的历史性转变。

第 5 章 3D 打印数据处理与通用建模软件概览

众所周知，普通的打印机在打印开始之前需用户将打印源文件（各种文档、图片等）上传至打印机。同样，3D 打印机进行快速成型制造之前，也需要用户提供目标产品的源文件方可开始工作。这里所指的目标源文件就是 3D 打印设备可识别的 3D 模型数据文件（如 STL 格式文件）。因此，3D 模型数据处理是快速成型制造至关重要、不可或缺的一步。本章将介绍 3D 打印数据处理基本流程和常见的 3D 模型存储格式，以及如何通过部分常见的 3D 模型设计处理软件来制作自己的 3D 打印模型。

5.1 3D 打印数据处理

5.1.1 STL 格式简介

光固化（Stereolithography，STL）格式是目前增材制造（3D 打印）设备使用最多的通用接口格式。目前在快速成型制造（Rapid Prototyping，RP）领域，有很多文件格式，如 CLI、SLC、PIC 及 STL 等。STL 是由美国 3D Systems 公司于 1988 年制定的一个接口协议，是一种为增材制造技术服务的三维图形文件格式，目前已成为 3D 打印上的标准格式。STL 格式是存储三维模型信息的一种简单方法，它将复杂的数字模型以一系列三角形面片（Triangulated Surface/Triangular Facet）来近似表达。STL 模型是一种空间封闭的、有界的、正则的唯一表达物体的模型，具有点、线、面的几何信息，能够将几何信息输入到增材制造设备，用于快速制作实物样品。随着增材制造技术的发展和应用，STL 文件格式也得到了各 CAD/CAM 软件公司的广泛支持。在医学、自然科学和工程领域里，STL 技术也得到了广泛的应用。

利用三维扫描仪等三维数字化工具对物理原型进行多方位三维扫描，经过数据的预处理与优化，得到物体完整的三维数据模型，对该数据模型进行表面三角形小平面化处理（类似于有限元的网格划分），即用许多空间三角形面片来逼近 CAD 模型。当三角形面片小到一定程度，其近似性可达到工程允许的精度范围内。三角形面片的数据文件则称为 STL 文件。

在进行 3D 打印时，由于要将复杂的 3D 加工离散为一系列简单的 2D 加工的叠加，因此，3D 打印的成型精度主要取决于二维（x-y）平面上的加工精度，以及高度（z）方向上的叠加精度。从 3D 打印机本身而言，可以将 x、y、z 三方向的运动位置精度控制在微米级水平，从而能得到精度相当高的制件。因此，特别是在加工复杂的自由曲面及内型腔时，3D 打印比传统的加工工艺表现出更明显的优势。然而影响工件最终精度的因素不仅有 3D 打印机本身的精度，还有一些其他因素，其中比较重要的是 CAD 模型前期处理造成的误差。对于绝大多数 3D 打印设备而言，开始成型前，必须对工件的三维 CAD 模型进行 STL 格式化和切片等前期处理，以便得到一系列截面轮廓。在计算机数据处理能力足够的前提下，进行 STL 格式化时，应选择更小、更多的三角面片，使之更逼近原始三维模型的表面，这样可以降低由 STL 格式化带来的误差影响。

5.1.2 3D 打印数据处理流程

3D 打印的过程涉及一系列的数据处理环节，主要流程如图 5-1 所示。首先，需要构建代加工产品或制件的三维模型。模型制作有很多工具，在 5.2 节将简单介绍几种通用 3D 建模软件的使用方法，并演示如何生成通用的 STL 格式的 3D 模型文件。然后，在建模完成后，将根据 STL 文件中三角形面片（Triangular Facet）的位置和拓扑关系对 3D 模型进行快速分层和切片处理。切片处理完成后将生成切片轮廓信息并进行轮廓填充。最后，将切片生成的指令文件（Gcode）拷贝或者直接发送给3D打印设备，装好打印材料，调节好各项打印参数，通过打印机控制按钮发送打印指令。至此数据传输处理完成，等待3D模型最终打印成型即可。

图 5-1　3D 打印数据处理流程示意图

3D打印数据处理也要考虑支撑自动生成，这是因其本身的技术原理所致。因为3D打印技术本身是一种基于离散/堆积成型原理的新型制造方法，如果打印制件模型中有悬吊结构，将会导致没有支撑点，无法完成后续打印任务。另外，为了提高3D打印精度，应尽可能消除制件表面阶梯效应（Staircase Effect）带来的影响，用户在打印数据处理过程中需要考虑打印成型方向的优化。在快速成型加工过程中，由于对STL模型切片所得数据是由极不均匀的细微离散线段序列组成的，因此，为了提高制件加工速度和精度，必须对切片数据进行重新拟合处理。为简化后续插补处理，可采用抛物线、双曲线、B—样条等标准圆锥曲线及不规则参数曲线等多种类型组合曲线拟合。

5.2　3D 建模通用软件简介

5.2.1　3ds Max 简介与 STL 建模实例

1. 3ds Max 简介

3D Studio Max，通常简称为3dsMax或MAX，是Autodesk公司开发的基于PC系统的三维模型制作和动画渲染（Rendering）软件。其前身是基于DOS操作系统的3D Studio系列软件。在Discreet 3Ds max 7后，正式更名为 Autodesk 3ds Max，最新版本是 3ds Max 2017。3ds Max 目前广泛应用于广告、影视、工业设计、建筑设计、三维动画、多媒体制作、游戏、辅助教学及工程可视化等领域。3ds Max 有非常高的性价比，它所提供的强大功能远远超过了它自身低廉的价格，一般的制作公司就可以承受，这样可以使作品的制作成本大大降低，而且它对硬件系统的要求很低。Autodesk 3ds Max 2013 的发布，为使用者带来了更高的制作效率及令人无法抗拒的新技术，使用户可以在更短的时间内制作模型、角色动画及更高质量的图像。下面，将演示如何用 3ds Max 来生成 STL 格式的 3D 模型。

2. 3ds Max 生成 STL 模型实例

（1）打开 3ds Max，主界面如图 5-2 所示。

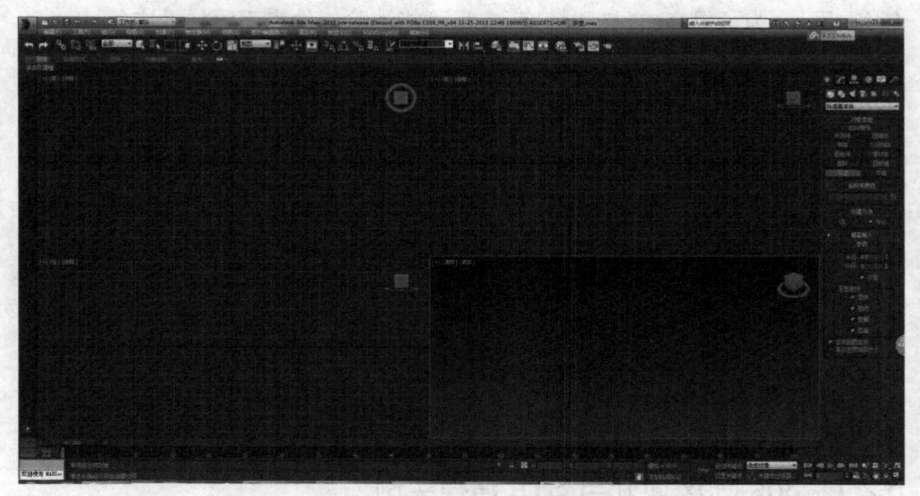

图 5-2 3ds Max 主界面

（2）在主界面右侧的菜单栏中选择“标准基本体”，如图 5-3 所示。

（3）单击鼠标右键，选择茶壶，茶壶按钮变为蓝色。在透视图窗口中，单击鼠标右键选择起点，从后往前拖动鼠标，可以建立茶壶的模型，如图 5-4 所示。

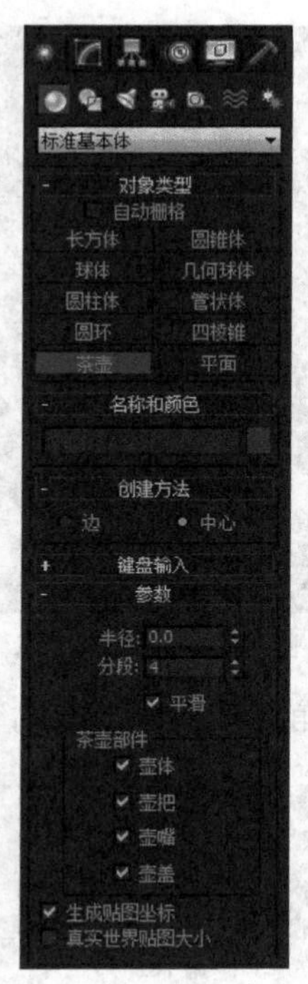

图 5-3 选择“标准基本体”

图 5-4 建立茶壶模型

（4）主界面中出现相应的茶壶前视图、顶视图、左视图，如图 5-5 所示。

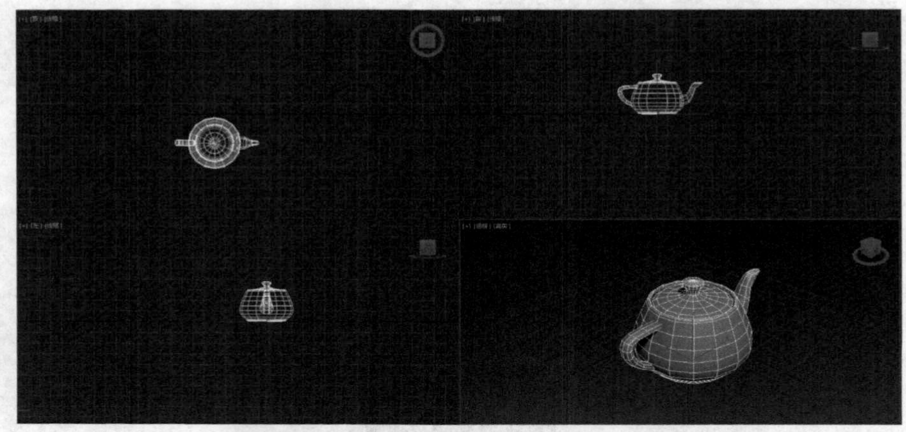

图 5-5　茶壶三视图

（5）单击主界面中左上角的3d Max图标向下的展开箭头，如图5-6所示。

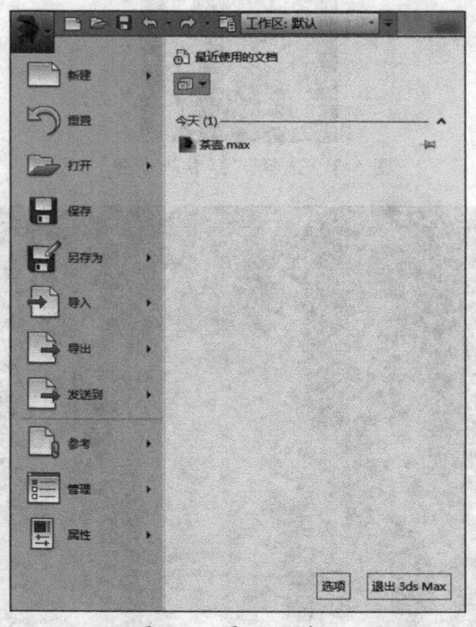

图 5-6　展开工作区

（6）单击“导出”按钮，如图 5-7 所示。再单击其中的“导出”按钮弹出的界面如图 5-8 所示。

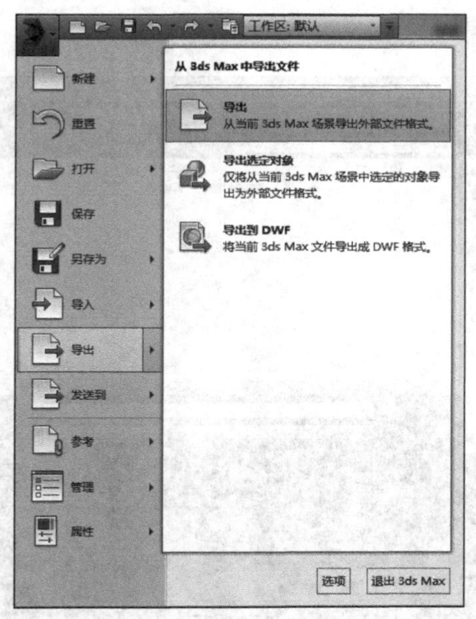

图 5-7　导出文件

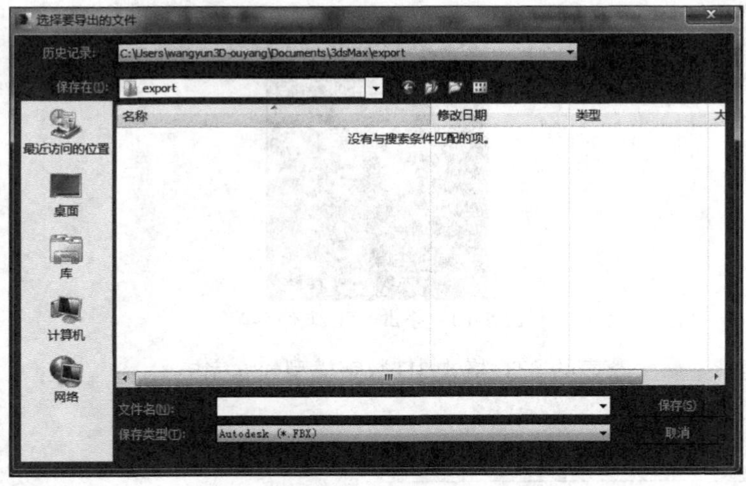

图 5-8　“选择要导出的文件”界面

（7）输入文件名称“茶壶”，修改保存类型为 STL（*.STL），如图 5-9 所示，单击“保存（S）”按钮，弹出“导出文件”对话框如图 5-10 所示，单击“确定”按钮即可。

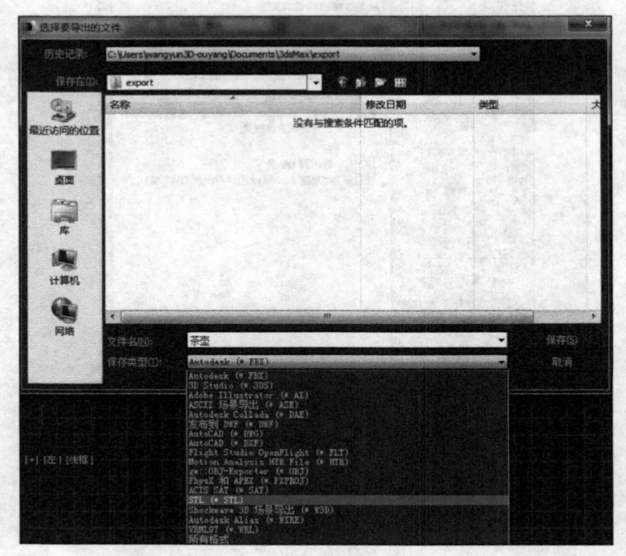

图 5-9　修改保存类型

图 5-10　导出 STL 文件界面

至此，一个茶壶的 STL 格式 3D 数字模型建立完毕。

5.2.2　UG 简介与 STL 建模实例

1. UG 软件简介

UG 是 Siemens PLM Software 公司出品的一个产品工程解决方案，它为用户的产品设计及加工过程提供了数字化造型和验证手段。UG针对用户的虚拟产品设计和工艺设计的需求，提供了经过实践验证的解决方案。这是一个交互式计算机辅助设计与计算机辅助制造（CAD/CAM）系统，它功能强大，可以轻松实现各种复杂实体及造型的构建。UG的开发始于1969年，它是基于C语言开发实现的。UG软件在诞生之初主要用于工作站（Workstation），随着PC硬件的发展和个人用户的迅速增长，它在PC上的应用取得了飞速发展，已经成为模具行业三维设计的主流应用之一。UG是一个在二维和三维空间无结构网格上，使用自适应多重网格方法开发的，一个灵活的数值求解偏微分方程的软件工具。

2. UG制作3D模型STL格式文件示例

通过UG建模要使用UG 8.0以上版本。建模的基本步骤如下。

（1）打开UG软件，单击“新建”按钮，弹出新建窗口，选择“模型”选项，输入文件名称，单击“确定”按钮开始做图（见图5-11）。

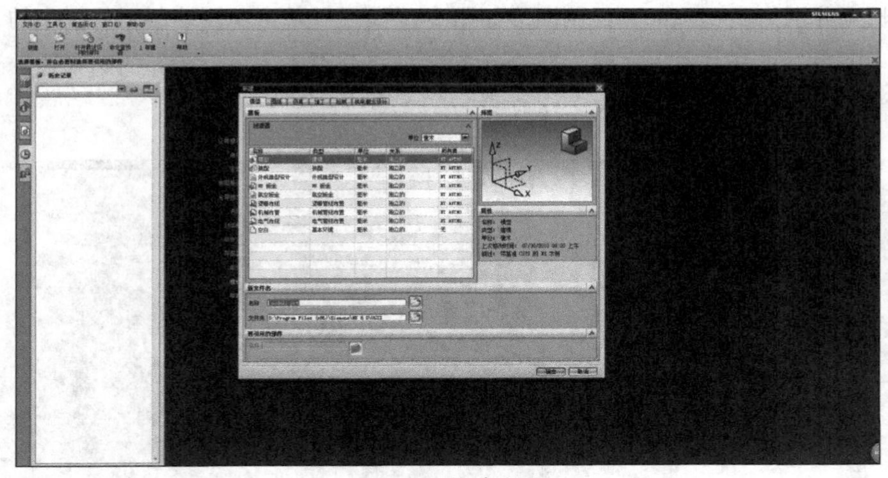

图5-11　新建界面

（2）单击软件窗口下方草图绘制工具栏中的“草图绘制”按钮，如图5-12所示。系统弹出如图5-13所示的窗口，选择“平面”选项，单击“确定”按钮，即可开始绘制草图。

图 5-12　草图绘制工具栏

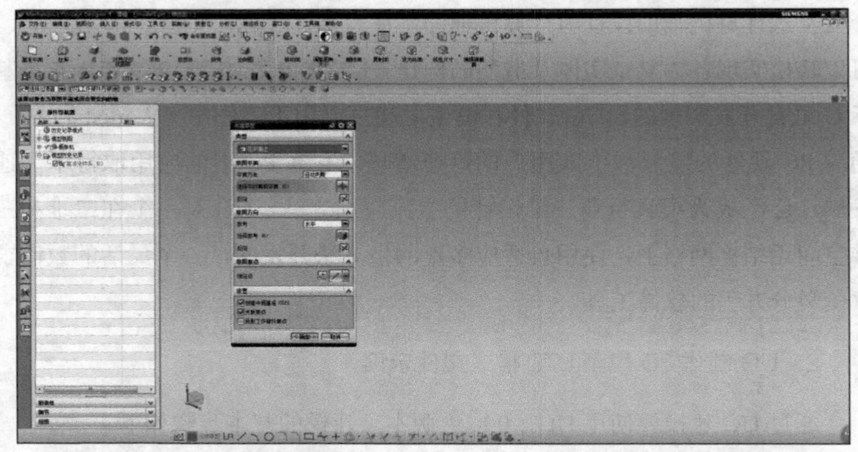

图 5-13　“创建草图”对话框

（3）单击草图工具栏中的“矩形”按钮，进行矩形绘制，输入矩形的长宽分别为 100、100，绘制图形如图 5-14 所示。单击草图绘制工具栏中的“圆角”工具，弹出如图 5-15 所示对话框，分别单击矩形相邻的两条边，输入圆角半径为 15，如图 5-16 所示。

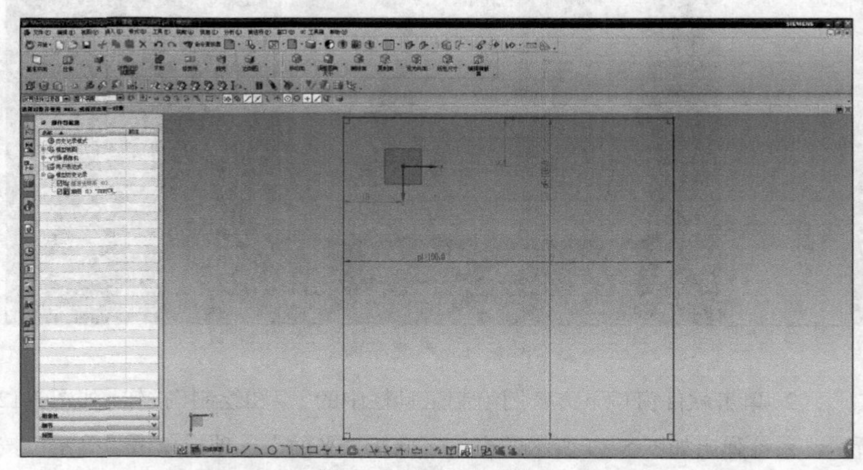

图 5-14　绘制图形界面

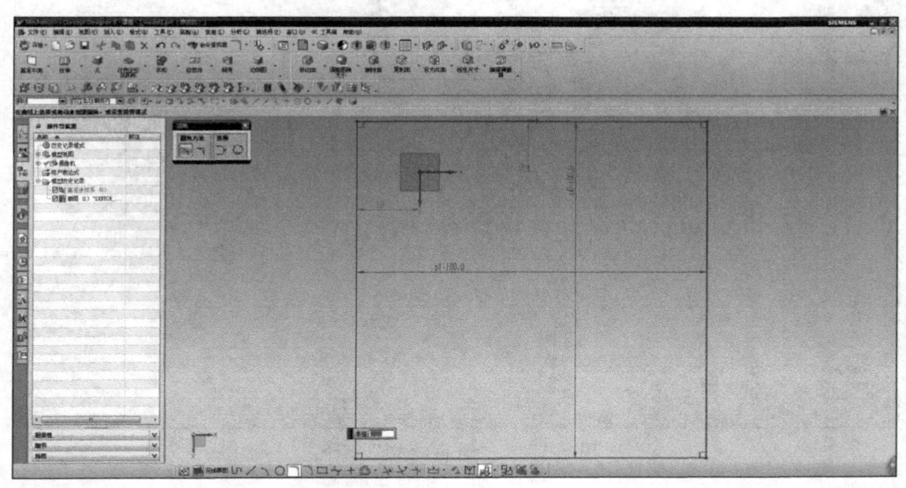

图 5-15 使用“图角”工具

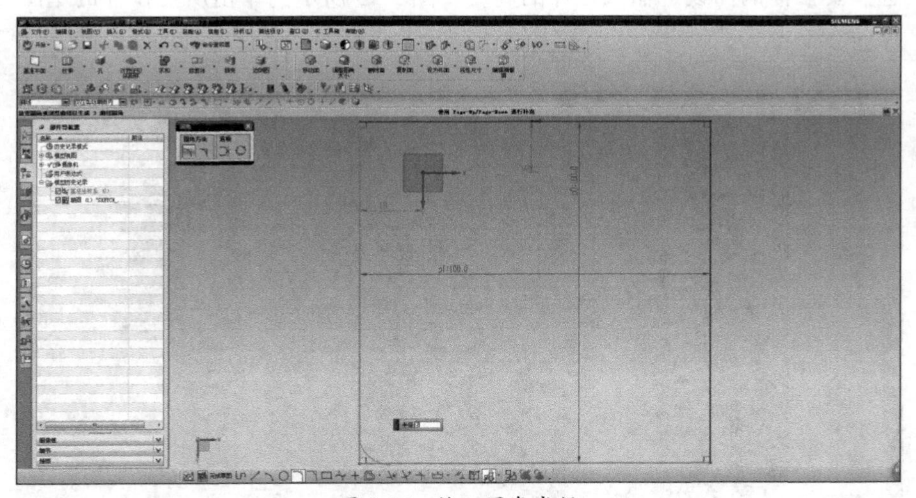

图 5-16 输入圆角半径

（4）对 4 个角分别进行圆角绘制，结果如图 5-17 所示。

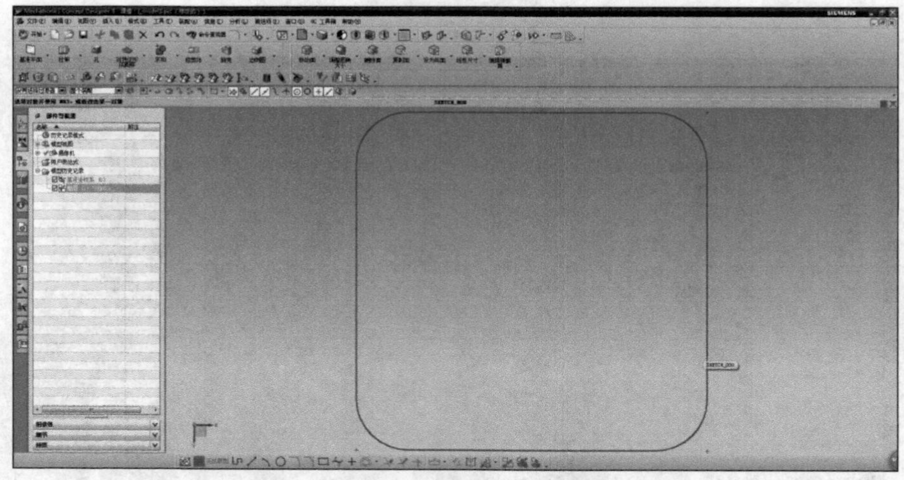

图 5-17　“圆角绘制”示图

（5）单击工具栏中的“拉伸”按钮，弹出“拉伸”对话框如图 5-18 所示。选择要拉伸的曲线，输入拉伸的高度。图 5-19 所示为单击所要拉伸的草图界面。

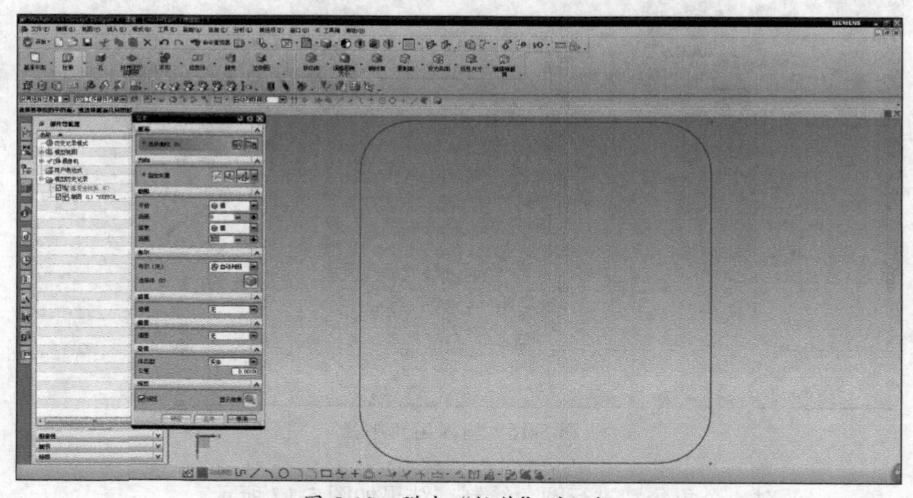

图 5-18　弹出“拉伸”对话框

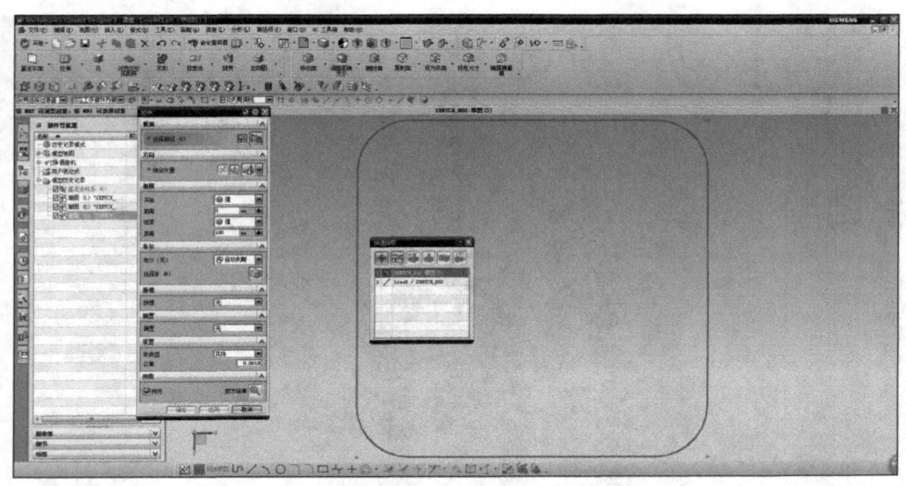

图 5-19 需要“拉伸”的草图界面

（6）单击工具栏中的“抽壳”按钮，弹出“抽壳”对话框如图 5-20 所示。选择要抽壳的平面，单击“确定”按钮，结果如图 5-21 所示。

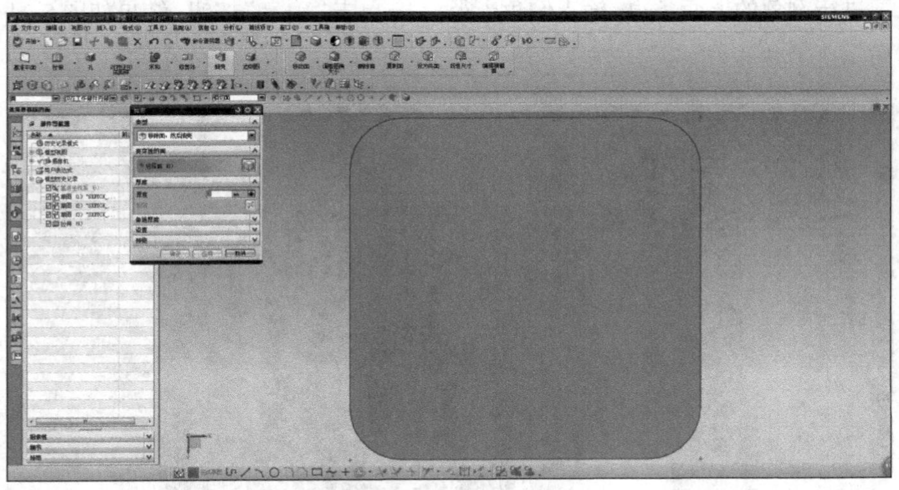

图 5-20 弹出“抽壳”对话框

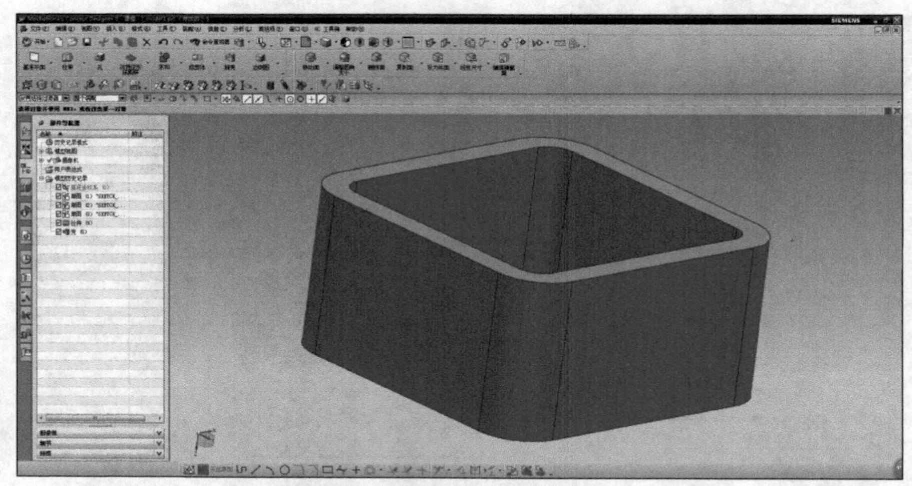

图 5-21　选择要“抽壳”的平面

（7）单击工具栏中的“边倒圆”下拉按钮，弹出下拉菜单如图 5-22 所示。单击“边倒圆”按钮，弹出“边倒圆”对话框如图 5-23 所示。选择要进行倒角的上两条边，输入倒角半径为 2，单击“确定”按钮，结果如图 5-24 所示。

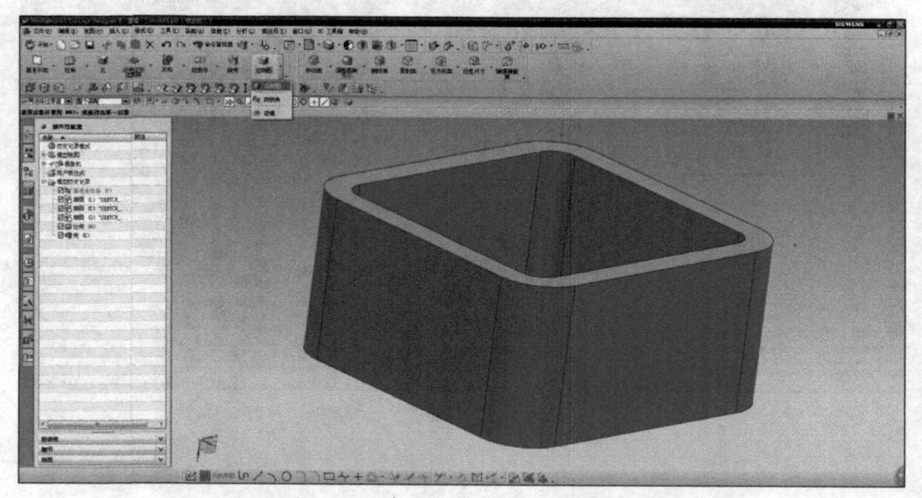

图 5-22　单击“边倒圆”下拉按钮

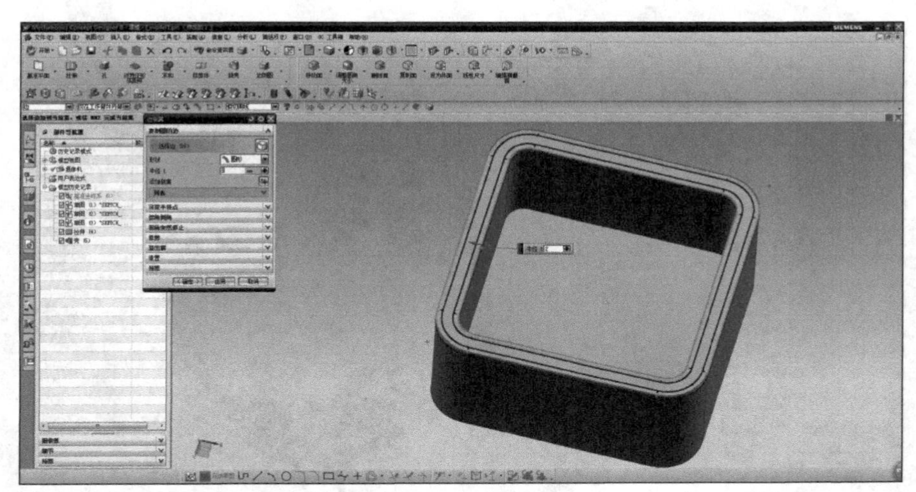

图 5-23 输入“倒角”半径

图 5-24 “边倒圆”完成示意图

（8）单击文件下拉菜单，选择“导出”命令，在下拉菜单中选择“STL”命令，如图 5-25 所示。系统弹出“快速成型”对话框如图 5-26 所示。单击“确定”按钮，弹出“导出快速成形文件”对话框如图 5-27 所示，选择要存储的位置，输入文件名称，单击“OK”按钮，系统弹出对话框如图 5-28 所示，单击“确定”按钮即可将模型保存为 STL 格式。

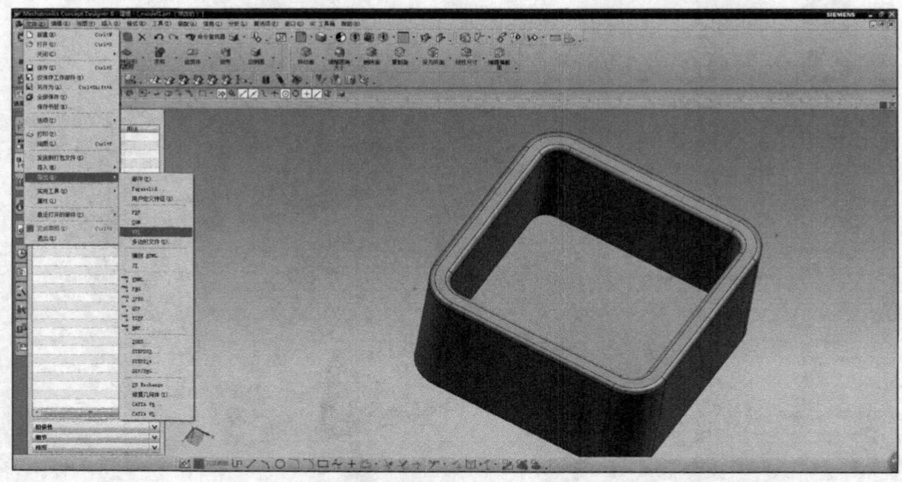

图 5-25　选择“STL”界面

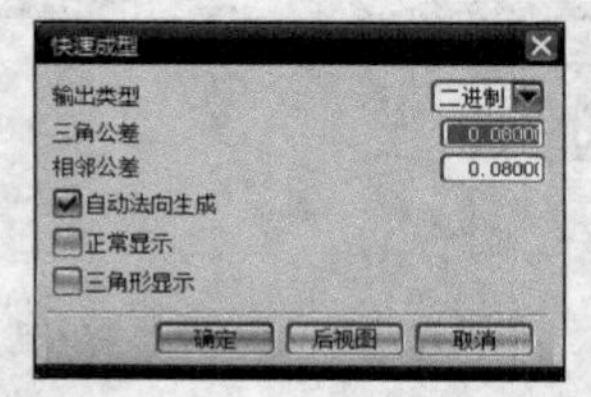

图 5-26　“快速成型”对话框

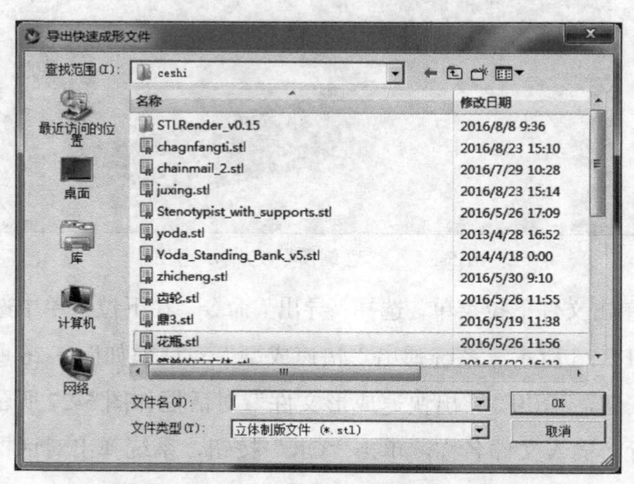

图 5-27　“导出快速成形文件”对话框

图 5-28 输入文件名称

5.2.3 Pro/Engineer 简介与 STL 建模实例

1. Pro/Engineer 简介

野火（Pro/Engineer）操作软件是美国参数技术公司（PTC）旗下的CAD/CAM/CAE一体化的三维软件。Pro/Engineer软件以参数化著称，是参数化技术的最早应用者，目前在三维造型软件领域中占有非常重要的地位。Pro/Engineer作为当今世界机械CAD/CAE/CAM领域的新标准而得到业界的认可和推广，是现今主流的CAD/CAM/CAE软件之一，特别是在国内产品设计领域占据重要位置。

Pro/Engineer和WildFire是PTC官方使用的软件名称，但在中国用户使用的名称中，并存多个叫法，如ProE、Pro/E等都是指Pro/Engineer软件，proe 2001、proe 2.0、proe 3.0、proe 4.0、proe 5.0等都是该软件的不同版本。

2. 生成基于 Pro/E 系统的 STL 模型

利用Pro/E系统进行零部件的三维数字化建模主要有以下10个步骤。

（1）打开Proe 5.0，单击“新建”按钮，弹出“新建”对话框如图5-29所示，选择“零件”类型，输入文件名称，如“prt0001”，单击“确定”按钮，即可开始图形绘制。

（2）在绘图界面单击右侧工具栏中的“草绘”按钮，弹出“草绘”对话框如图5-30所示，在TOP、FRONT、RIGHT中选择一个平面进行草图绘制，单击“确定”按钮。

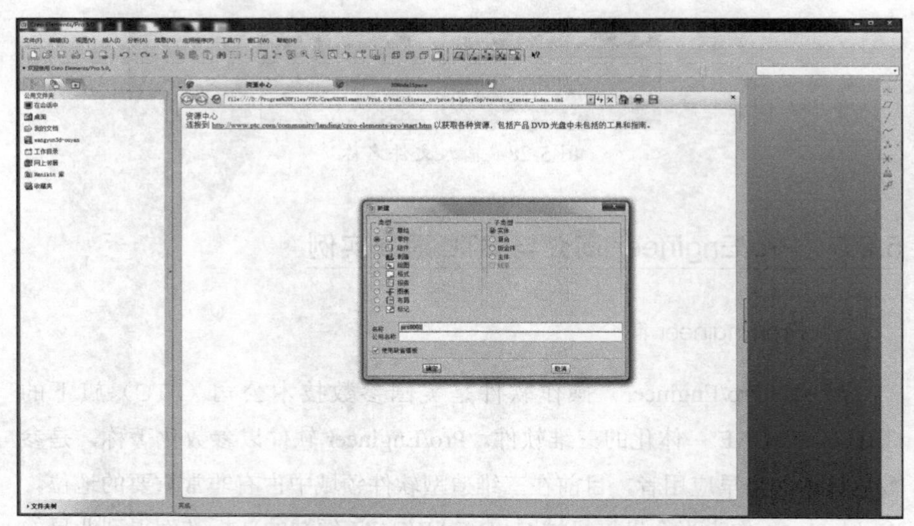

图 5-29 “新建”界面

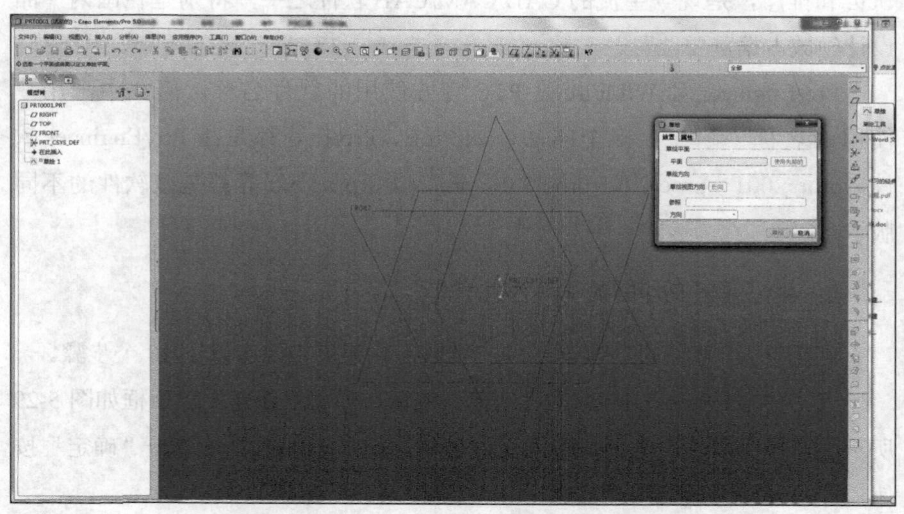

图 5-30 弹出“草绘”对话框后的界面

（3）打开“草绘”界面后，在右侧的“草绘”工具栏中单击“圆心和点”按钮，再移动光标到绘图平面中心位置处，单击鼠标左键，开始画圆，如图 5-31 所示。草绘结束后，单击右侧绘图工具栏中的“完成”按钮，结束草图绘制。

图 5-31 绘制圆形

（4）单击“插入”按钮，在下拉菜单中选择“拉伸”命令，如图 5-32 所示。弹出“拉伸”界面如图 5-33 所示。

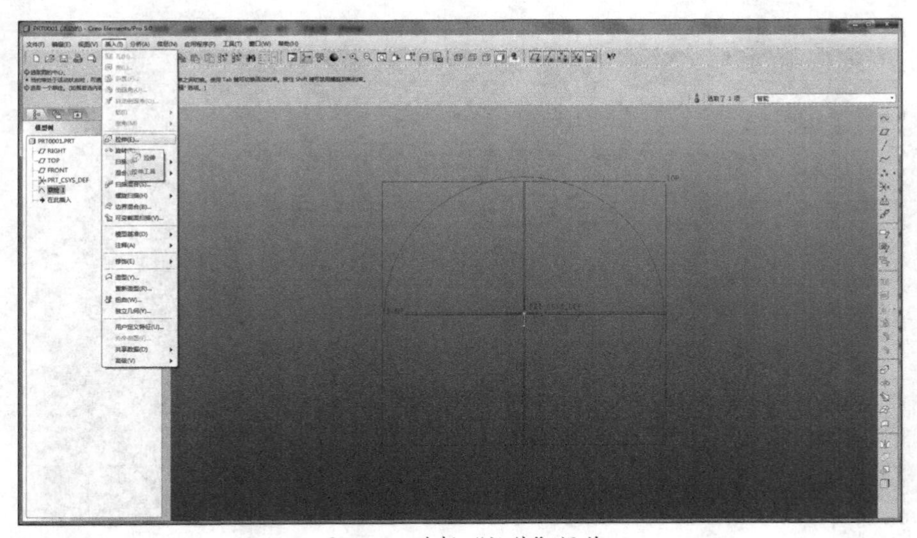

图 5-32 选择“拉伸”操作

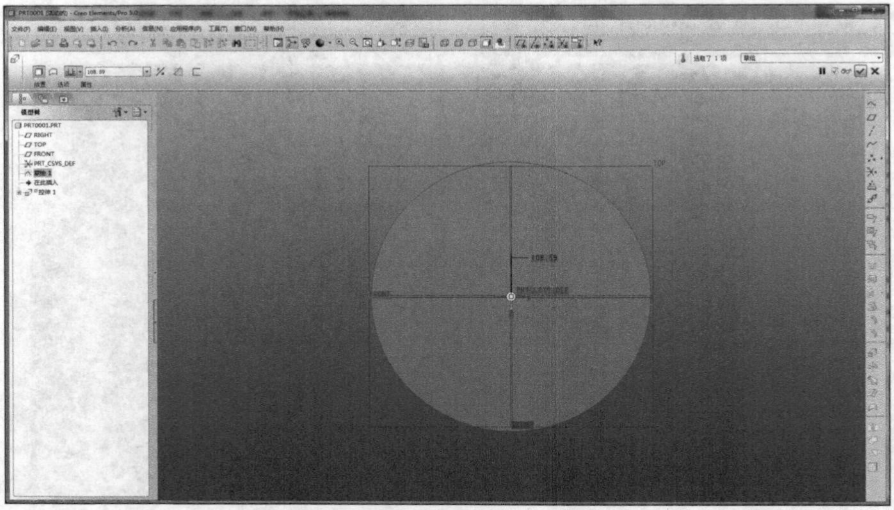

图 5-33　输入“拉伸”高度

（5）在“拉伸”界面中输入要拉伸的高度，单击右侧的绿色“完成”按钮，完成拉伸，结果如图 5-34 所示。

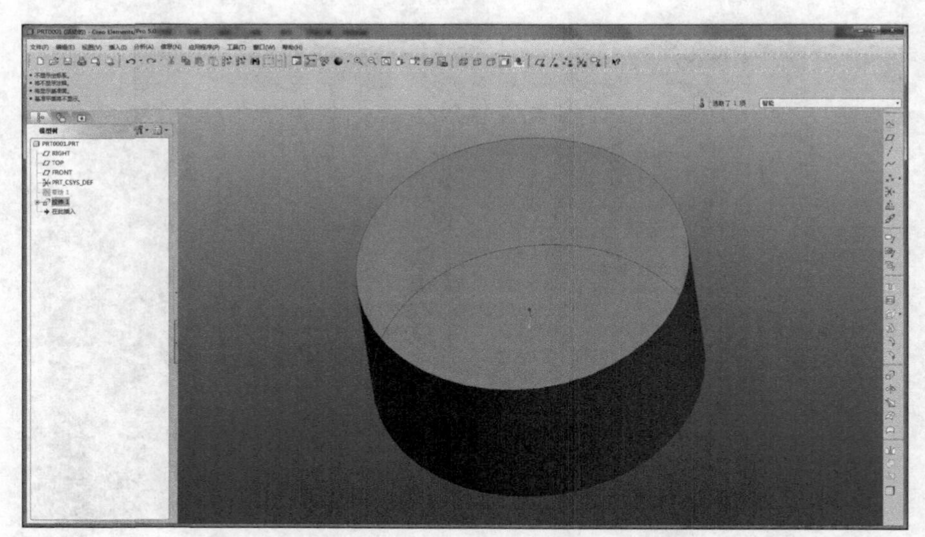

图 5-34　完成“拉伸”后的示意图

（6）再次单击“草绘”按钮，选择草绘平面为拉伸圆柱体的上平面，单击“确定”按钮，再次在平面上画圆形，如图 5-35 和图 5-36 所示。

注意所画圆不要超出拉伸物体的表面大小。

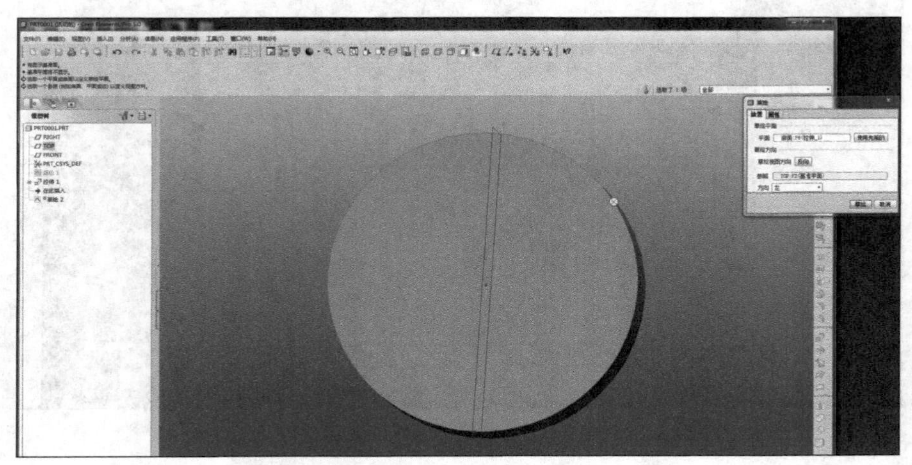

图 5-35 “草绘”对话框

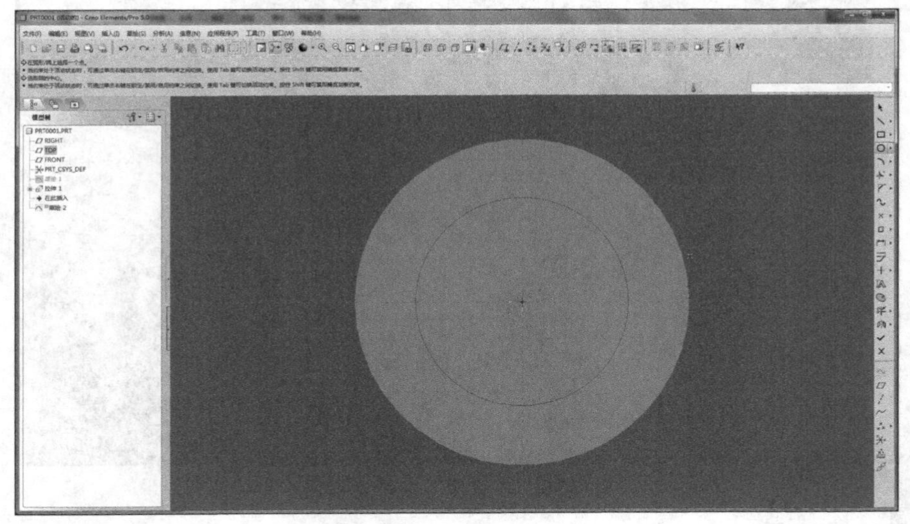

图 5-36 平面画圆

（7）再次拉伸所画的圆，在拉伸长度右侧选择“移除材料”按钮，选择拉伸长度，如图 5-37 所示，拉伸结果如图 5-38 所示。

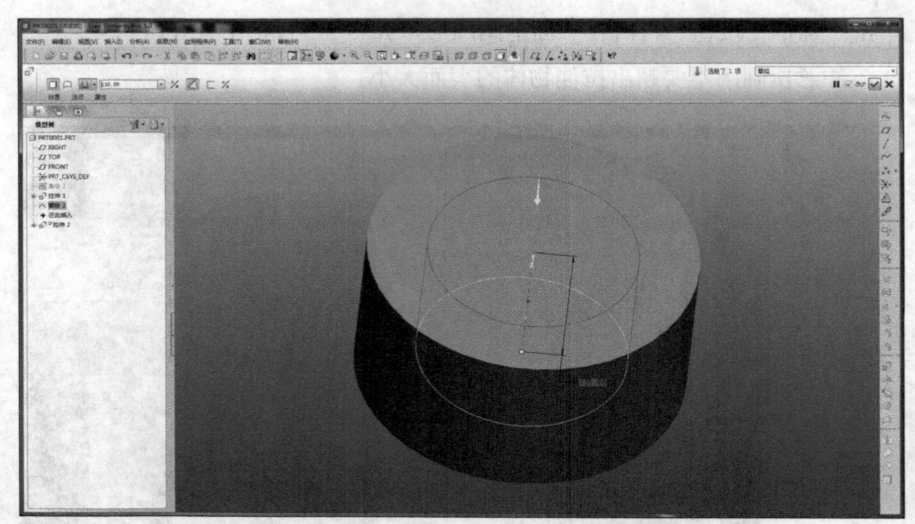
图 5-37 选择“拉伸”长度

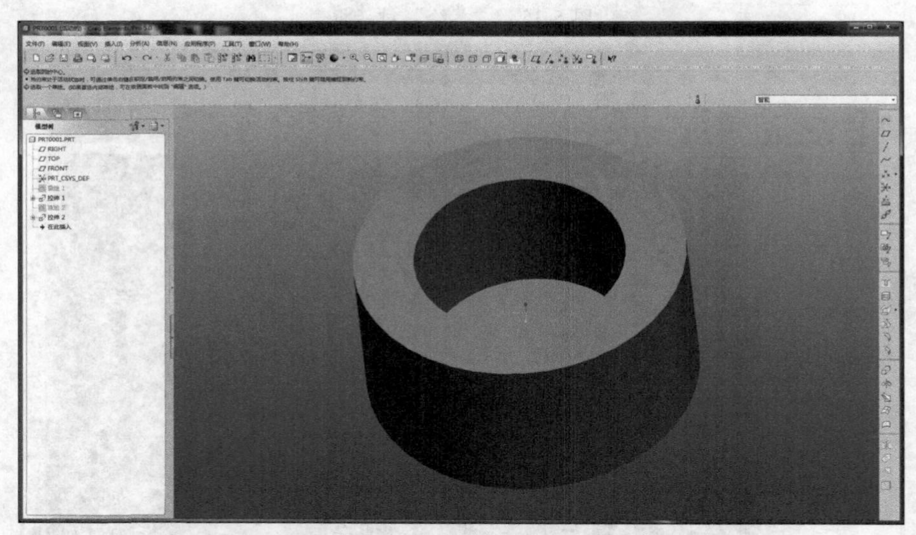
图 5-38 “拉伸”结果示意图

（8）在“插入”下拉菜单中选择“倒圆角”命令，如图 5-39 所示。弹出窗口如图 5-40 所示，选择要倒角的半径大小，单击右侧绿色“完成”按钮，结果如图 5-41 所示。

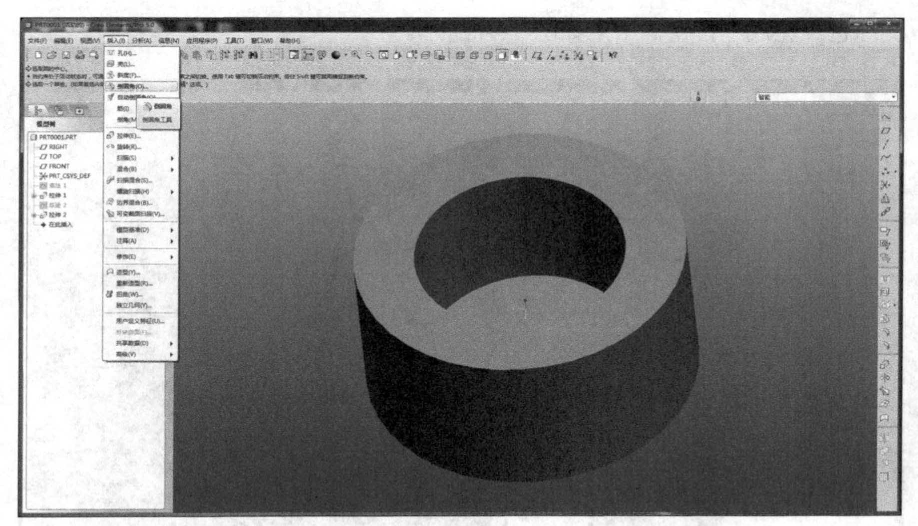

图 5-39　选择“插入”的“倒圆角”命令

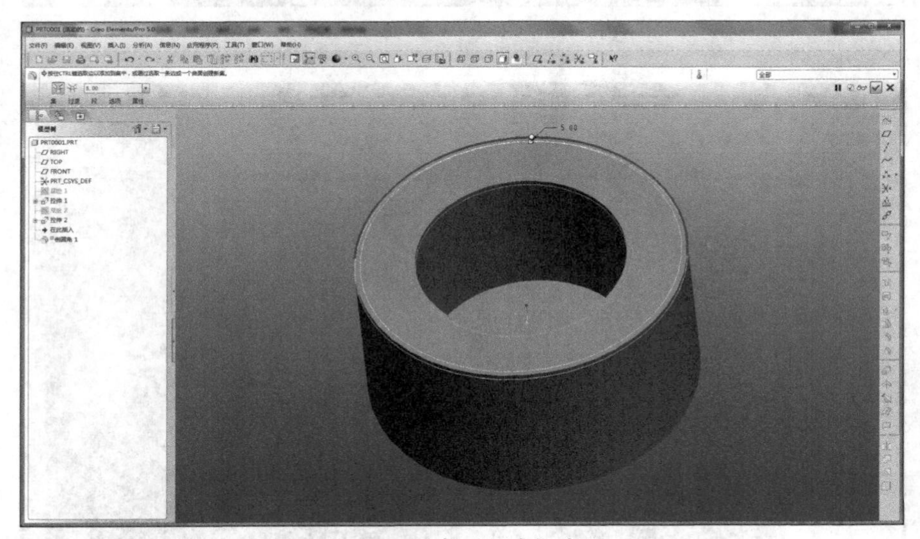

图 5-40　选择“倒角”半径

（9）按住鼠标中间的转轮可以旋转所画的图形，在“插入”下拉菜单中选择“倒角”命令，在“倒角”下拉菜单中选择“边倒角”命令，如图 5-42 所示。弹出窗口如图 5-43 所示，在 D 输入窗口输入要倒边的大小，单击右侧绿色“完成”按钮，结果如图 5-44 所示。

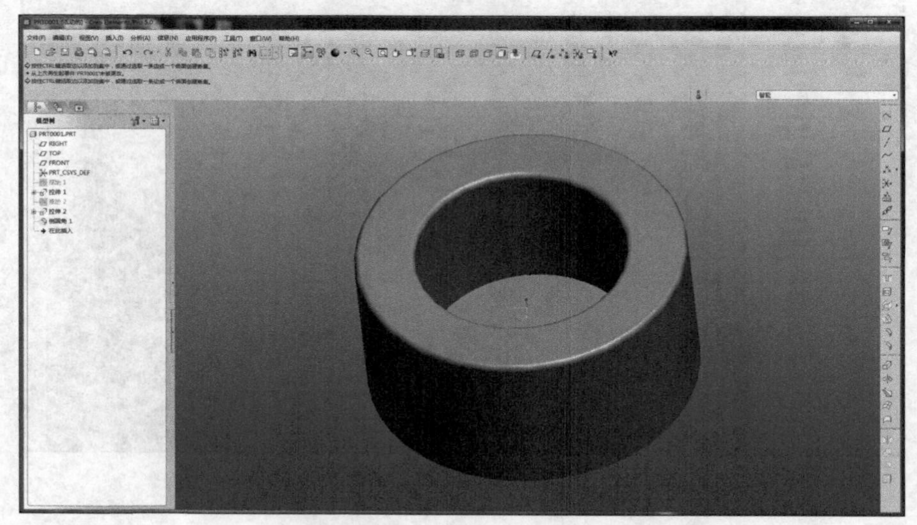

图 5-41 完成“倒圆角”绘制

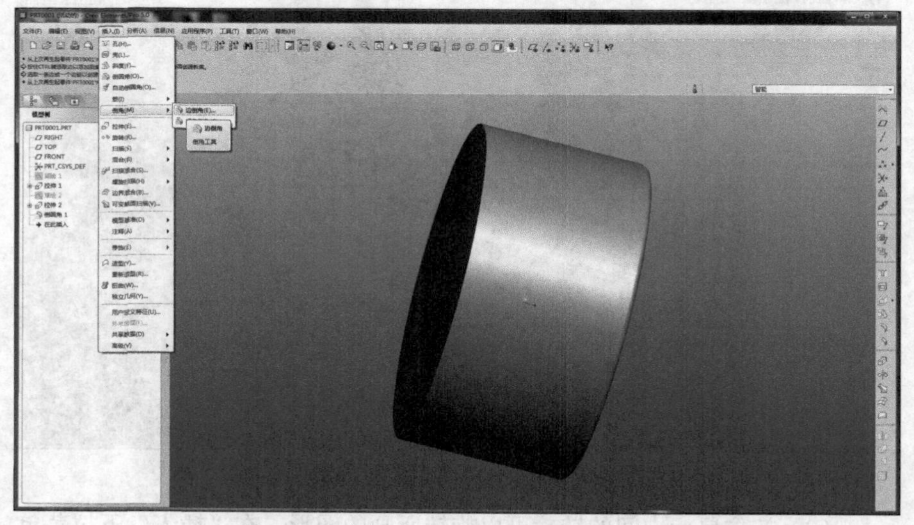

图 5-42 选择“插入”的“边倒角”命令

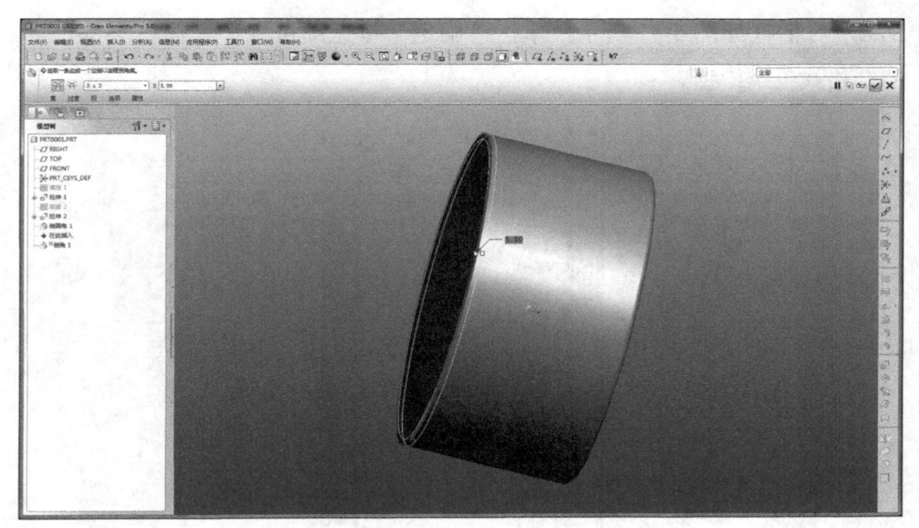

图 5-43 输入“边倒角”数值

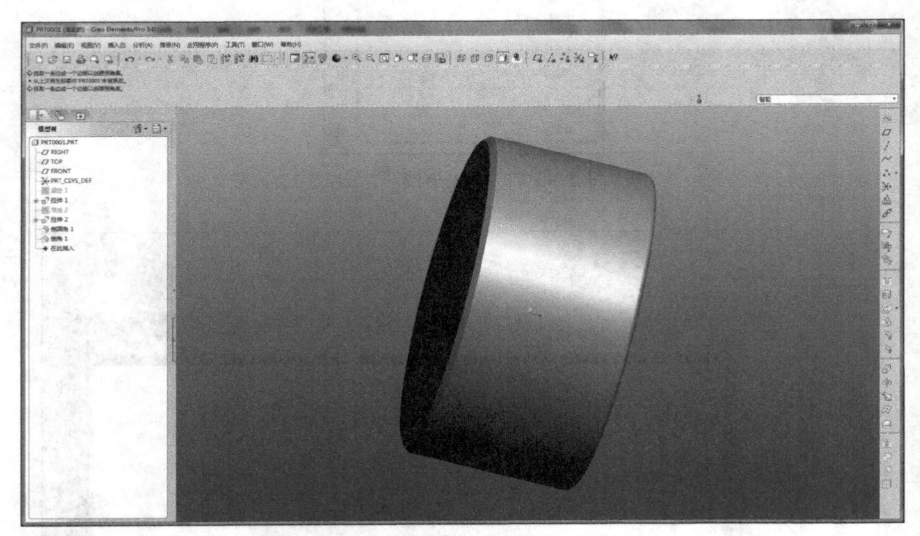

图 5-44 完成“边倒角”绘制

（10）在文件下拉菜单中选择“保存副本”命令，如图 5-45 所示。弹出“保存副本”对话框如图 5-46 所示，选择要保存的位置，在类型下拉菜单中选择“STL 类型”，输入文件名称，单击“确定”按钮，弹出“导出

STL”对话框如图 5-47 所示，单击“确定”按钮即可导出圆筒状零部件的 STL 格式三维模型。

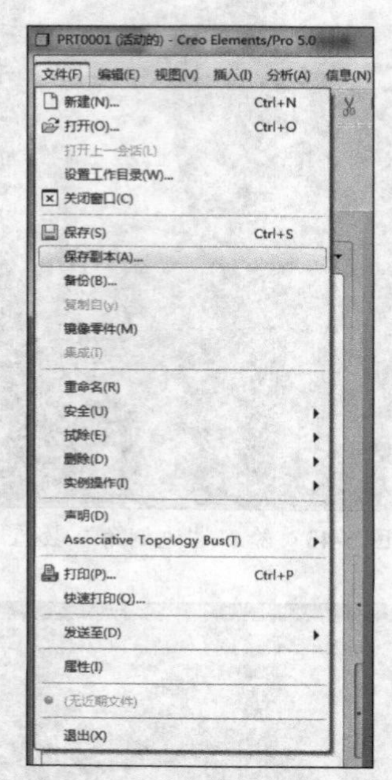

图 5-45　“保存副本”菜单

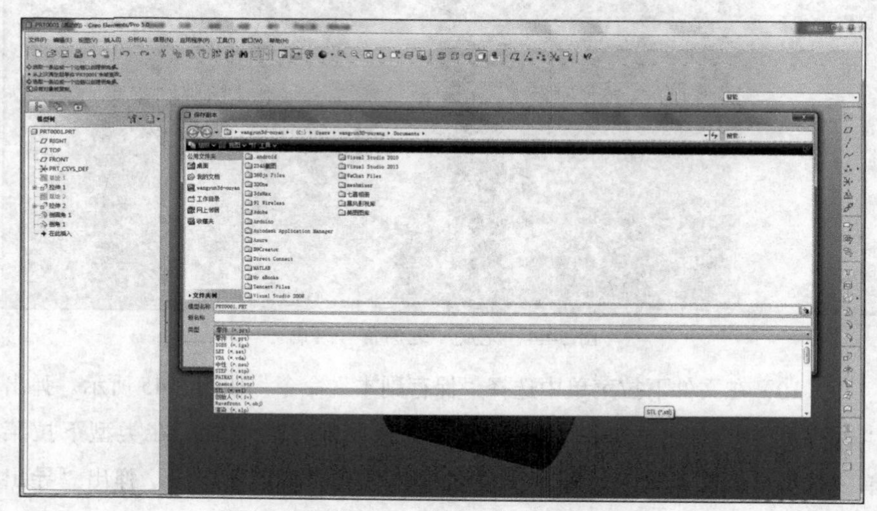

图 5-46　选择保存类型

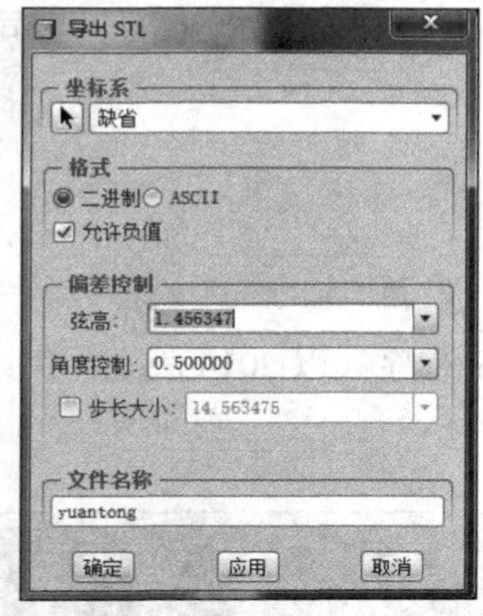

图 5-47 “导出 STL”界面

5.2.4 SolidWorks 简介与 STL 建模实例

1. SolidWorks 软件简介

萨利沃克（SolidWorks）软件是世界上第一个基于 Windows 系统开发的三维 CAD 系统，其技术创新符合 CAD 技术的发展潮流和趋势。Solidworks 软件具有功能强大、组件繁多、易学易用和技术创新等优点，它已成为领先的主流三维 CAD 解决方案。在美国，包括麻省理工学院（MIT）、斯坦福大学（Stanford University）等著名大学已经把 SolidWorks 列为制造专业的必修课，国内的一些大学如哈尔滨工业大学、清华大学、中山大学、中南大学、重庆大学、浙江大学、华中科技大学、北京航空航天大学、东北大学、大连理工大学、北京理工大学等都在应用 SolidWorks 进行教学。

SolidWorks 公司成立于 1993 年，由 PTC 公司的技术副总裁与 CV 公司的副总裁发起，总部位于马萨诸塞州的康克尔郡（Concord，Massachusetts），当初 SolidWorks 公司的目标是希望在每一个工程师的桌面上提供一套具有生产力的实体模型设计系统。从 1995 年推出第一套 SolidWorks 三维机械设计软件至今，SolidWorks 公司已经拥有分布全球的办事处，并经由 300 多家经销商在全球 140 个国家进行销售与分销 SolidWorks 三维机械设计软件。1997

年，Solidworks 被法国达索（Dassault Systems）公司收购，并作为达索中端主流市场的主打品牌。

2. SolidWorks 软件 STL 建模实例

采用 Solidworks 系统进行物体的三维模型设计一般有以下 14 个步骤。

（1）打开 Solidworks 程序（以 2014 版本为例），单击“新建”文件，如图 5-48 所示。

图 5-48　新建 Solidworks 文件

（2）选择“gb_part”文件类型，单击“确定”按钮，如图 5-49 所示。

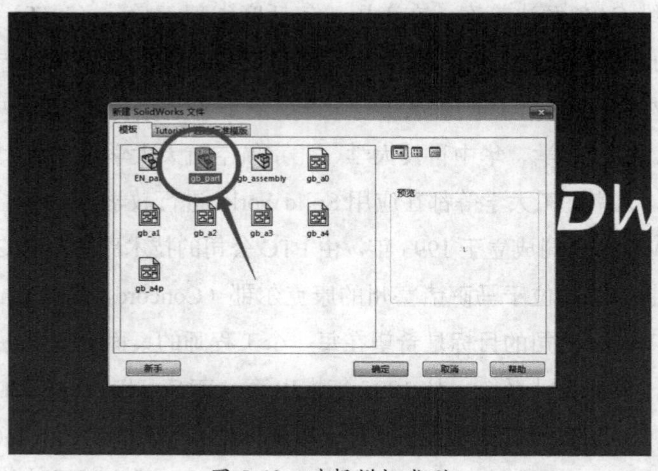

图 5-49　选择模板类型

（3）右击“前视基准面”按钮，进入草图编辑页面，如图 5-50 所示。

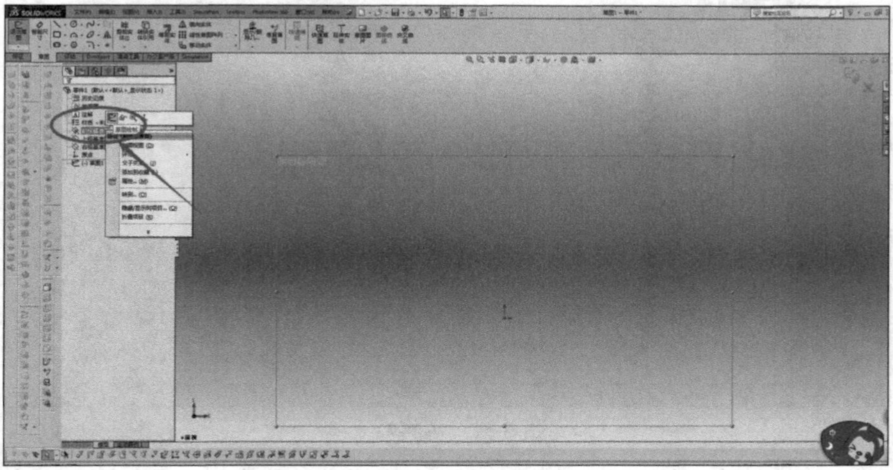

图 5-50 草图编辑页面

（4）单击“矩形”按钮，在图示框中绘制图形，如图 5-51 所示。

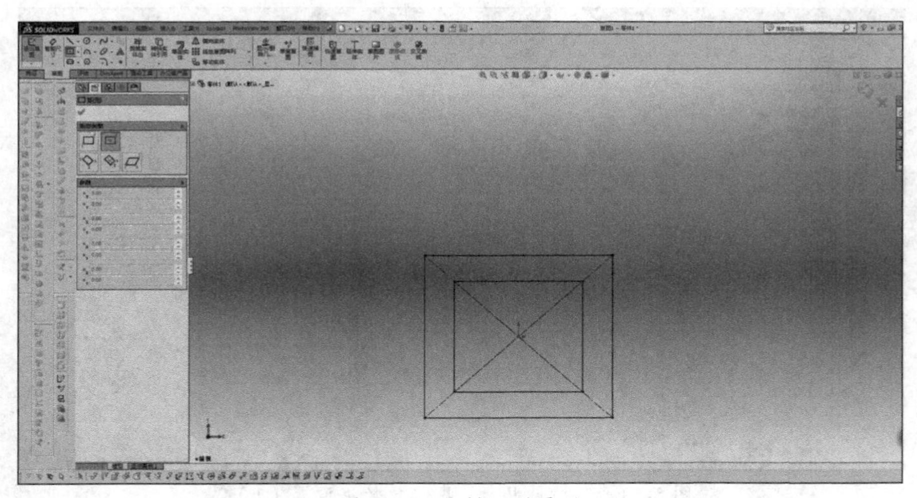

图 5-51 绘制矩形图形

（5）单击“智能尺寸”按钮，给图示编辑尺寸，如图 5-52 所示。

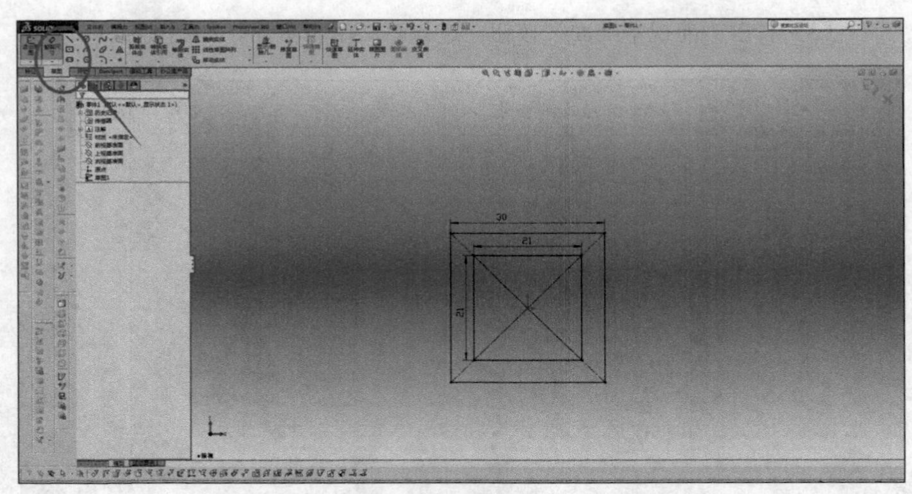

图 5-52　编辑尺寸

（6）单击“特征”按钮，选择“拉伸凸台 / 基体”选项，输入高度 45mm，单击“确定”按钮，如图 5-53 所示。

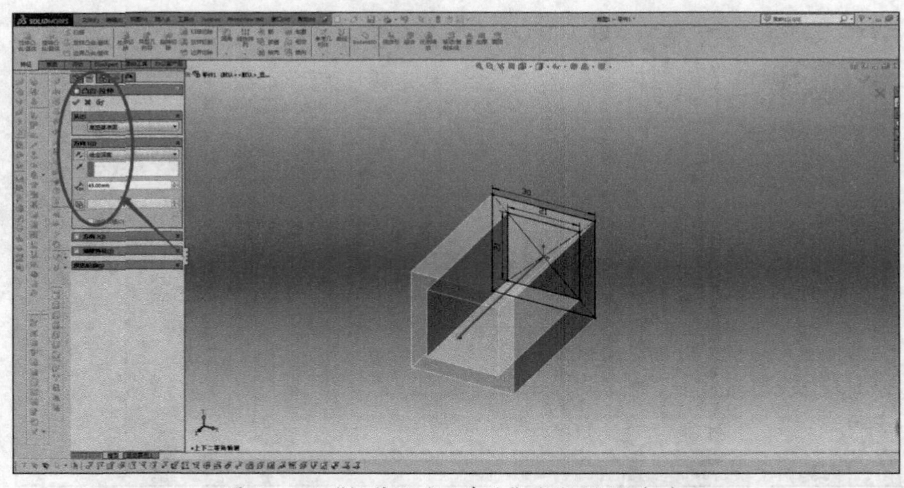

图 5-53　“拉伸凸台 / 基体”数据设置（1）

（7）右击一侧面进入草图绘制界面，绘制图 5-54 所示草图。

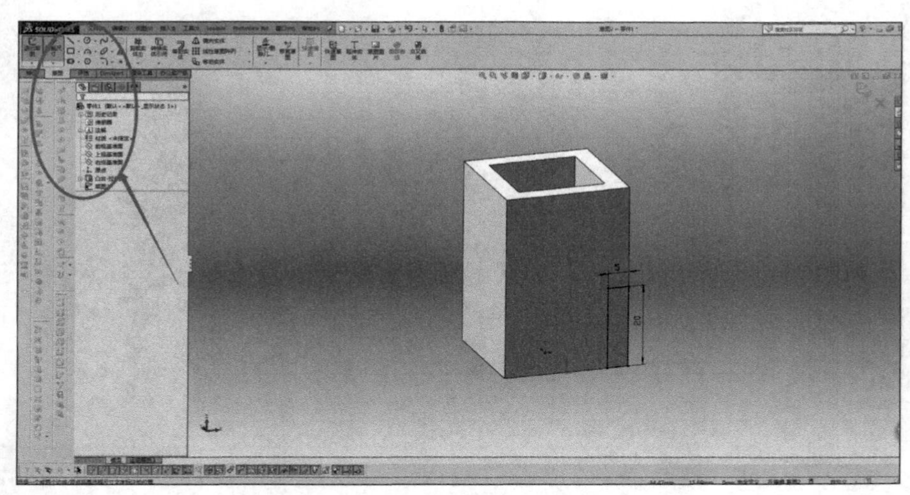

图 5-54 草图绘制界面（1）

（8）单击“特征”按钮，选择“拉伸凸台 / 基体”选项，输入高度 50mm，单击“确定”按钮，如图 5-55 所示。

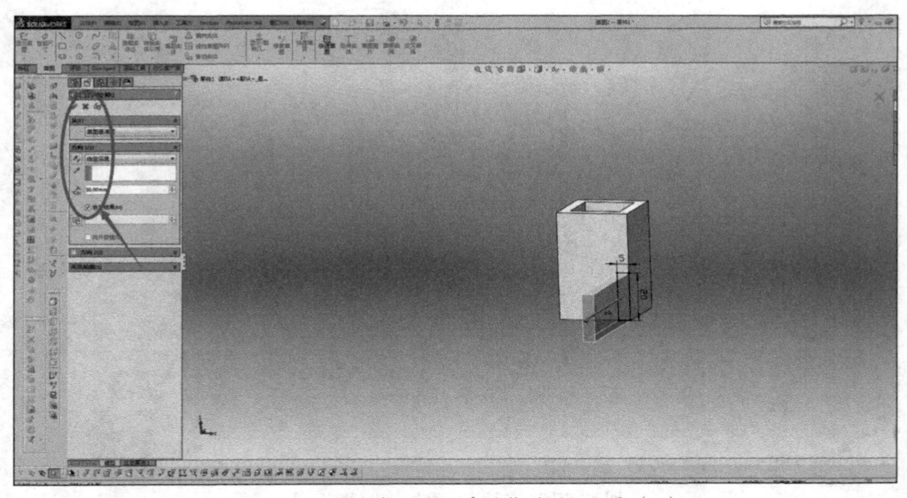

图 5-55 “拉伸凸台 / 基体”数据设置（2）

（9）右击一侧面进入草图绘制界面，绘制如图 5-56 所示草图。

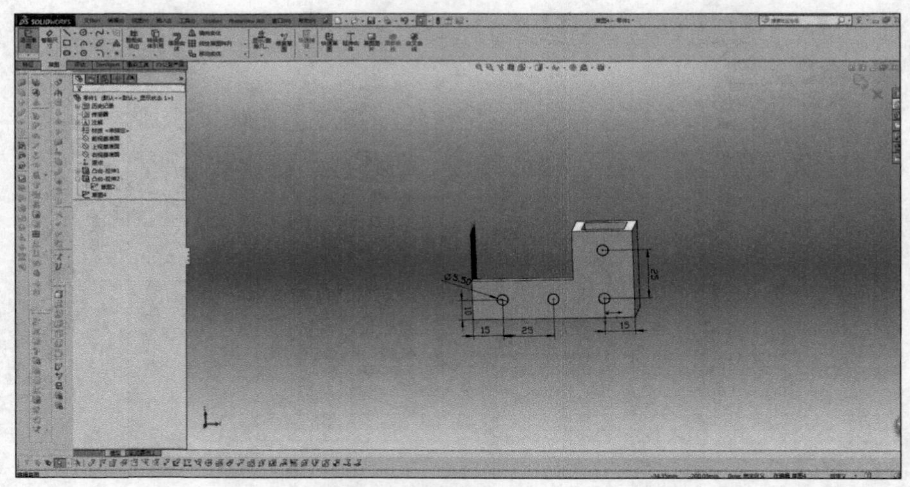

图 5-56 草图绘制界面（2）

（10）单击“特征”按钮，选择“拉伸切除”选项，输入高度 50mm，单击“确定”按钮，如图 5-57 所示。

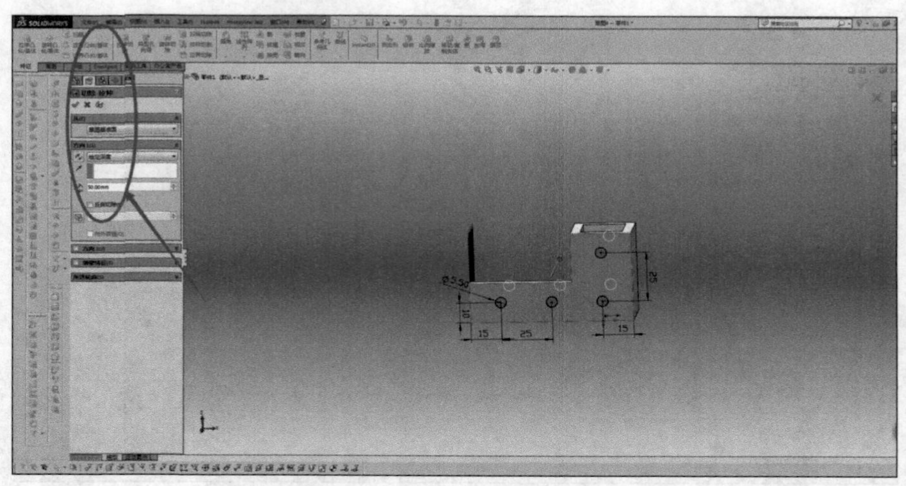

图 5-57 “拉伸切除”数据设置

（11）单击“特征”按钮，选择“圆角”选项，选择要圆角的边，设置圆角参数为 10mm，单击“确定”按钮，如图 5-58 所示。

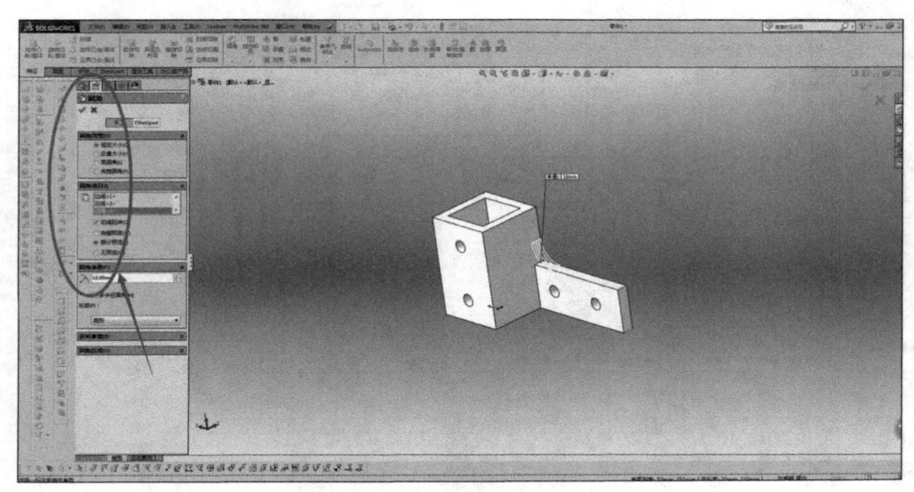

图 5-58　设置圆角参数（1）

（12）单击“特征”按钮，选择“圆角”选项，选择要圆角的边和面，设置圆角参数为 1mm，单击“确定”按钮，如图 5-59 所示。

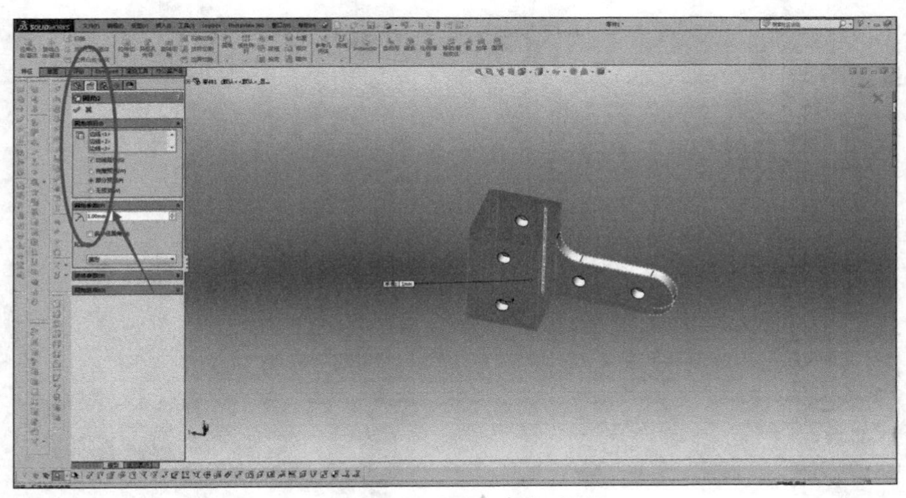

图 5-59　设置圆角参数（2）

（13）建模完毕，如图 5-60 所示。

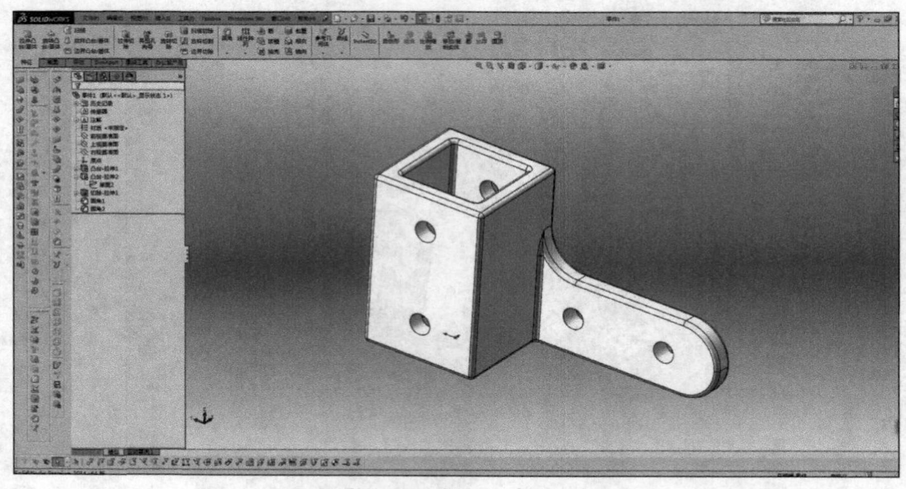

图 5-60 完成“建模”

（14）单击“保存”图标，输入目标文件名，单击“保存”按钮，完成建模，如图 5-61 所示。

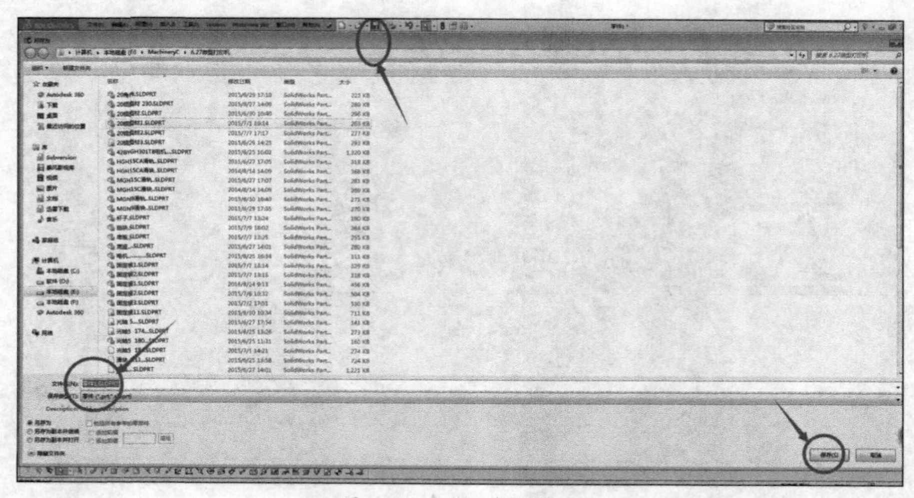

图 5-61 “保存”界面

如果欲将现有模型和自己建立的模型导出为 STL 格式文件，可参照下列步骤。

（1）打开 Solidworks 程序，载入目标文件，单击左上角“文件”菜单，如图 5-62 所示。

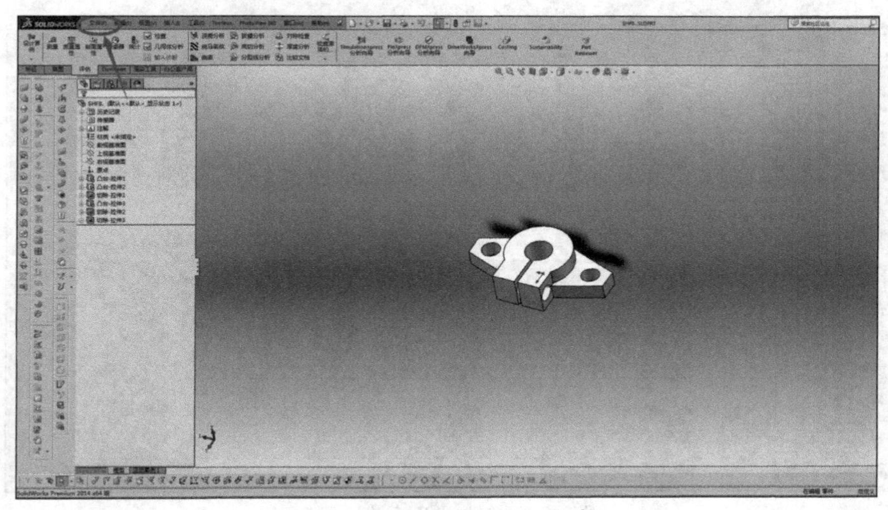

图 5-62　打开“文件”菜单

（2）在“文件”下拉菜单中选中“另存为”，如图 5-63 所示。

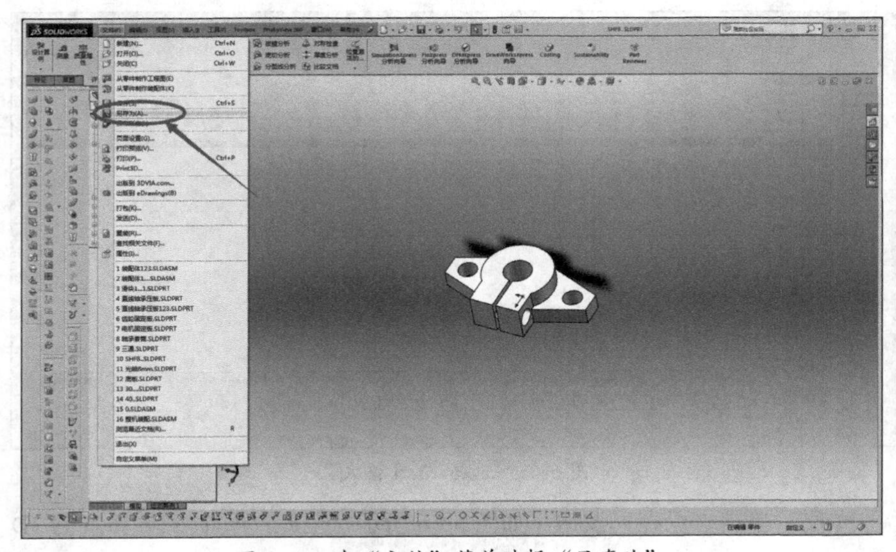

图 5-63　在“文件”菜单选择“另存为”

（3）单击“另存为”按钮，如图 5-64 所示。

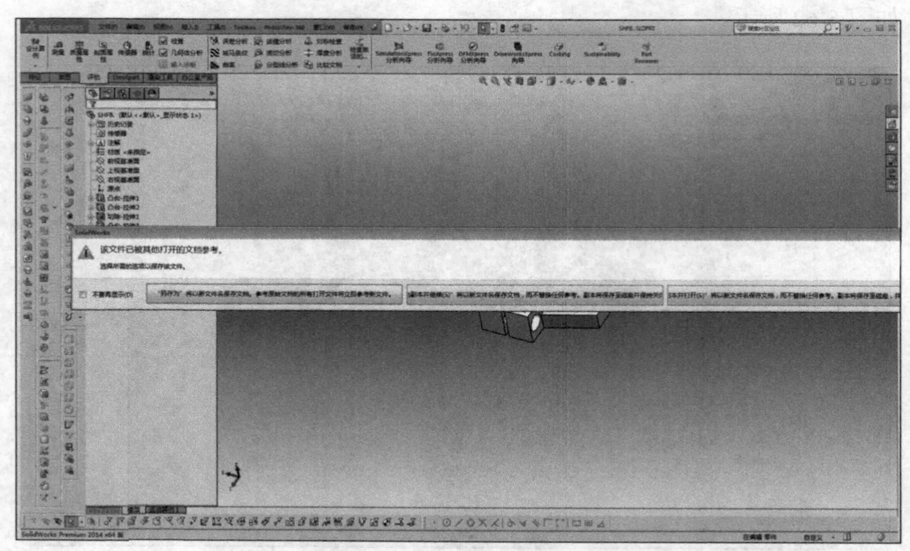

图 5-64　单击“另存为”按钮

（4）选择“.stl 格式”，如图 5-65 所示。

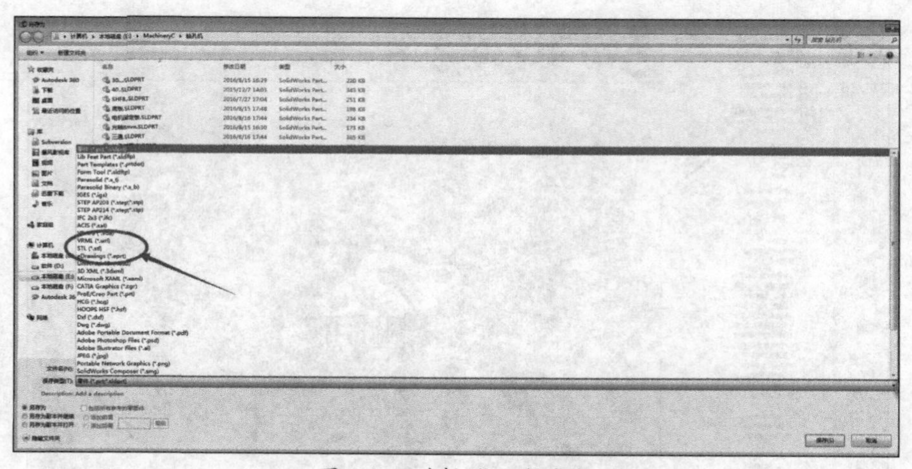

图 5-65　选择“.stl 格式”

（5）单击“保存”按钮，如图 5-66 所示。至此，一个 STL 格式的 3D

打印模型就制作成功了。

图 5-66 STL 格式的 3D 打印模型保存界面

除了上述通用 3D 模型制作软件外，不少公司针对自己的打印设备开发出专用的 3D 建模软件，也可以通过 3D 扫描仪等设备直接获取物体的三维模型，在这里不做讨论。

第6章 3D打印编程技术与通用算法

3D打印作为一种综合性应用技术在最近几年发展迅速，在国内外很多高校及中小学都被用于教学和科研。3D打印技术涵盖的要素很广，其中最重要的一点是如何通过各种计算机软件来控制打印制造的全过程，让最终呈现的作品或制件从功能到外观精度等方面都能满足用户的需求。本章将从3D打印编程通用技术和三维数据模型处理通用算法等方面进行深入探讨，引导读者充分地理解和熟练地掌握3D打印机的硬件控制及模型切片、支撑填充、成型方向优化等编程细节。

6.1 3D打印编程技术简介

6.1.1 3D打印机固件开发环境

在前面章节中已经介绍，3D打印机系统主要由主控计算机、应用软件、底层控制软件和接口驱动单元组成。其中，上位机完成打印数据处理和总体控制任务；下位机则进行打印运动控制和打印数据向喷头的传送，它按照预定的顺序向上位机反馈信息，并接受控制命令和运动参数等代码，对运动状态进行控制。

除此之外，3D打印机还有一个重要的核心组成部分——固件（Firmware）。固件就是写入EROM（可擦写只读存储器）或EEPROM（电可擦可编程只读存储器）中的程序，是设备内部保存的设备“驱动程序”。通过固件，操作系统才能按照标准的设备驱动实现特定机器的运行动作，如光驱、刻录机等都有内部固件。一般而言，担任着一个数码产品最基础、最底层工作的软件才可以称之为固件。如计算机主板上的基本输入 / 输出系统（Basic Input/Output System，BIOS），其实在之前更多的专业人员将其称之为固件。通常在硬件内保存的程序是无法被用户直接读出或修改的。在硬件设备中，固件就是硬件设备的灵魂，因为一些硬件设备除了固件以外没有其他软件，因此固件也就决定着硬件设备的功能及性能。有些固件功能相对简单，有些功能相对全面，操作起来也相对复杂。设计 3D 打印机时选择合适的固件非常的重要。

目前许多厂家设计的 3D 打印机都是基于开源的固件进行二次开发和升级。现在主流的固件有短跑者（Sprinter）、枪鱼（Marlin）、茶杯（Teacup）、旗鱼（Sailfish）等。固件里面有大量的宏定义和很多的条件编译代码，各个功能模块皆可选择是否编译，一些重要参数也可通过宏来进行定义。这些配置信息都位于布局（“Configuration.h”）文件里，因此用户配置固件时，只需简单修改相关部分即可完成设置。固件中主要的待修改参数有波特率（BAUDRATE）、控制板类型（MOTHERBOARD）、挤出机喷嘴个数（EXTRUDERS）、打印机各轴运动行程、运动速度及运动单位距离所需脉冲数等。具体内容和格式可以参考下面部分配置代码。

```
#define BAUDRATE 250000          /* 配置通信波特率 */
#define MOTHERBOARD 33           /*  配置控制板类型 （这里
用的是 RAMPS 控制板）*/
#define EXTRUDERS 1             /*  配置挤出头个数 */
/* 配置温度传感器类型，最常用的是 100k 热敏电阻，选择 1 即可 */

#define TEMP_SENSOR_0              1/* 挤出机 0*/
#define TEMP_SENSOR_1              0
#define TEMP_SENSOR_2              0
#define TEMP_SENSOR_BED             1/* 热床 */
```

```
//下面的配置是为了保护打印机而做的参数，一般情况不需要修改
// The minimal temperature defines the temperature below which the heater will not be enabled it is used
// to check that the wiring to the thermistor is not broken.
// Otherwise, this would lead to the heater being powered on all the time.
#define HEATER_0_MINTEMP 5
#define HEATER_1_MINTEMP 5
#define HEATER_2_MINTEMP 5
#define BED_MINTEMP 5
//温度低于 5 摄氏度时，打印机将不能启动，表现为报错，并且加热头和热床的加热无法打开
//下面为最高温度的配置，以防止将打印机烧坏
// When temperature exceeds max temp, your heater will be switched off.
//This feature exists to protect your hotend from overheating accidentally, but NOT from thermistor short/failure !
// You should use MINTEMP for thermistor short/failure protection.
#define HEATER_0_MAXTEMP 275
#define HEATER_1_MAXTEMP 275
#define HEATER_2_MAXTEMP 275
#define BED_MAXTEMP 150
//此配置是为了防止加热床电阻太小，长时间加热容易烧坏 MOS 管，
```

```
增加这个数字，可以防止MOS管太热，但加热时间会增长
// If your bed has low resistance e.g. .6 ohm and
throws the fuse you can duty cycle it to reduce
the
// average current. The value should be an integer
and the heat bed will be turned on for 1 interval
of
// HEATER_BED_DUTY_CYCLE_DIVIDER intervals.
  #define HEATER_BED_DUTY_CYCLE_DIVIDER 4
/* 保护挤出头配置 */
//this prevents dangerous Extruder moves, i.e. if
the temperature is under the limit
//can be software-disabled for whatever purposes
by
#define PREVENT_DANGEROUS_EXTRUDE
//if PREVENT_DANGEROUS_EXTRUDE is on, you can still
disable (uncomment) very long bits of extrusion
separately.
#define PREVENT_LENGTHY_EXTRUDE
#define EXTRUDE_MINTEMP 170
#define EXTRUDE_MAXLENGTH (X_MAX_LENGTH+Y_MAX_
LENGTH)
//prevent extrusion of very large distances.
/*  限位开关上拉配置，机械开关应保留 */
// coarse Endstop Settings
#define ENDSTOPPULLUPS
// Comment this out (using // at the start of the
line) to disable the endstop pullup resistors
```

开源的 3D 打印机固件大多使用开源电子原型（Arduino）平台。Arduino 的核心是一块 AVR 单片机，其是一款便捷灵活、方便上手的平台，包含硬件部分和软件部分。Arduino 平台构建于开放原始码 simple I/O 界面版，并且具有使用类似 Java、C 语言的 Processing/Witing 开发环境。硬件部分是可用来做电路连接的各种类型 Arduino 电路板；软件部分则是 Arduino IDE，只要在 IDE 中编写相关程序代码，并将程序上传到 Arduino 电路板，程序便会告诉 Arduino 电路板要执行哪些具体任务。Arduino 不仅是全球最流行的开源平台，也是一个优秀的硬件开发平台，更是硬件开发的趋势。Arduino 简单的开发方式使开发者更关注创意与实现，更快完成自己的项目开发，大大节约了学习的成本，缩短了开发的周期。Arduino IDE 可以在 Windows、Macintosh OS X、Linux 三大主流操作系统上运行，而其他的大多数控制器开发环境只能在 Windows 系统上运行。Arduino 的硬件原理图、电路图、IDE 软件及核心库文件都是开源的，在开源协议范围内可以任意修改原始设计及相应代码。正是因为 Arduino 的种种优势，越来越多的专业硬件开发者已经开始使用 Arduino 平台来开发他们的产品。越来越多的软件开发者使用 Arduino 平台进入硬件、物联网等开发领域。Arduino 的型号有很多，如 Arduino Uno、Arduino Nano、Arduino LilyPad、Arduino Mega 2560、Arduino Ethernet、Arduino Due、Arduino Leonardo 等。下面介绍常用的 Arduino Mega 2560。

Arduino Mega 2560 是一块以 ATmega 2560 为核心的微控制器开发板，也是采用 USB 接口的核心电路板，它最大的特点是具有多达 54 路数字输入 / 输出 (I/O)，其中，14 组可做脉冲宽度调制（Pulse Width Modulation，PWM）输出，16 组模拟输入端，4 组通用异步收发传输器（Universal Asynchronous Receiver/Transmitter，UART），因此特别适合应用于需要大量 I/O 接口的设计。由于本身具有引导程序（Boot Loader），因此能够通过 USB 直接下载目标程序而不需经过其他外部编程器。供电部分可选择由 USB 直接提供电源，或者使用 AC-to-DC adapter 及电池作为外部供电。由于开放源代码，以及可用 Java 或 C 语言进行开发，使得 Arduino 的周边模块和应用迅速成长。正是由于上述这些特征，在进行 3D 打印机硬件设计时，Sprinter 和 Marlin 等固件皆采用 Arduino Mega 2560 作为核心控制电路板，当然还需配上步进电机驱动及挤出机驱动（含温度控制）等相关控制部件。其中 Sprinter 支持 SD 卡读写，步进电机控制、挤出机速度控制、运动速度与加速度控制等功能；Marlin 则支持高速打印、基于中断的温度保护、基于中断的线性加速运动、支持 Matthew 算法、完整的限位开关（End Stop）支持以及 SD 卡读写支持等。

6.1.2 3D 打印与 Gcode

在3D打印过程中，需要将STL文件切片处理，得到截面轮廓和加工路径，这些信息会形成 Gcode 文件进行保存。在 3D 打印机中，固件负责解释这些 Gcode 代码（G-M 代码），从而完成打印任务。虽然固件多种多样，但和这些固件匹配的指令集绝大多数代码集都相同，即 RepRap G-M 代码集。由于 Marlin 固件使用最为广泛，本节就以 Marlin 固件的代码集为例来进行解释。Gcode 代码中有时候还会掺杂一些其他字母标示参数意义，如 T、S、F、P 等，具体意义描述如下。

1. 3D 打印 Gcode 代码基本指令

Gnnn：标准 GCode 命令，例如移动到一个坐标点。

Mnnn：RepRap 定义的命令，例如打开一个冷却风扇。

Tnnn：选择工具代码 nnn，在 RepRap 中，工具通常是挤出头（extruder）。

Snnn：命令参数，例如马达的电压。

Pnnn：命令参数，频率：1 次每毫秒。

Xnnn：x 坐标，通常用于移动命令。

Ynnn：y 坐标，通常用于移动命令。

Znnn：z 坐标，通常用于移动命令。

Innn：参数——现在仍未使用（定义），保留。

Jnnn：参数——现在仍未使用（定义），保留。

Fnnn：进料速度 / 打印头移动速度。单位：mm/min（关系到打印速度）。

Rnnn：参数，温度相关。

Qnnn：参数——现在仍未使用（定义），保留。

Ennn：挤出长度（单位 mm）。用于控制挤出机线材的长度。

Nnnn：行码，在发送错误情况后，用于重复输入某行代码（命令）。

*nnn：校验码（Checksum），用于检测通信错误。

例如，代码“G1 X20 Y80 Z0 F1200 E22.4”。其中字母 G 是移动指令，X、Y、Z 分别指出坐标信息，F 代表挤出机的速度为 1200mm/min，E 则代表挤出量是 22.4mm。观察一个 G 代码文件，可以发现 *x*、*y* 坐标信息比较多，而 *z* 坐标信息较少，这是因为打印过程中多进行二维打印，之后才是对 *z* 轴的递增。

2. Gcode 指令部分功能简介与编程示例

（1）注释代码

看下面这段 Gcode 代码：

```
N5 G28*22；这是一条注释
N6 G1 F1500.0*82；这也是一条注释
N7 G1 X2.0 Y2.0 F3000.0*85
```

上述代码中有两行注释部分，N5 及 N6 行，系统会直接忽略掉，把它们当空白对待。

（2）标记代码

代码片段：N100［...Gcode 指令 ...］ *20

这是行码和标记码。RepRap 的固件会以一个本地计算的值来对比标记码，如果两者值不同，就会要求一个重复输入。行码和检查码都可以去掉，去掉后 RepRap 仍会工作，但它不会做检查，用户必须同时使用行码和检查码，或同时放弃使用行码和检查码。

（3）延时 G 指令

固件接收到这些命令后，会先存储在一个循环队列缓存里，然后再执行。一方面，这意味着固件在接收到一条命令后马上可以传输下一条；另一方面，这也意味着一组线段可以在没有间断的情况下连续打印。为了实现命令流的控制，当接受到可缓存的命令时，如果固件把它成功放到本地缓存里，就可立即给出应答；如果本地缓存已满，则会延时等到缓存有空出的位置时才给出应答。

G0：Rapid move 快速移动

示例：G0 X15

这个命令移动的距离 X = 15 mm。事实上，对于固件来说，这个命令的效果和 G1 X15 是一样的。

G1：Controlled move 可控移动

示例：G1 X88.2 Y13.8 E23.5

从当前的位置点（x，y）移动到目的点（88.2，13.8），并在行进过程中挤出 23.5mm 的打印丝（注意，挤出命令是由 E23.5 控制的）

G28：Move to Origin 移动到原点

G29-G32：Bed probing 对热床进行检查

（4）即时 G 指令

即时 G 指令可以被缓存，但是直到所有之前缓存的命令被执行完，并且该命令执行后，才会给出应答，因此主机会等待命令执行完毕才收到应答。这些命令导致的短暂停顿不会影响机器的正常性能。

G4：停顿

示例：G4 P200

停顿 200ms，在停顿过程中机器仍可以被控制，如挤出头温度。

G10：打印头偏移

示例：G10 P3 X17.8 Y-19.3 Z0.0 R140 S205

这条命令设置打印头 3（参数 P3）的 x，y 方向偏移。当然，也可以使用 z 方向非 0 偏移值，但在一般情况下，不建议这么操作，除非打印头是用某种装置动态加载的，否则，通常机器打印头安装位置应当是同样的高度。如果不设置特定的值，机器会使用上一次设置给出的值作为缺省，所以通常还是应当显式地设定 Z0.0。命令里面的 R 值用来指定待机时的温度，单位是℃，S 值是工作时的温度，如果不想工作和待机时温度有区别，可以把两个值设为相同，可以参考 T 命令对应的说明。

G20：使用英寸作为单位

示例：G20

从现在开始，使用英寸作为单位。

G21：使用毫米作为单位

示例：G21

从现在开始使用毫米作为单位。

G90：设置成绝对定位

示例：G90

所有坐标从现在开始变成绝对坐标，即与机器原始位置相对。

G91：设置成相对定位

示例：G91

所有坐标从现在开始变成相对于当前位置的相对坐标。

G92：设置位置

示例：G92 X10 E90

可用来设定绝对 0 点，或者重置现在的位置到规定的坐标。例如设置机器的 x 坐标为 10，喷头的坐标为 90，不会发生物理运动。没有指定坐标的 G92 命令会重置所有轴到 0。

（5）即时 M 和 T 指令

M0：Stop 停止

系统会终止任何动作，然后关机。所有的马达和加热器都将被关掉，用户需要按 reset 按钮来重启主控制器，参见 M1、M112 指令。

M1：Sleep 睡眠

系统会终止任何动作，然后关机。所有的马达和加热器都很快被关掉，用户仍可以发送 G 或 M 命令来唤醒它，参见 M0、M112 指令。

M21：初始化 SD 卡

初始化 SD 卡。如果在机器通电时插入 SD 卡，会默认初始化 SD 卡。开始其他 SD 卡功能时 SD 卡一定要初始化。

M22：弹出 SD 卡

M23：选择 SD 卡上的文件

示例：M23 filename.gco

SD 卡上的文件 filename.gco（支持 8.3 命名规则）会被选中载入，准备打印。

M24：开始 SD 卡的打印

机器打印 M23 选定的文件。

M25：暂停 SD 卡打印

机器在当前位置暂停打印 M23 选定的文件。

M26：设置 SD 卡位置

M27：报告 SD 打印状态

M28：开始写入 SD 卡

示例：M28 filename.gco

指定文件 filename.gco 将被创建于 SD 卡上或被覆盖（如果文件已经存在），后续发送到打印机上的指令都会被写入该指定文件中。

M29：停止写 SD 卡文件

示例：M29 filename.gco

M28 指令打开的指定文件将被关闭，所有后续送往机器的指令恢复正常执行。

M30：删除 SD 卡上指定文件

示例：M30 filename.gco

SD 卡上的 filename.gco 文件将被删除。

M80：打开 ATX 电源

M81：关闭 ATX 电源

M82：设置挤出机使用绝对坐标模式

M83：设置挤出机为相对坐标模式

M103 关闭所有挤出机

M104：设置挤出机（热头）温度

M105：获取温度

示例：M105

请求当前温度（单位：℃），温度将立即返回到控制程序（T：挤出机 B：加热床）例如，输出会得到这样的答复 ok T:201 B:117。表明当前挤出机温度为 201℃，热床温度为 117℃。

M106：打开风扇

示例：M106 S127

上述指令将打开风扇（半速）。其中“S”表示 PWM 值（0 ～ 255），可简单理解为风扇有 0 ～ 255 级强度可选，例如 M106 S0 意味着风扇将被关掉。

M112：紧急停止

所有进行中的动作都会被立即终止，然后关闭系统，所有电机和加热器都会被关掉。可以按 Reset 按钮重启。

M113：设置挤出机的 PWM 值

示例：M113 S0.7

将挤出机的速度设置为 70%，M113 S0 将挤出机关闭。

M114：获取当前位置

机器将返回当前的 x、y、z 坐标位置信息。

M115：获取固件信息

M116：等待

等待温度，或者等待其他缓慢变化的值达到目标值。

M143：设置最大热头温度

示例：M143 S275

上述代码将设置热头最大温度为 275℃，当机器达到这个温度，将采取紧急措施，如紧急停止，这是为了防止对热头造成破坏。

M201：设置最大打印加速度

M202：设置最大移动加速度

M205：高级设置

M207：通过测量 Z 的最大活动范围来校准 Z 轴。

M208：设置 *xyz* 轴行程的限制

M209：允许自动回丝

M245：打开风扇

M246：关闭风扇

M300：播放提示音

用法：M300 S < 频率 单位：Hz> P < 持续时间 单位：ms>

示例：M300 S300 P1000

在打印结束时播放提示音来提醒用户。此例子中的提示音频率为 300Hz，持续时间为 1s（1000ms）。

上文列举了常见的各种 Gcode 编程指令。对于其他相关指令，读者可以查阅对应的技术文档。

6.2 3D 打印技术相关算法

6.2.1 3D 打印分层切片处理

6.2.1.1 STL 切片算法

切片（Slicing）处理是快速成型软件系统的关键内容之一。目前所用的切片软件按照其数据来源可分为两大类：基于 STL（Stereo lithography）数据模型的切片和基于 CAD 精确模型的直接切片（Direct Slicing）。

1. 基于 STL 数据模型的切片

STL（Stereo lithography）数据格式是由 3D Systems 公司于 1988 年制定的，类似于有限元网格划分，用一系列小三角形平面逼近自由曲面，从而近似表示原 CAD 模型，用于从 CAD 系统到 3D 打印系统的数据交换。每个三角形由三个顶点坐标和一个法向量（Normal Vector）来描述。三角形大小可选，三角形面片（Triangle Facets）划分得越小，对实体的表面逼近精度就越高。因 STL 数据格式简单，在数据处理上较为方便，所以目前被广泛采用。目前大多数 CAD 系统都提供了 STL 文件接口。

2. 基于 CAD 精确模型的直接切片

基于 CAD 精确模型的直接切片（Direct Slicing）所处理的对象来自于 CAD 系统的三维精确模型，该方法可以避免由于 STL 格式的局限性带来的如精度低、数据量相对大及自身的算法等缺陷。但是大型复杂 CAD 模型由于切片耗时过长，而且各类 CAD 系统之间的相互兼容性问题导致该类切片软件通用性差，所以目前 Direct Slicing 方法还在广泛研究中。

用户在 3D 打印建模时，通常采用 STL 数据格式文件。所以，这里将基于 STL 模型来讨论三维模型切片算法。基于 STL 模型的切片算法，其基本思路是在计算每一层的截面轮廓时，先分析各个三角面片和切片平面的位置关系，若相交，则求交线。求出模型与该切片平面的所有交线后，再将各段交线有序地连接起来，得到模型在该层的截面轮廓。运用这种方法计算每一层轮廓时，要遍历所有的面片，其中可能绝大多数三角面片与切片平面不相交，查找效率很低。对与切片平面相交的每条边都要求 2 次交点，运算量较大；另外在每一层对计算出的所有交线进行排序也是个费时的过程。因此，很多研究者提出了多种改善措施，对 STL 模型先做一些预处理，再进行切片处理，可以极大提高切片的效率。这样的预处理方法主要有两类思路。一类是基于几何拓扑信息提取的切片算法，即先建立STL模型的几何拓扑信息，然后再进行切片处理。另一类是基于三角面片几何特征的切片算法，即先对三角面片按照一定的规则进行排序，然后再进行切片处理。

（1）基于几何模型拓扑信息的STL切片算法

由于STL数据中没有模型的几何拓扑信息，因此在算法中先要建立模型的几何拓扑信息，如通过三角形网格的点表、边表和面表来建立STL模型的整体拓扑信息，在此基础上，实现快速切片。在此类算法的求交过程中，对于一个切片平面 *zi*，首先计算第一个与该切片平面相交的三角片 *t*，得到交点坐标；然后根据局部邻接信息找到相邻的三角片并求出交点，依次追踪，直到回到 *t*，并得到一条有向封闭的轮廓环。重复上述过程，直到所有轮廓环计算完毕，并最终得到该层完整的截面轮廓。

该方法的优点在于：

① 利用拓扑关系，使切片得到的交点集合是有序的，无需再进行排序，可直接获得首尾相连的有向封闭轮廓，简化了建立切片轮廓的过程；

② 在三角面片与切片平面求交时，对某个三角面片只需计算一个边的交点，由面的邻接关系，可继承邻接面片的一个交点。

此方法也存在一定的局限性：建立完整的STL数据拓扑信息的过程是相当费时的，特别是当三角面片有很多的时候。

为此，可采用另一种基于三角面片几何特征的STL切片算法，该类算法不进行整体几何拓扑信息的提取。

（2）基于三角面片几何特征的STL切片算法

在基于三角面片几何特征的切片算法中，考虑了STL模型的三角面片在切片过程中的两个特征：

① 三角面片在分层方向上的跨度越大，则与它相交的切片平面越多；

② 处于不同高度上的三角面片，与其相交的切片平面出现的次序也不同。

在分层处理过程中，充分利用这两个特征，尽量减少进行三角面片与切片平面位置关系判断的次数，从而提高切片效率。

在此类算法中，首先，根据每个三角面片的 z 坐标的最小值 z_{min} 和最大值 z_{max}，对所有三角面片进行排序：对于 2 个三角面片，z_{min} 较小的排在前；当 z_{min} 相等时，则 z_{max} 较小的排在前。然后，在切片过程中，当切片平面高度小于某个三角面片的 z_{min} 时，对于排列在该面片以后的面片，则无需再进行相交关系判断，同理，当分层高度大于某面片的 z_{max} 时，对于排列在该面片以前的面片，则无需再进行相交关系的判断。最后，将交线首尾相连生成截面轮廓线。

该方法的优点在于减少了进行三角面片与切片平面位置关系判断的次数。但该方法也存在一定的局限性：

① 对大量三角面片的排序是一个耗时的过程；

② 对于每个与切片平面相交的三角面片，要进行 2 次求交计算，得到 2 个交点，即共边与切片平面的 1 个交点要计算 2 次；

③ 在轮廓环的生成过程中，还要进行交线连接关系的搜索判断。

6.2.1.2 STL 文件结构与操作处理编程

在本书多个章中都阐述了 STL 文件格式，从这些内容可以知道一个 STL 文件是由若干个空间小三角形面片（Triangle Facets）组成的集合，它是通过三维实体模型的三角形化（Triangulation）获得的。每个三角形面片由 3 个顶点坐标（x_i，y_i，z_i）和其指向模型外部的法向量（n_1，n_2，n_3）组成。其中，法向量与三角形三个顶点满足右手定则：即右手环握三角形，四指指向三角形顶点的排序方向，则拇指所指方向为该三角形面片的法矢量（Normal Vector）方向。STL 文件可以分为 ASCII 码和 Binary 两种存储方式。与 ASCII 码格式相比，Binary 方式文件要小得多，但是 ASCII 码格式文件便于读取和编码测试，所以使用频率也相当高。

（1）STL 文件的数据结构

在形成 STL 文件的过程中，每个小三角形面片都由 3 个点构成，这些点的数据结构定义如下。

```
struct Points {
axis_X, axis_Y, axis_Z;         //x, y, z 轴坐标值
vector_X, vector_Y, vector_Z; // 点的法向矢量 3 个分量
}
```

ASCII 码格式 STL 文件是逐行给出三角形面片的几何信息的，其每行都以一些关键字开头。一般情况下，一个 ASCII 码格式的 STL 文件如下所示。

```
solid filename       // 三维实体名称
facet normal x0, y0, z0
// 三角形面片的法矢量几何数据
outer loop
vertex x1, y1, z1
// 三角片面的第一个顶点的信息
vertex x2, y2, z2
// 三角片面的第二个顶点的信息
vertex x3, y3, z3
// 三角片面的第三个顶点的信息
endloop
endfacet             // 该三角片面的信息结束
endsolid filename    // 三维实体的信息结束
```

从上述示例代码可以看出，ASCII 码格式的 STL 文件逐行给出三角面片的几何特征信息，每一行以 1 个或 2 个关键字开头。在 STL 文件中，facet 是一个具有矢量方向的三角形面片，STL 三维实体模型就是由一系列类似的 facet 三角形面片组成。STL 在首行给出文件路径和文件名（如上例中的 filename 具体可以指代 c:\3Dmodels\demo1.stl）。

（2）STL 文件的读写

在进行计算机图像处理时，一般采取通用的 OpenGL 编程图形接口。在这里，对于 STL 文件的处理也将基于 OpenGL 进行。OpenGL（Open Graphics Library）是目前行业领域中应用最为广泛的 2D/3D 图像处理 API，它是一个跨平台、跨语言的应用程序编程接口，是一个功能强大，调用方便快捷的底层图形库。OpenGL 包括 700 多个函数，用于对指定物体的操作和创建交互式三维应用程序。

对一个 STL 文件进行读取，具体算法如下。

（1）定义一个临时三角形 T。

（2）依次读取上述数据结构中一个侧面（facet）段，将法线（normal）和 3 个顶点（vertex）分别存于三角形 T 的法向量和顶点中。

（3）创建一个三角形链表 L，在 L 中添加 T。

（4）判断 STL 文件是否读完，如果是则转至下一步，否则返回第二步继续循环。

（5）文件读取完毕。

STL 文件读取完毕之后，可以通过调用 OpenGL 函数库中丰富的图像处理显示函数来进行各种操作。下面的程序示例展示了如何利用 OpenGL 来读取和显示 STL 格式三维模型。

```
#include "windows.h"
#include <GLTools.h>
#include <GLMatrixStack.h>
#include <GLFrame.h>
#include <GLFrustum.h>
#include <GLGeometryTransform.h>
#include <math.h>
#ifdef __APPLE__
```

```
#include <glut/glut.h>
#else
#define FREEGLUT_STATIC
#include <GL/glut.h>
#endif
GLFrame                viewFrame;
GLFrustum              viewFrustum; // 投影变换函数
GLBatch                triangleBatch; //GLBatch 是 GLTools
库中包含一个简单的容器类，可看成是图元简单批次的容器
GLMatrixStack          modelViewMatix;
GLMatrixStack          projectionMatrix;
GLGeometryTransform    transformPipeline;
GLShaderManager        shaderManager;
int num;
float* verts;
float* vnorms;
void getstlmodel()// 读取 STL 模型文件
 {
int max=0;
bool isbegin=false;
long size=0;
int nlines=0;
int count1=0;
int count2=0;
FILE* file=fopen("Demostl.stl", "r");
fseek(file, 0L, SEEK_END);
size=ftell(file);
```

```
fclose (file) ;
file=fopen ("Demostl.stl", "r") ;
for (int i=0; i<size; i++)
 {
if (getc (file) =='\n')
 {
nlines++;
}
}
num=nlines/7;
rewind (file) ;
while (getc (file) ! = '\n') ;
verts=new float [9*num] ;
vnorms=new float [9*num] ;
for (int i=0; i<num; i++)
 {
char x [200] ="";
char y [200] ="";
char z [200] ="";
if (3 ! =fscanf (file, "%*s %*s %80s %80s %80s\n", x,
y, z) )
 {
break;
}
vnorms [count1] =vnorms [count1+3] =vnorms [count1+6]
=atof (x) ;
count1++;
```

```
vnorms [count1] =vnorms [count1+3] =vnorms [count1+6]
=atof (y) ;
count1++;
vnorms [count1] =vnorms [count1+3] =vnorms [count1+6]
=atof (z) ;
count1+=7;
fscanf (file, "%*s %*s") ;
if(3 ! =fscanf(file, "%*s %80s %80s %80s\n", x, y, z))
 {
break;
}
if (isbegin==false)
 {
isbegin=true;
max=atof (z) ;
}
verts [count2] =atof (x) ;
count2++;
verts [count2] =atof (y) ;
count2++;
verts [count2] =atof (z) ;
count2++;
if(3 ! =fscanf(file, "%*s %80s %80s %80s\n", x, y, z))
 {
break;
}
verts [count2] =atof (x) ;
```

```
count2++;
verts [count2] =atof (y) ;
count2++;
verts [count2] =atof (z) ;
count2++;
if(3 ! =fscanf(file, "%*s %80s %80s %80s\n", x, y, z))
 {
break;
}
verts [count2] =atof (x) ;
count2++;
verts [count2] =atof (y) ;
count2++;
verts [count2] =atof (z) ;
count2++;
fscanf (file, "%*s") ;
fscanf (file, "%*s") ;
}
}
void SetupRC()  //OpenGL 函数起作用前必须创建一个渲染环境 RC (Rendering Context) , 而 glut 第一次创建窗口时完成了这项工作
 {  // 设置背景颜色
glClearColor (0.3f, 0.3f, 0.3f, 1.0f) ;
shaderManager.InitializeStockShaders();
viewFrame.MoveForward (1000.0f) ;
triangleBatch.Begin (GL_TRIANGLES, num*3) ;
```

```
//开始载入三角形面片
triangleBatch.CopyVertexData3f (verts) ;
triangleBatch.CopyNormalDataf (vnorms) ;
triangleBatch.End();
}
void SpecialKeys (int key, int x, int y) //定义特殊按键
{
if (key == GLUT_KEY_UP)
viewFrame.RotateWorld(m3dDegToRad(-5.0),1.0f,0.0f,
0.0f) ;
if (key == GLUT_KEY_DOWN)
viewFrame.RotateWorld (m3dDegToRad (5.0) , 1.0f, 0.0f,
0.0f) ;
if (key == GLUT_KEY_LEFT)
viewFrame.RotateWorld(m3dDegToRad(-5.0),0.0f,1.0f,
0.0f) ;
if (key == GLUT_KEY_RIGHT)
viewFrame.RotateWorld(m3dDegToRad(5.0), 0.0f, 1.0f,
0.0f) ;
// 刷新窗口
glutPostRedisplay();
}
void ChangeSize (int w, int h)
//在窗口大小改变时接收新的高度 h 和宽度 w
{ // Prevent a divide by zero
if (h == 0)
h = 1;
```

```
glViewport (0, 0, w, h) ;
viewFrustum.SetPerspective(35.0f, float(w)/float(h),
1.0f, 2000.0f) ;
projectionMatrix.LoadMatrix (viewFrustum.
GetProjectionMatrix()) ;
transformPipeline.SetMatrixStacks (modelViewMatix,
projectionMatrix) ;
}
void RenderScene (void)
 {
glClear (GL_COLOR_BUFFER_BIT | GL_DEPTH_BUFFER_
BIT) ;
glEnable (GL_CULL_FACE) ;
glEnable (GL_DEPTH_TEST) ;
modelViewMatix.PushMatrix (viewFrame) ;
GLfloat vRed [] = {1.0f, 0.0f, 0.0f, 1.0f} ;
shaderManager.UseStockShader (GLT_SHADER_DEFAULT_
LIGHT, transformPipeline.GetModelViewMatrix(),
transformPipeline.GetProjectionMatrix(), vRed) ;
triangleBatch.Draw();        //绘制三角形面片
modelViewMatix.PopMatrix();
glutSwapBuffers();
}
int main (int argc, char* argv [] )
 {
getstlmodel();
gltSetWorkingDirectory (argv [0] ) ; //用来设定当前的
```

```
//工作目录，在 Windows 中不必要，因为工作目录默认就是与可执
//行程序相同目录
glutInit (&argc, argv) ;
glutInitDisplayMode (GLUT_DOUBLE | GLUT_RGBA |
GLUT_DEPTH | GLUT_STENCIL) ;       //设置显示模式
glutInitWindowSize (800, 600) ;   //设置窗口分辨率
glutCreateWindow ("STL Model Display Demo") ;
//设置窗口标题名称
glutReshapeFunc (ChangeSize) ;
glutDisplayFunc (RenderScene) ;
glutSpecialFunc (SpecialKeys) ;
GLenum err = glewInit();
if (GLEW_OK ! = err) {
fprintf (stderr, "GLEW Error: %s\n",
glewGetErrorString (err) ) ;
return 1;
}
SetupRC();
glutMainLoop();
return 0;
}
```

6.2.1.3 基于 CuraEngine 的 3D 模型切片

Cura 是一个 Python 语言实现，是用 wxPython 图形界面框架的 3D 打印切片界面软件。说它是界面软件是因为 Cura 本身并不会进行实际的切片操作。实际的切片工作是由另外一个 C++ 语言实现的 CuraEngine 命令行软件来具体负责的，用户在 Cura 界面上的绝大多数操作，如加载模型、平稳旋

转缩放、参数设置等最终会转换并执行一条 CuraEngine 命令。CuraEngine 把输入的 STL、DAE 或 OBJ 模型文件切片输出成 Gcode 字符串返回给 Cura，Cura 再将 Gcode 在 3D 界面上可视化成路径呈现给用户。Cura 和 CuraEngine 都可以在 Github（一个分布式的版本控制系统，最初由 Linus Torvalds 编写，用作 Linux 内核代码的管理。推出后，在其他项目中也取得了很大成功，尤其是在 Ruby 社区）上找到。Cura 和 CuraEngine 的官方地址分别为：https://github.com/daid/Cura 和 https://github.com/Ultimaker/CuraEngine。

Cura 开源软件的切片基本功能算法如表 6-1 所示。

表 6-1　Cura 切片代码描述

名称	文档
cura	Cura 工具包 （在“详细说明”中有描述）
gapCloserResult	接近的缺口集合
GCodeExport	这是 Gcode 唯一的一个实现类，它包含了 Gcode 的所有属性，可以用这个类实现自定义的 Gcode
TimeEstimateCalculator	这个类用来估算打印时间，这里的一部分代码是从 Marlin 源码中来的
PolygonRef	多边形编号
PathOrderOptimizer	路径顺序优化
Polygons	多边形集合
GCodePlanner	GCodePlanner 类中包含了多种电机动作方案，包括在各种速度下起动停止时的加速与减速。这针对 FDM 打印头做了优化，这个类对打印时间进行估算
SlicerSegment	这个类用来存储切片的段
SlicerLayer	这个类用来存储切片的层，它包含了一个 SlicerSegment 的集合
Polygon	多边形类
closePolygonResult	封闭的多边形集合

续表

名称	文档
Position	位置类
Block	缓存区类
GCodePathConfig	这是一个刀路配置类，用于移动和挤出，它定义了线宽（刀路宽度）速度
SliceVolumeStorage	它包含了一个 SliceLayer 的集合
SliceLayer	它包含了一个 SliceLayerPart 的集合
SliceLayerPart	层集合的一部分
Slicer	它包含一个 SlicerLayer 的集合
Comb	梳理、调整处理代码。防止打印头空走时表面出现孔洞，可大幅节省打印时间
SliceDataStorage	切片数据结构
Point3	它表示一个整数的点，单位是 μm。主要用来解决四舍五入产生的误差，ClipperLib 类要用到它
OptimizedModel	优化模型
OptimizedVolume	优化物体
OptimizedFace	优化面
OptimizedPoint3	优化点
SupportStorage	支撑数据结构，它包含了一个支撑点的集合
SupportPoint	支撑点
SupportPolyGenerator	支撑生成器
SimpleModel	它是一个 3D 模型，它包括 1 个或多个 3D volumes
AABB	边界框，定义了打印机的最大打印体积

续表

名称	文档
SimpleVolume	它是 3D 模型中的一个子物体，它包括了子物体中所有三角形面
SimpleFace	它是一个三角形面，它的所有点已经转换为整型
GCodePath	刀路配置及状态
ConfigSettings	切片配置文件，包括层厚、围边宽度、围边层数、移动速度、填充速度、风扇转速、等众多用户可以配置的切片参数
_ConfigSettingIndex	这是一个包含 key 和指针的索引类
FMatrix3×3	一个 3×3 的矩阵
IntPoint	Int 类型的 Point 结构体
DoublePoint	Double 类形的点结构体
IntRect	整形矩形类
FPoint3	用浮点数表示的点， 在 3 维空间中以 mm 为单位
PointMatrix	点矩阵
ClientSocket	客户端 socket 接口
TimeKeeper	定时器控制类
GCode_Flavor	这个类是G代码风格，用来生成不同类型的G代码，如它可以生成 reprap、Makerbot、Mach3 等不同风格的 G 代码，这里所说的风格是指，G 代码的关键字有所不同
Support_Pattern	这个类定义了支撑材料的模式，如网格状的、线状的等
journal	这是一个日志类，用于通过日志观察程序运行情况
Infill_Pattern	这是一个填充类型的设置，它定义了默认、网状、线型、同心 4 种填充方式

续表

名称	文档
EndType_	端点类型的枚举包括 ClosedPolygon、ClosedLine、OpenButt、OpenSquare、OpenRound
PolyNode	多边形链表
PolyFillType	多边形填充类，它有多种填充的方式
ClipType	剪切类形
PolyTree	多边形树
EndType	端点类
Clipper	裁剪类。这个类的主要工作是在取得一个三维图形的一个截面以后，对这一个截面进行处理，生成封闭的轮廓
ClipperLib	裁剪库。提供了多种封闭轮廓的方法，包括无法封闭的线、岛，还有多边形重叠的处理
ClipperOffset	这个类是剪切设置
clipperException	裁剪的异常类
JoinType	路径偏移后的形状类型
EdgeSide	这是一个内部使用的枚举类型
InitOptions	初始化选项
PolyType	多边形类
ClipperBase	这是裁剪类的基类，用于实现多边形裁煎

一般情形下，CuraEngine 切片分为以下 5 个步骤。

（1）模型载入

在计算机编程过程中，3D 模型大多以三角形面片组成的表面所包裹的空间来表示。空间坐标中只要 3 个点就可以表示一个唯一的三角形，两点只能表示一条直线，而再多的直线也无法组成一个平面。空间中的任意 3 个不共线的点都可以组成一个三角形，而四个点所组成的四边形就必需要求四点共面；任意表面都可以拆解成三角形，一个四边形可以拆解成两个三角形，但一个三角形却没有办法用四边形组合而成。计算机所擅长的事情就是把简单的事情不断重复地操作，三角形作为 3D 模型的基本单元，有结构简单，通用性强，可组合成任意面的特点。而三角形正是因为这些特性，成为了计算机 3D 图形数据处理的基石。CuraEngine 内部也是用三角形组合来表示模型的，不过同样一个三角形组合，却有无穷多种数据结构来进行存储。CuraEngine 切片的第一步，就是从外部读入模型数据转换成以 CuraEngine 内部的数据结构所表示的三角形组合。有了三角形组合还不够，CuraEngine 在载入模型阶段还要对三角形进行关联。两个三角形共有一条边的，就可以判断它们为相邻三角形，一个三角形有三条边，所以最多可以有三个相邻三角形。一般而言，如果模型是封闭的，那它的每一个三角形都会有三个相邻三角形。有了三角形的相邻关系，可以大幅提高分层过程的处理速度。Cura 之所以成为当前市场上切片速度最快的软件，这就是其中最显著的优化之一。

（2）分层

如果把模型放在 *xy* 平面上，*z* 轴对应的就是模型高度。把 *xy* 平面抬高一定高度再与模型的表面相交，就可以得到模型在这个高度上的切片。所谓的分层就是每隔一定高度就用一个 *xy* 平面去和模型相交做切片，层与层之间的距离称为层高。全部层高切完后就可以得到模型在每一个层上的轮廓线。分层本质上就是将 3D 模型离散为一系列 2D 平面的过程，自此之后的所有操作就都是在 2D 图形的基础上进行。

（3）划分组件

经过分层之后，便可得到一系列 2D 平面图形。接下来需要做的事情就是对每一层的平面图形进行遍历，标记出外墙、内墙、填充、上下表面、支撑等。3D 打印在每一层都是以组件为单位，所谓组件指的就是每一层 2D 平面图形里可以连通的区域。而打印的顺序就每打印完一个组件，便会挑选一个离上一个组件最近的组件作为下一个组件进行打印，如此循环直至一层的组件全部打印完成。一层打印完成后，模型会沿 z 轴上升，重复上述步骤打印下一层的所有组件。

每一个组件的打印，都类似手工画画过程，即都是先打边线再对边线内部填充。边线可以打印多圈，最外层圈边线称为外墙，其他的统称为内墙。CuraEngine之所以要对内外墙进行区分，是为了给它们定制不同的打印参数：外墙会被人观察到，所以可以采用低速以提高表面质量；内墙只是起增加强度的作用，可以稍稍加快打印速度以节省时间。这些都可以在Cura界面的“高级选项”里进行配置。CuraEngine 在处理过程中大量用到了 2D 图形运算操作。CuraEngine 首先把整个打印空间在 xy 平面上划分成为 200μm×200μm 的网格。每个网格的中心点再沿 z 轴向上做一条直线，这条直线可能会与组成 3D 模型的三角形相交。三角形与直线的交点及这个三角形的倾斜度会被记录到网格里面。Cura 界面的“专家设置”里面有支撑角度的设置，如果一个点处于模型悬空部分以下，并且悬空点倾斜度大于支撑角度，那这个点就是需要支撑的。将一个平台上所有需要支撑的点连接起来围成的 2D 图形就是支撑区域。CuraEngine 所使用的支撑算法比较粗糙，但胜在速度很快。

（4）路径生成

路径按大类来分，有轮廓和填充两种。轮廓很简单，沿着 2D 图形的边线走一圈即可。第（3）步所生成的外墙、内墙都属于轮廓，可以直接把它们的图形通过“设置”里的线宽转换为轮廓路径。填充则稍微复杂一些，2D 图形指定的只是填充的边界，而生成的路径则是在边界范围内的条纹或网格结构，就像窗帘或者渔网，这两种就是最基本的结构，当然还可用其他花式进行填充，如蜂窝状或者 S 型，这些在新的 Cura 或者其他切片软件里可能会实现。CuraEngine 在“专家设置”里可以对填充类型进行选择，里面除了条纹和网格，还有一个自动选项，默认就是“自动”。自动模式会根据当前的填充率进行切换，当填充率小于 20% 就用条纹填充，否则就用网格填充。虽然网格结构更为合理，但它存在一个问题，就是交点的地方会打两次。填充率越高，交点越密，对打印质量的影响也会越大。众所周知，表面就是100%的填充，如果表面用网格打，不但无法打密实，表面还会坑坑洼洼，所以100%填充只能用条纹打，这就是CuraEngine推荐自动模式的原因。至于填充率，就反映在线与线的间距上。100%填充率间距为0；0%填充率间距无限大，一根线条也不会有。每个组件独立的路径生成好后，还要确定打印的先后顺序。选好顺序可以少走弯路，打印速度和质量都会有明显提升。路径的顺序以先近后远为基本原则：每打印完一条路径，当前位置则为上一条路径的终点。在当前剩下还没打印的路径中挑选一条起点离当前位置最近的一条路径，路径的起点可以是路径中的任意一个点，程序会自行判断。而路径的终点有两种可能：对于直线，图形只有两个点，终点就是除起点之外的那个点；对于轮廓，终点就是起点，因为轮廓是一个封闭图形，从它的起点开始沿任意方向走一圈，最后还会回到起点。CuraEngine对路径选择做了一个估值，除了考虑到先近后远，还顺便参考下一个点相对于当前点的方向，它的物理意义就是减少喷头转弯。

（5）Gcode生成

生成路径后，需要翻译成打印设备可识别的Gcode格式。首先让打印机做一些准备工作：归零，加热喷头和平台，抬高喷头，挤一小段丝，风扇设置。然后从下到上逐层打印，每层打印之前先用G0抬高 z 坐标到相应位置。按照路径，每个点生成一条Gcode。其中空走G0，边挤边走用G1，Cura软件界面的设置选项中有丝材的直径、线宽，可以算出走这些距离需要挤出多少材料；G0和G1的速度也都在设置里可以调整。若需回抽（Retraction），用G1生成一条 e 轴倒退的代码。在下一条G1执行之前，再用G1生成一条相应的 e 轴前进的代码。所有层都打完后让打印机做一些收尾工作：关闭加热、xy 归零、电机释放。在生成Gcode的过程中，CuraEngine也会模拟一遍打印过程，用来计算打印所需要的时间和打印材料的长度。

6.2.2 扫描路径生成与填充算法

作为集成多种先进技术于一体的新型加工技术，快速成型制造（3D打印）

中扫描路径（Scanning Path）对原型的精度、表面质量、内部性能和成型速度都有很大影响。鉴于扫描路径对数据处理的重要性，对各种快速成型软件中路径扫描的研究一直是个热点，各种对扫描路径的规划和扫描参数的优化是研究的重点方向。

综合国内外提出的各种扫描路径规划，按照技术发展顺序，扫描路径大致如下。

（1）来回扫描。

（2）分区域扫描。

（3）星形发散扫描及斜向星形发散扫描。

（4）分型扫描。

（5）螺旋路径扫描。

（6）偏置扫描（环形扫描）。

（7）基于维诺图（Voronoi）的扫描路径生成。

基于上述研究成果可以看出，国内外对扫描路径的规划由最初的来回扫描发展到更优良的扫描方式和优化算法，其主要出发点是基于对实现扫描路径的算法效率和制件的精度两个方面进行考虑。在上述研究基础上，我国的学者也发明了不少新型的路径扫描和填充算法。如华中科技大学材料成型及模具技术国家重点实验室提出的针对 FDM 快速成型的混合路径填充算法，中科院沈阳自动化所提出的快速成型自适应路径扫描算法等。

FDM 作为快速成型技术中最为常见的一种，制件的翘曲变形和表面质量不高一直是制约其发展的最主要因素。对于单点能量加载方式的 FDM 工艺而言，能量的加载方式主要表现为扫描填充路径。而成型制件的翘曲形变和体积收缩均与扫描方式有关。因此，合理规划扫描填充路径对 FDM 设备的成型精度至关重要。

华中科技大学提出的基于轮廓偏置和并行栅格的混合路径填充算法基本思想是在切片数据的轮廓周围采用轮廓偏置路径扫描算法进行若干次填充，外轮廓边界内偏置，同时内轮廓边界外偏置，并对重叠部分加以相应处理，这样就可以极大改善成型件的表面质量和成型精度。在轮廓偏置路径未填充区域采用并行栅格扫描填充算法予以填充，这种方式使成型区域的加工过程趋于近似平行，层内不同位置材料成型后的散热速度和冷却收缩过程中受到的约束力大小趋于一致，因而能有效阻止翘曲变形的产生。基于轮廓偏置和并行栅格的混合路径填充算法的基本步骤如下。

1. 轮廓环分组（Contour Loops Grouping）

由 STL 模型通过切片算法得到的切片由若干轮廓环（Contour Loops）组成。根据其界定区域的性质不同，切片的轮廓环分为外轮廓环和内轮廓环。当一个轮廓环的包围区域是实体部分时，该轮廓环为外轮廓环；当包围区域是孔洞部分时为内轮廓环。如果一个外轮廓环仅包容内轮廓环，那么它们共同组成的区域就是一个有空洞的实体区域，这样的区域称为单连通区域（Single Connected Domain），如图 6-1（a）所示。而如果一个外轮廓环所包容的内轮廓环又包容其他轮廓环，如图 6-1（b）所示，那么它们共同组成的区域则是一个多连通区域（Multi-Connected Domain）。一个多连通区域通过合理的轮廓环分组（Contour Loops Grouping），可以分成多个单连通区域。轮廓环分组算法将找出一种方法能够分辨各个轮廓环之间的相互关系，并且将一个层面化分成一些单连通的区域，一个单连通区域就是一个组，在进行二维图形的运算时就只需考虑单连通区域，从而简化运算，提高效率。

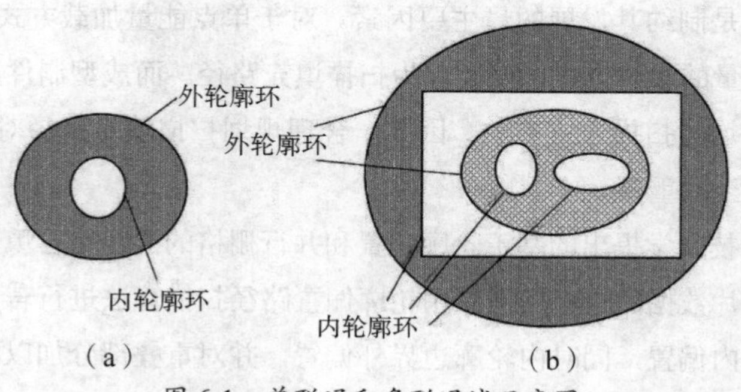

图 6-1　单联通和多联通域示意图

对三维模型进行切片得到的轮廓环之间应该满足以下 6 个规则。

（1）轮廓环之间不可能相交，也就是说轮廓环上各点之间的连线不可能相交。

（2）不被任何环所包容的轮廓环是最外层环，它肯定是一个外环。一个层面可以存在一个或一个以上的最外层环，但至少存在一个。

（3）一个内环至少被一个外环包容，因为内环包围的区域是空洞，而空洞不可能单独存在，它只能存在于实体中。

（4）一个内环如果被另外一个内环包容，那么这两个内环之间必定至少存在一个外环，也就是说至少存在一个外环包容这个内环，同时这个外环又被另一个内环包容。

（5）同样，一个外环如果被另外一个外环包容，那么这两个外环之间必定至少存在一个内环，也就是说至少存在一个内环包容这个外环，同时这个内环又被另一个外环包围。

（6）一个单连通区域只存在一个外环，而内环可以有多个。

轮廓环分组算法详细过程如下。

（1）找出所有的外轮廓环

图 6-2 中环 L1 和 L3 为外环。根据上述规则所述可知，外环的个数与轮廓环的分组数相等。

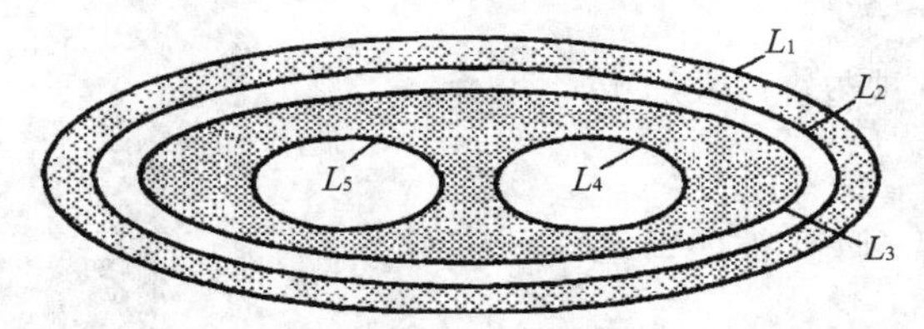

图 6-2 轮廓环分组示意图

（2）按照环的包容关系计算各轮廓环被包容的次数

一个轮廓环上的所有点和它们之间的连线都落在另外一个环内部，则称此轮廓环被这个环包容。如果轮廓环上的所有点都落在另外一个环内部而各点之间的连线有可能与那个环相交，如图 6-3 所示，环 FGHI 的所有点都落在环 ABCDE 内部，但是线段 GH 却与线段 BC 和 CD 相交。由于对于无错误的三维模型切片得到的各轮廓环之间不可能相交，因此判断环之间的包容关系时只需判断环上的一个点是否落在另外一个环所包围的区域即可，而判断一个点是否落在另一个环内部可以用交点计数法。在图 6-2 中，环 L1 是最外层环，它不被任何环包容，环 L2 被 L1 包容，环 L3 被环 L2 和环 L1 包容，环 L4 和环 L5 被环 L1、环 L2 和环 L3 包容，则环 L1 的被包容次数为 0，环 L2 被包容次数为 1，环 L3 被包容次数为 2，环 L4 和环 L5 被包容次数为 3。设总环数为 T，初始化所有轮廓环的被包容次数为 0，按照 C 语言规则的判断被包容次数的程序如下。

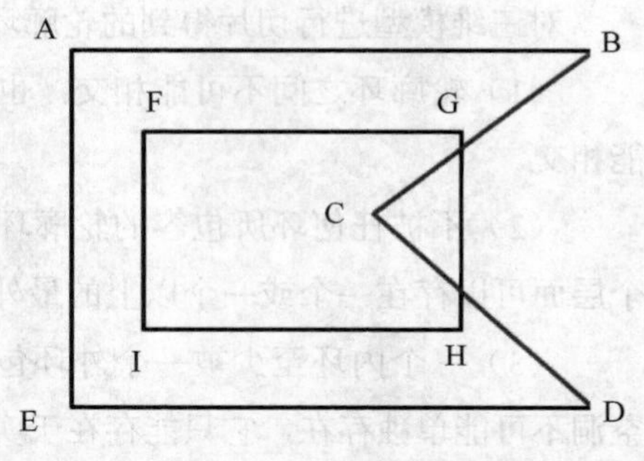

图 6-3　轮廓环相交示意图

```
for (int i= 0; i< T - 1; i+ + )
for (int j = i+ 1; j < T; j + + )
 {
if (环 i 被环 j 包容)
   {
  环 i 的被包容次数加 1;
   }
else if (环 j 被环 i 包容)
   {
  环 j 的被包容次数加 1;
   }
}
```

（3）轮廓环分组

根据轮廓环的存在规则和相互关系，可以知道一个单连通区域的轮廓环的被包容次数只相差 1，而且如果一个外环（或者内环）被另一个外环（或者内环）包容，那么它们的被包容次数肯定大于 1。所以，如果一个内环被一个外环包容，且内环的被包容次数比外环的被包容次数仅仅大 1，那么它们为一组。在图 6-2 中，L3 为外环且其被包容次数为 2，而环 L4 和 L5 为内环，其被包容次数为 3，则环 L3 与环 L4 和环 L5 为一组。同样，环 L1 与 L2 为一组。按照上述方法可以将一个平面的所有轮廓环分成了若干个组，每组只有一个外环，而且每组轮廓环所组成的区域就是一个单连通区域。

2. 路径计算（Path Calculation）

对某一单连通域的子切片而言，首先设定允许的最大轮廓偏置次数（一般设置为 3 ～ 5 为宜），并进行试偏置测试。按照偏置次数，偏置子切片轮廓，保存轮廓偏置路径，并将最后一次偏置所得到轮廓环的某一节点设置为排序的起点。偏置完成后计算内部并行栅格填充路径，若偏置后不能计算出内部填充路径（并行栅格路径长度为 0），则偏置次数自减 1，重复以上过程，直至偏置次数为 1 或内部填充路径长度不为 0。

3. 排序及合并优化（Sorting & Merging Optimization）

根据标记的排序起点对上一步得到的轮廓偏置路径及并行栅格路径，在当前子切片内部进行指定起点的排序优化及宽松原则合并优化。处理后，每一切片包含的路径应该具有以下特点：由轮廓偏置路径开始至栅格路径结束的复合路径，路径的起点和终点都在实体的内部，且与实体表面相隔一定距离。

4. 倒置（Reversing）

按照前面 3 个步骤得到的复合路径，其起点在偏置轮廓路径环上，终点一般在并行栅格路径上，而且终点比起点更靠近实体表面。实验观察发现，通过对挤出头的超前控制，路径终点的填充质量明显优于起点。为了进一步提高表面质量，将复合路径进行倒置操作。初始复合路径由轮廓偏置路径开始至并行栅格路径结束，经过倒置操作后，刚好反向，即变成由并行栅格路径开始（起点）至轮廓偏置路径结束（终点）。

该算法基本流程图如图 6-4 所示。将这种新型算法应用于实际的实验操作，导入制件的 STL 模型数据，经过切片处理选取其中一层切片数据并用其他几种不同的算法进行填充，得到图 6-5 所示效果。从图中可以看出，基于轮廓偏置和并行栅格的混合路径填充算法，轮廓表面采用轮廓偏置扫描填充，在内部采用能均衡温度梯度的并行栅格扫描填充路径，解决了制件表面质量不高和翘曲变形等两个问题。

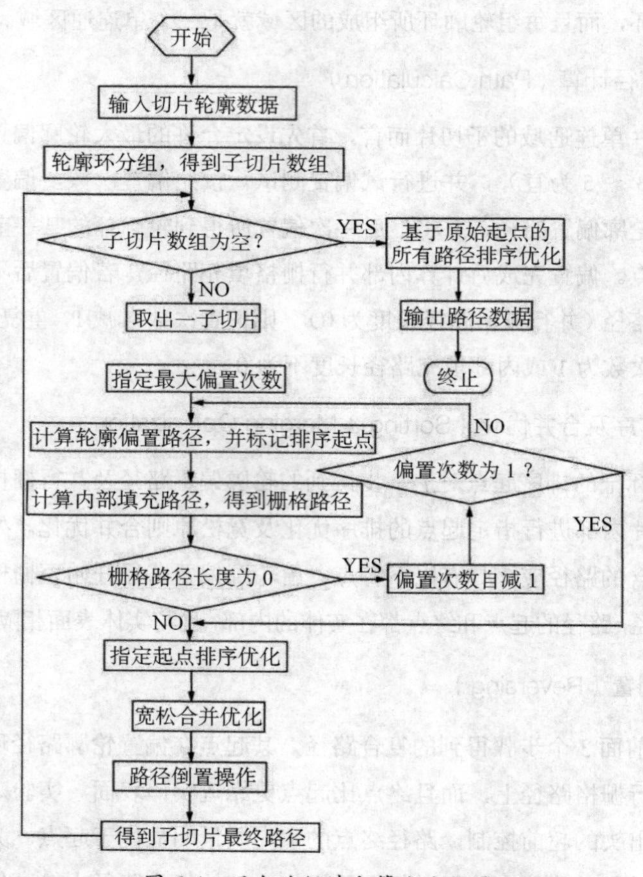

图 6-4　混合路径填充算法流程图

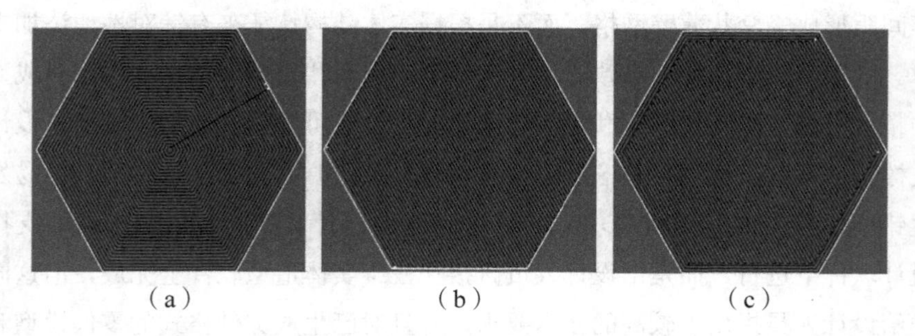

图 6-5 不同扫描路径填充算法实例效果图

6.2.3 支撑生成算法

在基于 FDM 方式的 3D 打印制造过程中，成型物体的当前层都是在上一层的基础上堆积而成的，前一层对当前层起到定位和支撑的作用，可谓“一步一个脚印”。随着高度的增加，层片轮廓的面积和形状都会发生变化，当上层截面积大于下层截面积时，会发生塌陷或形变，影响制件的成型精度。因此，支撑生成（Support Generation）对于制件原型的制作起着至关重要的作用。目前，支撑添加技术有两大类型：一种是在制作物体三维模型的时候手动添加支撑；另外一种是由软件自动生成支撑。支撑的手动生成需要用户对成型工艺非常熟悉，否则支撑的质量难以保证。因此，支撑的自动生成技术是目前研究的重点。

支撑自动生成算法主要有两种，分别是基于多边形布尔运算（Boolean Operations）和 STL 模型。前者算法复杂，还可能生成多余的支撑；后者识别局部支撑，节省支撑材料，可以准确添加支撑结构，是支撑自动生成技术的重点研究方向。目前，国内外推出的商业化的光固化（SLA）或熔融沉积快速成型（FDM）制造系统都开发了支撑设计软件。如美国 3D Systems 公司 SLA 系列和日本 CMET 公司的 Soup 系列快速成型制造系统，其所配专用软件中都有支撑设计模块，它们的基本原理都是基于分层信息来添加支撑。其中，自动支撑方法采用十字形网格结构，由于该方法是在实体投影区域内等间距形成蜂窝状薄壁网格，而不是根据实体结构特征来有针对性地添加支撑。由于间距的存在，导致这种方法容易遗漏某些关键特征的支撑，对成型的精度必然产生直接的不利影响。人机交互方法可根据实体结构特征来设计支撑截面形状，但用户普遍反映技术实现复杂费时，要求经验丰富且极易发生错误。鉴于此，美国 3D Systems 公司建议设计支撑时不要在它们的支撑设计软件下进行，而是由设计人员直接在三维实体造型软件上完成，但这同样给设计人员提出了较高的技术要求，并且对已生成文件格式的零件模型和支撑结构来说，想做有关支撑结构的修改比较困难。这里提出的先基于模型生成相关关键结构的特征支撑，再分层后进行分区扫描添加足够的加强支撑线的方法可有效解决这些问题。中科院沈阳自动化所提出的基于 STL 模型的特征支撑生成算法应用表明该方法对成型零件的关键特征的准确支撑，以及对支撑面域的有效支撑，支撑效果都非常好。下面分 3 个部分来讨论该算法的具体实现。

1. 基于 STL 模型的特征支撑算法数据结构

目前，STL 格式文件已成为快速成型（RP）工业界的标准，是 CAD 系统与 RP 系统的数据交换接口格式。采用 STL 文件表达一个三维实体模型，即用大量的空间小三角面片来表示实体模型的表面，对每个小三角面片用三角形的 3 个顶点及三角形面片的法向量来描述，法向量由实体的内部指向外部，3 个顶点的次序与法向量满足右手规则。为了便于计算机处理，需要对 STL 文件所包含的信息进行整理和归纳，建立相应的数据结构。

在读入 STL 文件时，首先找到其不同的顶点和法向量并形成各自的数组来完成对它们的编号，然后把所有的三角面片用其相应的顶点编号和法矢量编号来表示，从而形成编号表达的三角面片数组。另外各三角面片的对应边也用其端点序号来表达数据。这样当需要的时候，可以通过面找到对应边及其端点编号，也可通过面直接找到对应的顶点和法矢量编号，再通过点和法矢量各自的编号找到该点的坐标和法矢分量值。反之，通过点和法矢量信息也可找到对应的边和三角面片。这样，由于查寻时多利用相关顶点、法矢量、边线及面片对应编号来获取信息，且相应编号是整型表达，所以计算机处理时速度较快，可有针对性地方便快捷地得到所需要的相关信息。

2. 待支撑区域在 STL 模型中的定义与识别

在成型制造中，当上层截面大于下层截面时，上层截面的多余部位由于无相应的支撑将会出现悬浮或悬空的现象，从而导致该部位成型中发生偏差，进而影响零件的成型精度甚至导致成型制作失败。模型待支撑区域主要分为待支撑面、悬吊边、悬吊点 3 种。由于这 3 种区域的几何特征不同，所以其提取算法也不同。如果对应的零件 CAD 模型中发现某一部位有上述 3 种结构特征之一时，如图 6-6 所示，应该对应加以支撑。

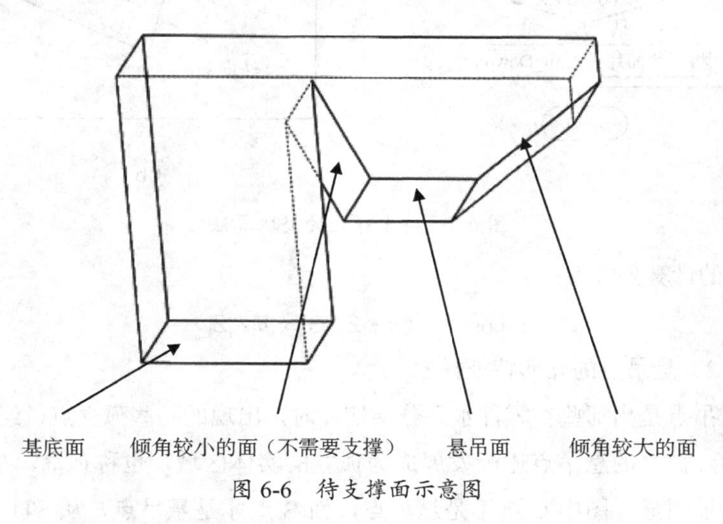

图 6-6 待支撑面示意图

（1）待支撑面的几何特征及提取

待支撑面是指零件中的基底面、悬吊面还有大倾角斜面。待支撑面上的三角形有一个共同的特点，其法向量与 z 轴正方向的夹角大于一个特定的值，这个值是和成型材料、成型工艺有关的。在图 6-6 中，倾角较小的斜面不需要添加支撑。图 6-7 所示为待支撑面的提取的算法。遍历所有的三角面片，计算三角面片的法相量与 z 轴正方向之间的夹角 α，用户根据加工工艺和成型材料的不同输入临界角 DownAngle，如果 α>DownAngle，则将这个三角面片提取到链表 m_Downlist 中，遍历所有三角面片结束后，m_Downlist 中就保存了所有带支撑表面的三角面片。图 6-7（b）中的 α 为图 6-7（a）中的夹角 α 的示意图。三角形 ABC 为 STL 文件中的任意一个三角面片，n 为其法向量，角 α 为三角面片的法相量与 z 轴正方向之间的夹角。

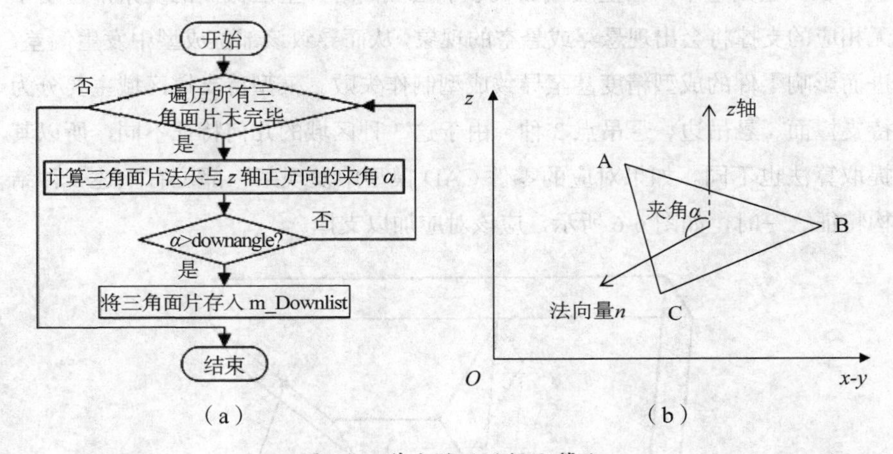

图 6-7　待支撑面的提取算法

α 的计算公式为：

$$\alpha=\cos^{-1}((n\cdot Z)\div(|n|\times|Z|))$$

（2）悬吊点的几何特征提取

悬吊点是指那些在零件水平分层切片时，出现的一些孤立点，经过层层叠加后，孤立的悬吊点逐渐发展成为孤立的实体区域，也称孤岛，如图 6-8 所示。很明显，图中 C 点不是悬吊点，而 B 点才是悬吊点，从 STL 文件的拓扑关系来看，可以总结出悬吊点的几何属性：悬吊点的 z 坐标值在包含它的三角形面片的三个顶点中是最小的，即最低点；包含悬吊点的面都是非待支撑面；包含悬吊点的三角形面片法矢之和不能朝上。图 6-9 所示为提取悬吊点的算法。假设 STL 模型中所有的三角面片的个数为 n，点的个数设为 m，图 6-9 中的算法只对三角面片和点各循环一次，因此提取算法的时间复杂度为 $O(m+n)$，所以该算法性能优良。

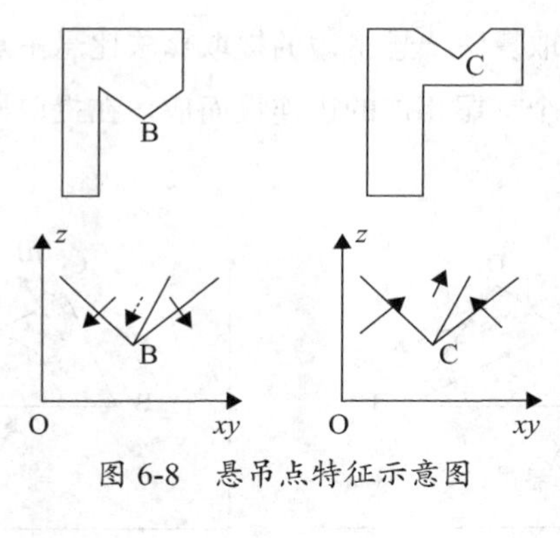

图 6-8　悬吊点特征示意图

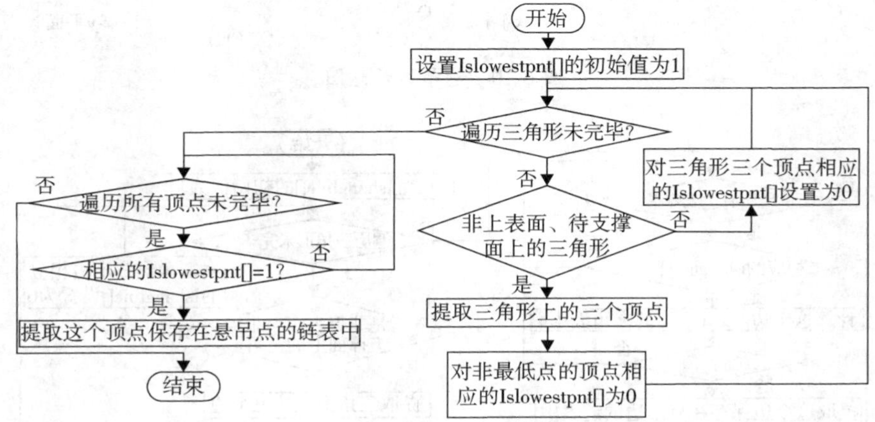

图 6-9　悬吊点的特征提取算法流程图

（3）悬吊边的几何特征及其提取算法

如图 6-10 所示，悬吊边 AB 在两个三角形中的对顶点分别为点 C 和点 D，它们都是在各自三角形中 Z 值最大的点，即最高点。在图 6-10（a）中与悬吊边相接的两个三角形是三角形 ABC 和 ABD，它们的法矢分别为 n_1 和 n_2，它们都是向下的，所以 AB 是悬吊边。而在图 6-10（b）中，两个三角形的法矢是向上的，所以这里的 AB 是非悬吊边。但是如果与悬吊边相接的三角形其中之一是待支撑面的三角形，就要排除这个悬吊边，因为可以通过待支撑面的支撑来完成对悬吊边的支撑。而且当悬吊边与 x-y 平面的夹角大于一定值时，与边相邻的三角形可以通过自支撑的方式顺利成型。图 6-11

所示为悬吊边特征提取算法。悬吊边的提取算法比悬吊点提取算法要复杂，因为悬吊边是由若干个首尾相连的边连接而成，在提取出单个悬吊边后还要对边进行排序。

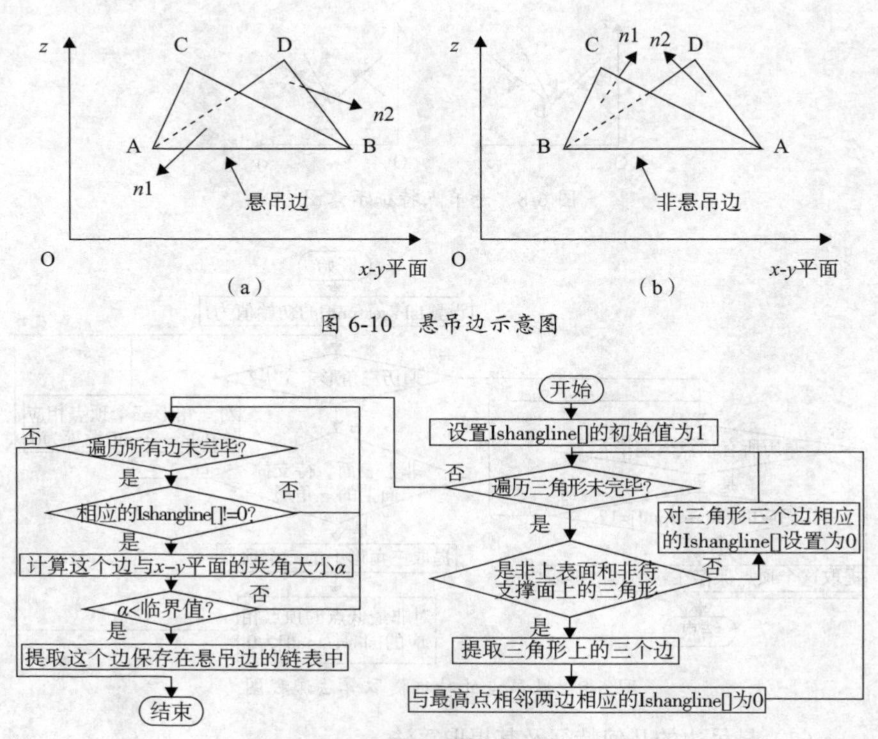

图 6-10　悬吊边示意图

图 6-11　悬吊边特征提取算法

3. 支撑结构的生成过程

当各待支撑区域特征提取出来后，就可以添加相应的支撑结构。支撑结构设计的准则概述如下：支撑结构必须保证具有足够的稳定性和强度，以保证自身和上面的零件部分顺利加工成型；支撑结构在满足保证稳定性和强度的前提下应该尽量少用，以节省材料；在零件最终制作完成从成型机里取出时，支撑结构要易于去除，保证零件表面的光洁度，并且便于后续处理。针对设计准则，可采取的设计支撑结构为薄壁型的支撑，既可节省支撑材料，又易于剔除。支撑强度是通过相应的支撑结构来保证的。

（1）对待支撑面添加支撑

由于制件待支撑表面的四周是最容易发生翘曲变形的地方，所以对待支撑面轮廓添加支撑十分必要。可采取的方法是对待支撑面四周的轮廓添加薄壁面支撑，也称轮廓支撑。对待支撑面添加轮廓支撑是远远不够的，因为往往在轮廓支撑面内有一大片中空的待支撑面没有支撑体去支撑它们，很容易发生轮廓支撑的坍塌。在此情形下，可以采用网格薄壁支撑方式，也就是在轮廓内部对支撑面添加十字交错的薄壁支撑面。该支撑方式既节省了材料，又充分考虑了支撑的稳定性，是一个非常不错的选择。图 6-12 所示的流程图表示的就是添加薄壁网格支撑的算法。此算法中有两个比较重要的步骤，即确定网格划分基准线来生成分层面，将所有分层面与零件相交来生成薄壁支撑。图 6-13 中表示的是网格划分基准线。首先对支撑区域在 x-y 平面内进行投影，然后求出这个投影多边形的最小包络矩形，在矩形内以一定步长进行网格划分，划分的基准线有两组，分为平行于 x 轴的基准线和平行于 y 轴的基准线，每组基准线之间的距离是相同的，这些基准线就是网格状分层基准线。通过分层基准线就可以生成相应平行于 x-z 平面和 y-z 平面的垂直分层面。

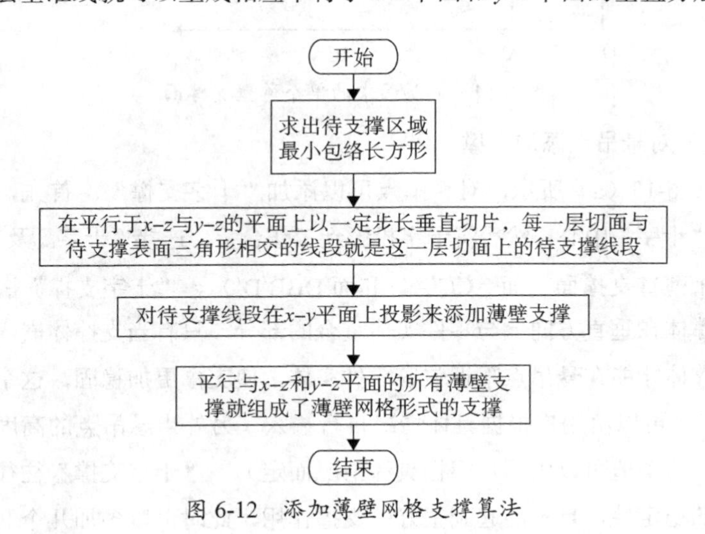

图 6-12 添加薄壁网格支撑算法

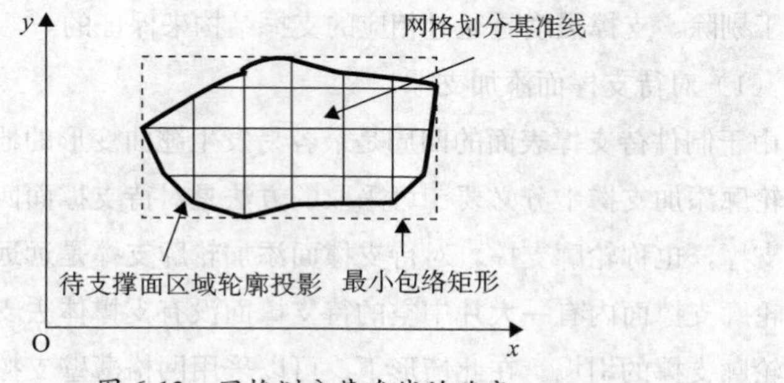

图 6-13　网格划分基准线的确定

图 6-14 所示为某个分层面中的薄壁支撑面。分层面与待支撑表面三角形相交的线段就是这一层上的待支撑线段，为待支撑线段在 *x-y* 平面上的投影来添加薄壁支撑。

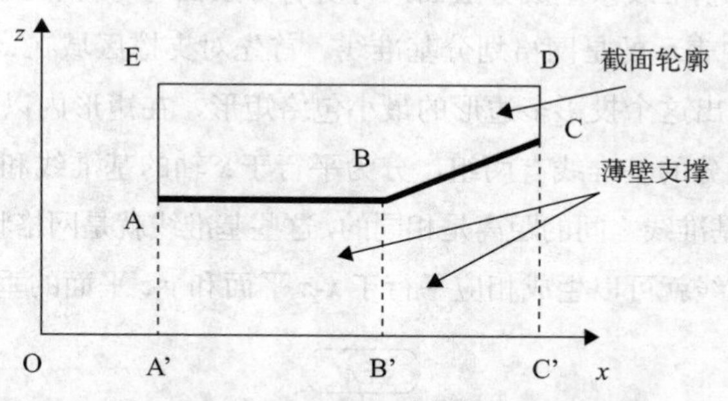

图 6-14　分层面中的单个薄壁支撑面

（2）对悬吊点添加支撑

如图 6-15（a）所示，对悬吊点可以添加“十字支撑”。首先，以悬吊点 O 为“十字”中心，然后将十字投影到工作台上，连接“十字”及其投影，形成两个薄壁支撑面（面 ACC′A′ 和面 DBB′D′）。“十字支撑”嵌入深度是指支撑体在垂直方向上与零件实体重合的部分，只有当支撑体嵌入一部分时，支撑体才能在悬吊点附近包容零件实体，使支撑更加稳固，这个嵌入深度 *t* 的值是可以由用户根据具体情况自行输入。另外当悬吊点的高度大于某个值时（这个值可以由用户根据具体情况而定），“十字支撑”往往不能保证支撑的稳定性，且不能起到很好的支撑作用，此时可以多加几个肋板，形成“多肋板支撑”，如图 6-15（b）所示。

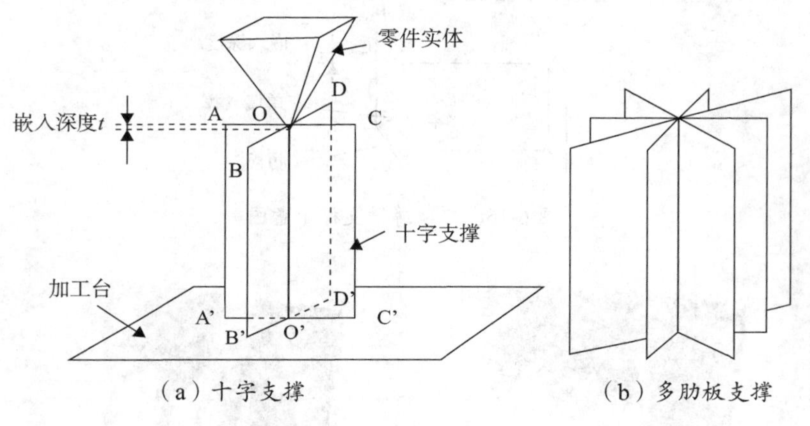

（a）十字支撑　　　　（b）多肋板支撑

图 6-15 悬吊点支撑示意图

（3）对悬吊边添加支撑

对悬吊边可以添加单墙薄壁支撑，如图 6-16 所示。在单墙的两端加上肋板，可以提高支撑的稳定性。支撑参数有嵌入深度 t，它和十字支撑中嵌入深度 t 是相同的概念，而且都是由同一对话框输入的，即它们的值相同。图 6-17 和图 6-18 所示为对零件添加支撑前后的对比图，灰黄色部分（浅色部分）为 STL 文件中的零件结构，蓝色部分（深色部分）为本系统设计添加的支撑结构。在图 6-17 中，对支撑面添加的是轮廓支撑和十字网格支撑，对悬吊点添加的是多肋板支撑，对悬吊边添加的是单墙支撑。图 6-18 展示了对典型零件进行支撑添加后的前后效果对比。从图 6-17 和图 6-18 中可以看出，对悬吊边添加支持的算法可以对三维实体制件模型添加切实可靠的支撑结构，具有很强的实际应用前景。

除了基于 STL 模型的特征支撑算法，其他如基于悬空点集的树状支撑生成算法，基于直线扫描的支撑自动生成算法，基于自适应离散标识法的支撑自动生成算法，以及其他诸多支撑自动生成算法等各有优劣，在快速成型制造过程中都有广泛的应用，用户可以根据不同的应用场景及制件精度和质量要求选择不同的算法。

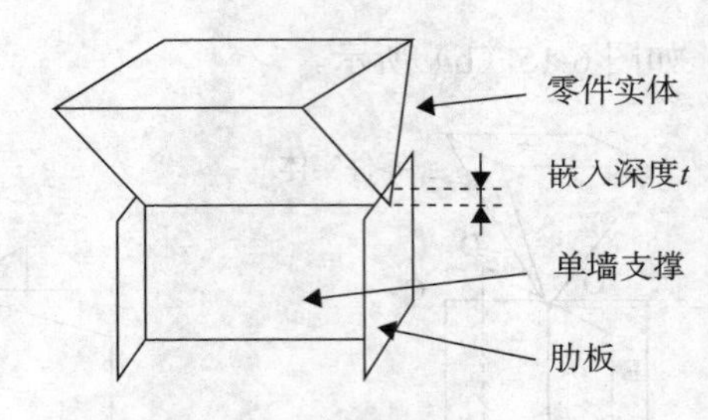

图 6-16　单墙薄壁支撑示意图

（a）添加支撑前

（b）添加支撑后

图 6-17　对三种待支撑区域同时添加支撑前后对比图

（a）添加支撑前

（b）添加支撑后

图 6-18　对典型零件（齿轮）添加支撑前后对比图

6.2.4　成型方向与算法优化概述

在快速成型过程中，零件的制造过程是先对 STL 文件的三维模型进行二维离散，然后再用二维离散数据堆积成三维实物。因此，在零件的倾斜表面会留下大量的阶梯状台阶，从而导致实际的制件表面与期望值有较大的区别，进而影响制件表面质量和精度，这在快速成型技术中被称为台阶效应（Staircase Effect）（如图 6-19 和图 6-20 所示）。台阶效应是由快速成型原理本身带来的，只能通过优化成型方向来减少这种效应。因此，成型方向是影响制件精度和成型效率的重要因素之一。目前，在零部件的制造过程中，制作方向仍然靠用户人工选择，这样一来零件的制作方向很大程度上取决于用户的经验和主观技巧。对于形状和结构简单的零件，可以凭直觉或经验较容易地确定一个较好的成型方向；然而对于形状和结构都比较复杂的物体，很难凭经验和直觉选择一个较优的成型制作方向，而且大多数用户是不具备这种技能的。为了解决这个问题，国内外很多研究人员对快速成型工艺中制件成型方向进行了各种优化研究。通过建立零件成型方向的优化数学模型，并对优化模型进行数值求解，以实现对任意形状和结构的物体制作成型方向的自动优化方法。这些研究工作主要是针对 SLA 和 FDM 快速成型工艺进行的。

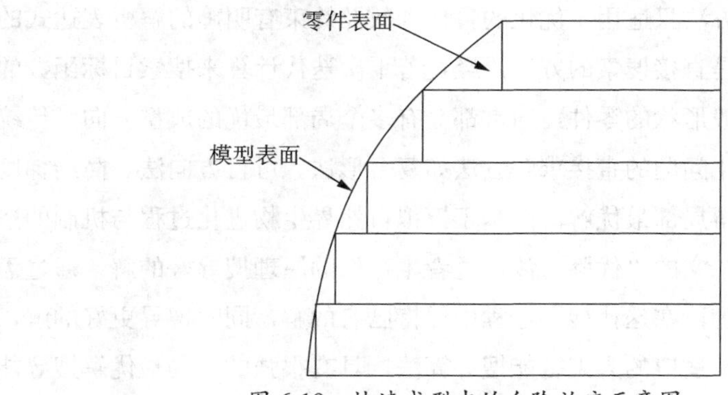

图 6-19　快速成型中的台阶效应示意图

一般说来，为了提高成型效率提高精度，成型方向的优化应该达到以下目标。

（1）尽可能减少零件的支撑面积，以使零件有较少的悬臂结构。

（2）尽可能降低零件分层方向的高度，以减少零件的制作时间。

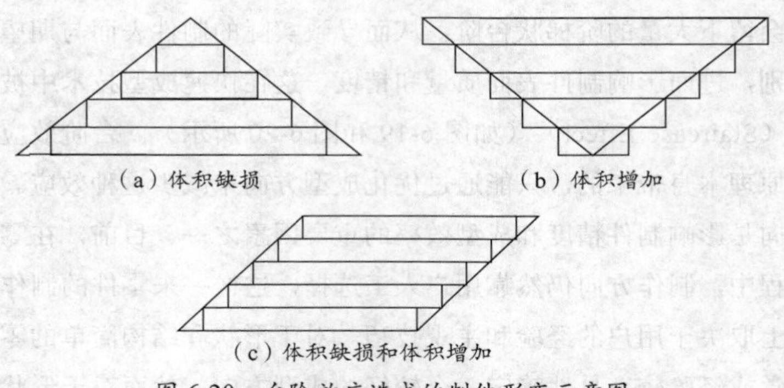

（a）体积缺损　（b）体积增加

（c）体积缺损和体积增加

图 6-20　台阶效应造成的制件形变示意图

（3）尽可能减少零件的表面粗糙度，以提高零件的制作精度。

3D 打印过程中的台阶效应可以通过减小分层厚度来控制，也可以通过选择合理的分层方向来减小。目前的成型方向优化算法主要有基于遗传算法（Genetic Algorithm）的优化算法、基于 Pareto 最优解的优化算法，以及填充扫描矢量方向的优化方法等。

关于优化问题的求解主要有两类方法，即解析法和直接法。解析法也称为间接法，这种方法只适用于优化的目标函数及约束有明确的解析表达式的情况。直接法则是直接搜索的方法，经过若干次迭代计算来搜索目标函数的最优解。对于一般形状的零件，通常都会有多个局部最优的成型方向，传统的针对约束最优化问题的直接求解方法如复合形法、可行方向法、简约梯度法等往往只能求得局部最优解。而基于模拟自然界生物进化过程与机制的遗传算法，通过达尔文的“优胜劣汰，适者生存”的原理搜寻好的解，通过孟德尔的遗传变异理论在迭代搜寻过程中保持已有的解，同时搜寻更好的解，是一种自组织和自适应的人工智能搜寻算法，具有很强的全局最优解搜寻能力。因此，很多场合都采用遗传算法来求解零件制作成型的最优方向。

遗传算法是一种通过模拟生命演化的智能搜寻算法，其操作的对象是种群。种群是一群经过编码化的可行解（即种子）。算法迭代过程是通过对种群进行选择、杂交和变异等具有生物意义的遗传操作来实现种群的更新和迭代，并寻求全局最优解。遗传算法在进化搜寻过程中对种群的选择依据是适应度函数值。适应度值越大的种子被选中的概率越大，以实现对种子的自动“优胜劣汰”。为了避免在标准遗传算法的杂交和变异操作过程中，破坏已经生成的最优解，可以采用结合“杰出者选择”遗传算法和强制“劣汰”遗传算法的“优胜劣汰”遗传算法。该算法首先由父代种群通过标准遗传算法产生子代种群，然后用父代种群中的最优种子替换子代种群中的最差种子，这样就不会破坏已经生成的最优解，从而保证种群系列满意适应值的单调不减性。算法终止的条件设定为：连续 10 代种群的平均适应度值的波动范围不超过 1% 或者迭代的代数达到设定的最大值。

第 7 章 3D 打印云芯片与云切片技术

近年来，随着云计算（Cloud Computing）技术的高速发展和大量成熟案例的应用，用户能够依托这种新的技术架构，基于自己的业务逻辑衍生出新的商业形态的业务逻辑。3D 打印行业当然也不例外。3D 打印云芯片与云切片两种最新技术的有机结合产生的叠加扩展效应，让很多基于原有技术条件下不可能的应用方案切实可行。

在深入探讨云计算技术在 3D 打印行业的应用之前，先来普及了解一下云计算的基本概念和内涵。云计算是一种商业计算模型，它将计算任务分布在大量计算机构成的资源池上，使用户能够按需获取计算力、存储空间和信息服务。对于云计算的准确定义，有各种版本。目前最为广泛接受的是中国云计算专家咨询委员会秘书长刘鹏给出的定义："云计算是通过网络提供可伸缩的廉价的分布式计算能力。"云是网络、互联网的一种比喻说法。过去在图中往往用云来表示电信网，后来也用来表示互联网和底层基础设施的抽象（见图 7-1）。云计算主要技术包括虚拟化技术、分布式数据存储技术、编程模型、大规模数据管理技术、分布式资源管理、信息安全、云计算平台管理技术、绿色节能技术等。

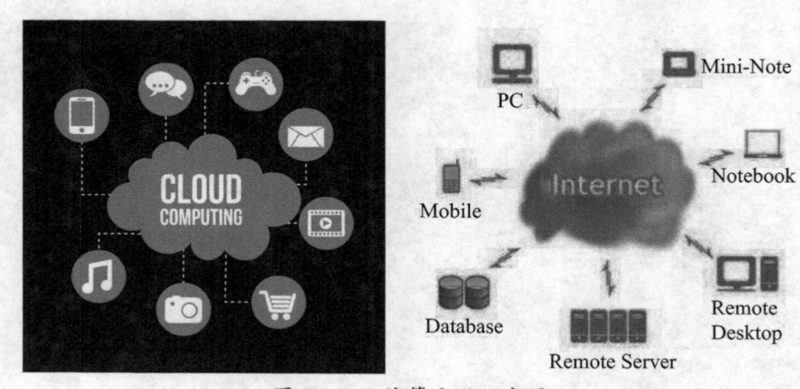

图 7-1　云计算应用示意图

云计算与 3D 打印技术的结合无疑是最具想象力的创新应用领域之一。而对于 3D 打印产业的可持续性发展而言，数据处理的云端化亦是趋势性的选择。云计算架构的弹性计算能力和无处不在的分布式计算资源特征，为 3D 打印在分布式智能制造应用领域提供了一个精准的契合点。本章将对云计算和 3D 打印技术的集成应用做一个探究式的讲述。

7.1 云控制芯片简介与应用

当云计算技术日益成熟和广泛应用后，各行各业都在争相进行相关业务升级和拓展。云计算架构为应用系统在远程控制、数据安全、弹性计算资源配置、分布式资源共享、大数据采集存储与大数据分析等方面提供了强大的技术支撑。

对于 2D 打印，即通常所指的普通打印业务，通过嫁接云计算之后衍生出的“云打印”已经有诸多成熟应用。例如 Google 基于 Chrome OS 的云打印系统与其合作伙伴 HP 公司的全系列支持云打印的无线打印机，支持用户从 Cr-48、Mobile Gmail 和 Google Docs 等支持云打印的应用中直接将打印任务发送到这些打印机上执行。不仅让远程无线打印成为现实，而且解决了日益成为主流设备的各种移动终端或手持设备打印不方便的难题。云打印，从字面上可以理解为基于云架构系统的打印技术。其实际内涵是指以互联网为基础，整合分布式的各打印硬件资源，构建一个无物理区域性限制的综合性打印服务平台，面向大众用户提供持续在线、质量标准化的打印服务。这种平台在 3D 打印行业同样也有非常庞大的应用市场。

对于云打印系统，很重要的一个环节是构建一个分布式的打印设备资源共享网络，云控制芯片（见图 7-2）在构建这个网络中有举足轻重的作用。云控制芯片的主要功能包括分布式打印资源共享、打印资源定位、终端客户信息采集，以及系统数据信息推送。

云控制芯片的功能主要体现在如下 4 个方面。

1. 分布式打印资源共享

随着人们生活水平的日益提高和购买力的大幅上升，越来越多的个人和机构都开始对占据头条消息的3D打印技术持有不可遏制的好奇心和购买欲望。造成这种趋势有两方面原因：一方面，因技术进步导致设备价格直线下降而带来的社会发展红利；另一方面，则是基于高度的直觉使自己必须要站在一个趋势性的行业风口，待风而起，顺势飞扬。因此，3D打印设备的销售近年来有了明显的增长趋势，个人和企业拥有3D打印机的数量也直线上升。然而，很多时候，这些设备大多数时间处于闲置状态，特别是个人拥有的打印设备。究其原因，一则可能是3D打印设备的使用和操作具有一定的技术门槛，例如，三维立体建模技术和后期成品处理技术都需要一定的专业知识累积，而这恰好是许多用户所欠缺的；二则是因为家庭打印设备的成品制造价格在现阶段并不存在明显的价格优势，往往打印出来的普通物品比市面上价格高很多。上述两方面的主要因素及其他方面的因素结合在一起，导致目前机器设备闲置的事实现状。企业设备的运作情形要好一些，但是仍然存在这种有效生产力浪费的状况。

与此同时，社会的发展和观念的进步导致对个性化和创意产品的定制需求日益旺盛。由此产生的对3D打印这一以个性化制造为主要特征的先进工具的使用需求也随之上升。一边是生产力闲置，一边是对个性化制造生产力的极大需求。这源自用户的大量个性化定制服务需求与分布式的剩余生产力之间的对接将毫无悬念地衍生出一种全新的商业形态。这就是基于共享经济（Shared Economy）模式的3D打印生态系统（3D Printing Industrial Ecosystem）。在这个系统中，基于云打印控制芯片的3D打印设备可以通过网络联机生态系统云平台，平台可以通过定位信息确定联机设备的物理区域，并通过优化的算法，为该设备周围的潜在用户提供基于位置区域辐射的个性化智能制造服务。没有设备的用户可以通过生态云平台搜寻周边联机的3D打印设备，并在线下单（Online Ordering）提出有偿服务申请。这样一来，用户的碎片化需求和大量闲置的小微生产之间的信息不对称状态将趋于无缝弥合，由资源共享实现供需双方共赢。

2. 打印资源定位

分布式 3D 打印设备可以通过生态云平台实现打印生产力资源的共享联机。联机只是解决了分布式小微生产力的整合，并因此可以面向所有用户提供集成的优质服务。但是在客户需求端，必须提供一种有效手段，让用户能准确定位自己所在区域的联机打印资源。云打印控制芯片内置的定位处理功能将会在打印资源联机的时刻实时更新数据，有制造需求的客户通过平台提供的服务搜索引擎定位到所有符合条件的 3D 打印设备，这也是一种基于位置服务（Location Based Services，LBS）的典型应用场景。

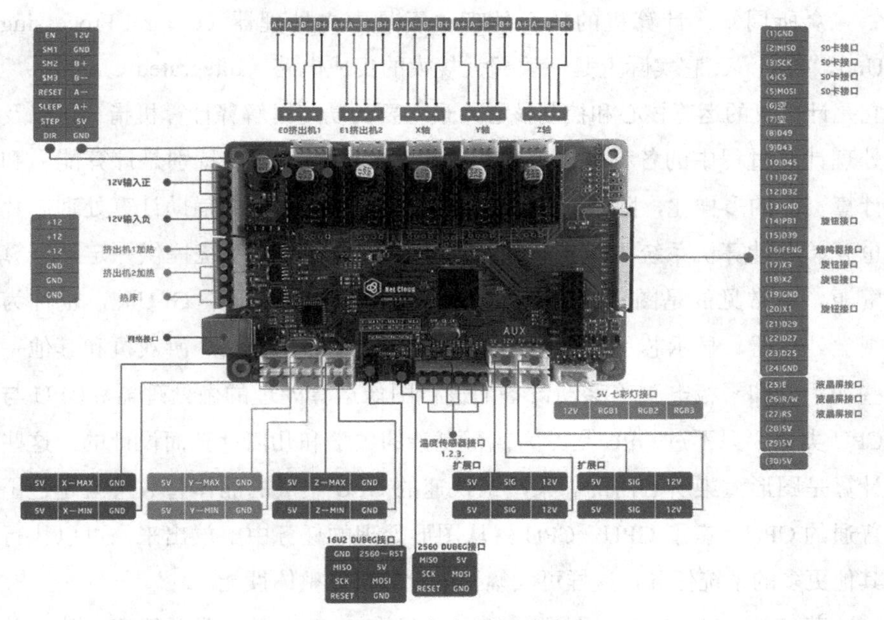

图 7-2　云打印控制芯片

3. 终端客户信息采集

云打印控制芯片在定位机器物理地址的同时也会不定期采集用户设备的信息。例如目标设备的耗材使用情况、产品生产个数、用户申请服务次数等。

4. 系统数据与信息推送

根据采集的用户数据，可以对联机设备拥有者推送机器状态信息，打印监控数据，以及耗材短缺警告等信息。用户可以根据接收到的信息采取下一步的操作和行动。

7.2 CUDA 编程技术简介

7.2.1 CUDA 概述

众所周知，计算机的核心处理单元是中央处理器（Central Processing Unit，CPU）。它实际上是一块超大规模的集成电路（Integrated Circuit），它是计算机的运算核心和控制核心，最主要的功能是解释计算机指令，以及处理计算过程中的各种数据。随着计算机技术的发展，特别是计算能力和计算资源的多样化，除了 CPU 的计算处理能力，其他的辅助计算处理芯片也开始在计算机系统中承担一定的计算任务，或者给系统提供一定的计算资源。最常见的是图形处理器（Graphics Processing Unit，GPU），也称为视觉处理器、显示芯片等，它是一种专门在 PC、工作站、游戏机和其他一些如手机和平板电脑等移动设备上进行图像运算处理的微处理器。GPU 与 CPU 类似，只不过 GPU 是专为执行复杂的数学和几何计算而设计的，这些计算是图形渲染所必需的。某些最快速的 GPU 集成的晶体管数甚至超过了普通的 CPU。有了 GPU，CPU 就从图形处理的任务中解放出来，可以执行其他更多的系统任务，这样可大幅提升计算机的整体性能。

英伟达（NVIDIA）公司在 1999 年发布 GeForce256 图形处理芯片时首先提出 GPU 的概念。GPU 使显卡减少了对 CPU 的依赖，并承担了部分原本属于 CPU 的计算任务，尤其是在进行 3D 图形处理相关的任务时。GPU 采用的核心技术有多边形转换与光源处理（Transform and Lighting，T&L）、立方环境材质贴图和顶点混合、纹理压缩和凹凸映射贴图、双重纹理四像素 256 位渲染引擎等。而硬件 T&L 技术可以说是 GPU 的标志，因为 T&L 是 3D 渲染中的一个重要部分，其作用是计算多边形的 3D 位置和处理动态光线效果，也可以称为“几何处理”。一个好的 T&L 单元，可以提供细致的 3D 物体和高级的光线特效。只不过大多数 PC 中，T&L 的大部分运算是交由 CPU 处理的（这就是所谓的软件 T&L），由于 CPU 的任务繁多，除了 T&L，还要做内存管理、输入响应等非 3D 图形处理工作，因此在实际运算的时候性能会大打折扣，常常出现显卡等待 CPU 数据的情况，其运算速度远跟不上今天复杂三维游戏的要求。即使 CPU 的工作频率超过 1GHz 或更高，对它的帮助也不大，因为这是 PC 本身设计造成的问题，与 CPU 的速度无太大关系。

正是基于上述计算机显卡技术的发展，统一计算设备架构（Compute Unified Device Architecture，CUDA）并行计算平台应运而生。CUDA 编程模型由 NVIDIA 公司发明，使计算机单一依靠 CPU 的“中央处理”模式向 CPU 与 GPU 并用的“协同处理”模式发展。CUDA 架构是第一个面向 GPU 的软硬件结合通用处理解决方案，它的指令集架构能让开发人员绕开传统的图形 API 而直接访问 GPU 硬件，它还包含了一个全新的 C 语言编译器，开发人员可用常见的 C 语言来为 GPU 编写并行程序，达到高性能计算的目的。在高性能计算领域，曾经在 2010 年夺得全球超级计算机五百强排行榜第一位的中国“天河一号 A”［见图 7-3（a）］，就采用了 7168 块 NVIDIA Tesla M2050 计算卡。得益于 NVIDIA CUDA 的超高并行度和集成度，“天河一号 A”比排行第二的“美洲虎”节能 2900 多千瓦，节能幅度达 42%，能耗比出众。1997 年 5 月 11 日，在著名的人机对决中击败著名国际象棋大师加里·卡斯帕罗夫（Garry Kasparov）的 IBM“深蓝”超级计算机（Deep Blue），它拥有 11.38 吉伽（Giga Flops）（每秒 113.8 亿次浮点运算）。而现在的 NVIDIA 已经可以将总重量约为 1.3 吨的“深蓝”超级计算机的运算能力封装到一个约为 500mm^2 的小芯片里，如图 7-3（b）所示。

（a）中国“天河一号 A”超级计算机系统

（b）美国“深蓝”超级计算机系统与 NVIDIA 芯片

图 7-3　高性能计算机系统

CUDA 编程是 C 语言的一种扩展，它允许使用标准 C 来进行 GPU 代码编程。这种代码既适用于 CPU，也适用于 GPU。CPU 负责派生出运行在 GPU 设备处理器上的多线程任务（CUDA 称其为内核程序 kernel），GPU 设有内部调度器来将这些内核程序分配到相应的 GPU 硬件上。假设这些任务具有足够的并行度，随着 GPU 中流处理器簇（Stream Processor Cluster）数量的增加，程序整体运算速度会显著提升（见图 7-4）。

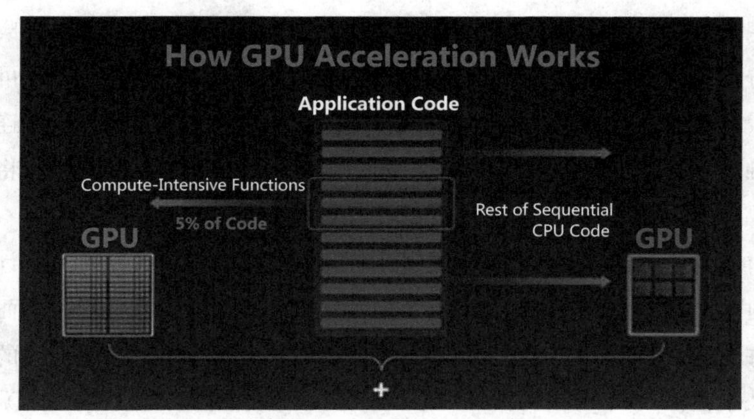

图 7-4　GPU 提升程序运行速度示意图

在图 7-4 中，中间蓝色条块代表应用程序代码，其中绿色条块代表需要大量计算的任务程序部分。CPU 负责先将这些任务分发到 GPU 上并行执行，再顺序执行其他剩余序列代码。

7.2.2　GPU 架构概述

NVIDIA Tesla 并行计算架构从 G80 架构、GT200 架构、Fermi 架构到 Kepler 架构，每一代架构更新都带来产品工艺、计算能力、存储带宽等方面的巨大提升。与 CPU 相比，GPU 发展更快，具有更强大的计算能力。2012 年 NVIDIA 推出开普勒（Kepler）架构。Kepler GK110 由 71 亿个晶体管组成，是当时速度最快，架构最为复杂的微处理器。GK110 应用于 Tesla K20 产品，开启了 2496 个流处理器。Kepler GK110 GPU 的核心是 SMX 单元，集成了几个架构创新，这不仅使其成为有史以来功能最强大的流式多处理器（SM），而且其省电节能特性和可编程性皆有优异的表现。

7.2.3　CUDA 与并行计算

并行计算（Parallel Computing）是指同时使用多种计算资源解决计算问题的过程，是提高计算机系统计算速度和处理能力的一种有效手段。它的基本思想是用多个处理器来协同求解同一问题，即将被求解的问题分解成若干个部分，各部分均由一个独立的处理机来并行计算。并行计算系统既可以是专门设计的、含有多个处理器的超级计算机，也可以是以某种方式互连的若干台独立计算机构成的集群。通过并行计算集群完成数据的处理，再将处理的结果返回给用户。

并行计算（或称平行计算）是相对于串行计算来说的。所谓并行计算可分为时间上的并行和空间上的并行。时间上的并行是指流水线技术，而空间上的并行则是指用多个处理器以并发的方式执行计算任务。目前常见的并行编程技术包括 MPI、并行算法（OpenMP）、开放计算语言（OpenCL）、三维图形处理库（OpenGL）、CUDA 等。

CUDA（Compute Unified Device Architecture）是由 NVIDIA 公司推出的通用并行计算架构。CUDA3.0 已经开始支持 C++ 和 FORTRAN。CUDA 是一种底层库，比 C/C++ 等高级语言及 Open CV 之类的视觉图形处理库更处于底层，是介于操作系统和上述高级程序语言及编程架构之间的一层。

在 CUDA 架构下，程序分成两个部分，即主机（host）端和设备（device）0 端，前者在 CPU 部分执行，后者是在 GPU 部分执行。具体的 CUDA 程序执行过程如下。

（1）host 端程序先将待处理数据传递进显存。

（2）GPU 执行 device 端程序。

（3）host 端程序将结果从显存取回。

CUDA 程序利用并行化来替代内存（cache），即一个线程（thread）需要等待内存时，则 GPU 会切换到另一个线程执行。CUDA 程序对于“分支预处理”的实现也是采用上述类似的方式。

7.2.3.1 建立 CUDA 编程环境

在开始尝试利用 NVIDIA 的 GPU 进行高效的 CUDA 编程前，需要搭建一个有效的编程开发环境；在软件环境配置前，需要确认目标开发机器上安装有相关支持 CUDA 的硬件。目前，CUDA 支持 NVIDIA 市面上绝大多数的显卡，包括特斯拉（Tesla）、方形区（Quadro）、精视（GeForce）等。

Tesla GPU 芯片主要用于高精度的科学计算，不提供视频输出，只是作为并行计算部件，类似 CPU 计算单元，但通常是 2 ～ 4 个 Tesla 卡组成一起，同时进行计算任务，具有高度的并行性。其计算性能比 CPU 提高 2 ～ 20 个数量级，特别适合计算量巨大的科学计算。

Quadro 卡是专业显卡，主要应用于设计图像领域，核心同普通 Geforce 游戏卡几乎相同，差别在于其驱动程序不一样，可以在一些专业软件里面提供许多加速选项，如实时渲染等。

GeForce 系列主要用于游戏图形领域。

除了硬件环境，CUDA 开发对软件环境也有相应的要求。CUDA 可以在 Windows（32/64）、Linux（32/64）、Mac OS 等大多数版本中安装。对于 Microsoft Windows 系统来说，进行 CUDA 开发的相关软件可以选用 Microsoft Visual Studio 2005 以上系列 IDE。

1. CUDA Toolkit 的安装

目前 NVIDIA 提供的 CUDA Toolkit 支持 Windows（32 bits 及 64 bits 版本）及许多不同的 Linux 版本。CUDA Toolkit 需要配合 C/C++ 编译器。在 Windows 操作系统环境下，目前只支持 Visual Studio 7.x 及 Visual Studio 8（包括免费的 Visual Studio C++ 2005 Express）。Visual Studio 6 和 gcc 编译器在 Windows 系统是不支持的。在 Linux 系统中则只支持 gcc。

下面将简单介绍在 Windows 环境下设置并使用 CUDA 的方式。其他操作系统和 IDE 的安装设置与使用方法可以参考 CUDA 相关文档进行学习。

2. 下载和安装 CUDA

在 Windows 系统下，CUDA Toolkit 和 CUDA SDK 都是使用安装程序的形式安装的。CUDA Toolkit 包括 CUDA 的基本工具，而 CUDA SDK 则包括许多示例程序及链接库。基本上要写 CUDA 的程序，只需要安装 CUDA Toolkit 即可。不过 CUDA SDK 仍值得安装，因为里面的许多示例程序和链接库都很有参考价值。CUDA Toolkit 安装完后，会默认安装在 C:\CUDA 目录里。其中包括以下 6 个目录。

- bin——工具程序及动态链接库。
- doc——文件。
- include——头文件。
- lib——链接库档案。
- open64——基于 Open64 的 CUDA 编译程序（compiler）。
- src——一些程序源代码。

安装程序也会设置如下一些环境变量。

- CUDA_BIN_PATH——工具程序的目录，默认为 C:/CUDA/bin。
- CUDA_INC_PATH——头（header）文件的目录，默认为 C:/CUDA/inc。
- CUDA_LIB_PATH——链接库文件的目录，默认为 C:/CUDA/lib。

3. 在 Visual Studio 中使用 CUDA

CUDA 的主要工具是 nvcc，它会执行所需要的程序，将 CUDA 程序代码编译可执行文件（或目标 object 文件）。在 Visual Studio 中，用户可以设定自定义生成工具（custom build tool）的方式，让 Visual Studio 自动执行 nvcc。

下面以 Visual Studio 2010 为例进行简要介绍。

（1）首先，建立一个 Win32 控制台（Console）模式的项目（project）（在应用程序设置（Application Settings）中选择空项目（Empty project），并新增一个文件，如 main.cu。

（2）在 main.cu 上右击，并选择“性能（Properties）”命令。单击“常规（General）”按钮，确定“工具（Tool）”的部分是选择“自动生成工具（Custom Build Tool）”。

（3）选择“自动生成步骤（Custom Build Step）”，在命令行（Command Line）使用以下设置。

```
Release 模式："$ (CUDA_BIN_PATH) /nvcc.exe" -ccbin
          "$ (VCInstallDir) bin" -c -DWIN32
          -D_CONSOLE -D_MBCS -Xcompiler /
          EHsc, /W3, /nologo, /Wp64, /O2, /
          Zi, /MT -I"$ (CUDA_INC_PATH) " -o
          $ (ConfigurationName) /$ (InputName) .
          obj $ (InputFileName)
Debug 模式："$ (CUDA_BIN_PATH) /nvcc.exe" -ccbin
          "$ (VCInstallDir) bin" -c -D_DEBUG
          -DWIN32 -D_CONSOLE -D_MBCS -Xcompiler
          /EHsc, /W3, /nologo, /Wp64, /Od, /Zi,
          /RTC1, /MTd -I"$ (CUDA_INC_PATH) " -o
          $ (ConfigurationName) /$ (InputName) .obj
          $ (InputFileName)
```

（4）如果想要使用软件仿真的模式，可以新增如下两个额外的设置。

```
EmuRelease 模式："$ (CUDA_BIN_PATH) /nvcc.exe" -ccbin
          "$ (VCInstallDir) bin" -deviceemu
          -c -DWIN32 -D_CONSOLE -D_MBCS
          -Xcompiler /EHsc, /W3, /nologo, /
          Wp64, /O2, /Zi, /MT -I"$ (CUDA_INC_
          PATH) " -o $ (ConfigurationName)
          /$ (InputName) .obj $ (InputFileName)
EmuDebug 模式："$ (CUDA_BIN_PATH) /nvcc.exe" -ccbin
          "$ (VCInstallDir) bin" -deviceemu
          -c -D_DEBUG -DWIN32 -D_CONSOLE
```

```
-D_MBCS -Xcompiler /EHsc, /W3,
/nologo, /Wp64, /Od, /Zi, /RTC1,
/MTd -I"$ (CUDA_INC_PATH) " -o
$ (ConfigurationName) /$ (InputName) .
obj $ (InputFileName)
```

（5）对所有的配置文件，在“Custom Build Step”的“输出（Outputs）”中加入$（配置名）（ConfigurationName）/$（输入名）（InputName）.obj。

（6）选择 project，右击选择“性能（Properties）”命令，再单击“连接器（Linker）”按钮。对所有的配置文件修改以下设置。

```
General/Enable Incremental Linking: No
General/Additional Library Directories: $ (CUDA_
LIB_PATH)
Input/Additional Dependencies: cudart.lib
```

通过以上步骤的设置后，就可以直接在 Visual Studio 的 IDE 中，编辑 CUDA 程序和直接编译生成（build）及执行程序了。

7.2.3.2 CUDA 编程架构优缺点

CUDA 是 NVIDIA 的 GPGPU 模型，它以 C 语言为基础，可以直接以大多数人熟悉的 C 语言，写出在显示芯片上执行的程序，而不需要去学习特定的显示芯片的指令或是特殊的结构。现代的显示芯片已经具有高度的可编程能力。由于显示芯片通常具有相当高的内存带宽，以及大量的执行单元，因此开始有利用显示芯片来帮助进行一些计算工作的想法，即 GPGPU。NVIDIA 的新一代显示芯片，包括 GeForce 8 系列及更新的显示芯片都支持 CUDA。

1. GPGPU 的优缺点

使用显示芯片来进行运算工作，和使用CPU相比，主要有以下3个优点。

（1）显示芯片通常具有更大的内存带宽。例如，NVIDIA 的 GeForce 8800GTX 具有超过 50GB/s 的内存带宽，而目前高档 CPU 的内存带宽则在 10GB/s 左右。

（2）显示芯片具有更大量的执行单元。例如，GeForce 8800GTX 具有 128 个“流处理器（stream processors）”，频率为 1.35GHz。CPU 频率通常较高，但是执行单元的数目则要少得多。

（3）和高档 CPU 相比，显卡的价格较为低廉。例如，目前一张 GeForce 8800GT 包括 512MB 内存的价格，和一个 2.4GHz 四核 CPU 的价格相当。

当然，显示芯片也有如下一些缺点。

（1）显示芯片的运算单元数量很多，因此对于不能高度并行化的工作，能带来的帮助不大。

（2）显示芯片目前通常只支持 32 bit 浮点数，且多半不能完全支持 IEEE 754 规格，有些运算的精确度可能较低。目前许多显示芯片并没有分开的整数运算单元，因此整数运算的效率较差。

（3）显示芯片通常不具有分支预测等复杂的流程控制单元，因此对于具有高度分支的程序，运算效率会比较差。

（4）目前 GPGPU 的程序模型仍不成熟，也没有公认的标准。如 NVIDIA 和 AMD/ATI 就有各自不同的程序模型。

总而言之，显示芯片的性质类似于流处理器（Stream Processor，SP），适合一次进行大量相同的工作。CPU 则比较有弹性，能同时进行多样性的各类型工作。

2. CUDA 编程架构

在 CUDA 的架构下，一个程序分为两个部分：host 端和 device 端。host 端是指在 CPU 上执行的部分，而 device 端则是在显示芯片上执行的部分。

device 端的程序又称为“并行核函数（kernel）”。通常 host 端程序会将数据准备好后复制到显卡的内存中，再由显示芯片执行 device 端程序，完成后由 host 端程序将结果从显卡的内存中取回。由于 CPU 存取显卡内存时只能通过 PCI Express 接口，速度较慢（PCI Express x16 的理论带宽是双向各 4GB/s），因此不能经常进行这类操作，以免降低效率。

在 CUDA 架构下，显示芯片执行时的最小单位是线程（thread）。数个 thread 可以组成一个块（block）。一个 block 中的 thread 能存取同一块共享的内存，而且可以快速进行同步的动作。

每一个 block 所能包含的 thread 数目是有限的。不过，执行相同程序的 block，可以组成格式（grid）。不同 block 中的 thread 无法存取同一个共享的内存，所以无法直接互通或进行同步。因此，不同 block 中的 thread 能合作的程度是比较低的。不过，利用这个模式，可以让程序不用担心显示芯片实际上能同时执行的 thread 数目限制。例如，一个具有很少量执行单元的显示芯片，可能会把各 block 中的 thread 顺序执行，而非同时执行。不同的 grid 则可以执行不同的程序（即 kernel）。由于显示芯片大量并行计算的特性，它处理一些问题的方式，和一般 CPU 是不同的，它的主要特点如下。

（1）内存存取延迟（latency）的问题：CPU 通常使用缓存（cache）来减少存取主内存的次数，以免内存延迟影响到执行效率。显示芯片则多半没有 cache 或很小，通常是利用并行化执行的方式来隐藏内存的延迟（即当第一个 thread 需要等待内存读取结果时，则开始执行第二个 thread，依此类推）。

（2）分支指令的问题。CPU 通常利用分支预测等方式来减少分支指令造成的流水线阻塞（Pipeline bubble）。显示芯片则多半使用类似处理内存延迟的方式。不过，通常显示芯片处理分支的效率会比较差。

因此，最适合利用 CUDA 处理的问题，是可以大量并行化的问题，这样才能有效隐藏内存的延迟，并有效利用显示芯片上的大量执行单元。使用 CUDA 时，同时有上千个 thread 在执行是很正常的。因此，如果不能大量并行化的问题，使用 CUDA 就没办法达到最好的效率。

7.3 CUDA 编程实例

7.3.1 编写第一个 CUDA 程序

CUDA 目前有两种不同的 API，即 Runtime API 和 Driver API，两种 API 各有其适用的范围。由于 Runtime API 较容易使用，下面的程序实例将以 Runtime API 为例。

先建立一个文件“first_cuda.cu”。要使用 Runtime API 时，需要用到“cuda_runtime.h”文件，也就是在程序的最前面加上下列头文件：

```
#include <stdio.h>
#include <cuda_runtime.h>
```

接下来是一个 InitCUDA() 函数，可以调用 Runtime API 中有关初始化 CUDA 的功能：

```
bool InitCUDA()
{
int count;
cudaGetDeviceCount (&count) ;
if (count == 0) {
fprintf (stderr, "There is no device./n") ;
return false;
}
int i;
for (i = 0; i < count; i++) {
cudaDeviceProp prop;
```

```
if (cudaGetDeviceProperties (&prop, i) ==
cudaSuccess) {
if (prop.major >= 1) {
break;
}
}
}
if (i == count) {
fprintf (stderr, "There is no device supporting
CUDA 1.x./n") ;
return false;
}
cudaSetDevice (i) ;
return true;
}
```

该函数会先调用 cudaGetDeviceCount() 函数，取得支持 CUDA 的设备的数目。如果系统上没有支持 CUDA 的设备，则它会返回值 1，而 device 0 是一个仿真的设备，但不支持 CUDA 1.0 以上的功能。所以，要确定系统上是否有支持 CUDA 的设备，需要对每个 device 调用 cudaGetDeviceProperties()，取得设备的各项数据，并判断设备支持的 CUDA 版本（prop.major 和 prop.minor 分别代表设备支持的版本号码，例如，1.0 则 prop.major 为 1，而 prop.minor 为 0）。通过 cudaGetDeviceProperties 函数可以取得许多数据，除了设备支持的 CUDA 版本，还有设备的名称、内存的大小、最大的 thread 数目、执行单元的频率等。详情可参考 NVIDIA CUDA Programming Guide。找到支持 CUDA 1.0 及以上的设备后，就可以调用 cudaSetDevice() 函数，把它设为目前要使用的设备。最后是 main() 函数。在 main() 函数中可以直接调用刚定义的 InitCUDA() 函数，并显示适当的信息。

```
int main()
 {
if (! InitCUDA()) {
return 0;
}
printf ("CUDA 初始化成功 ./n") ;
return 0;
}
```

这样就可以利用 nvcc 来编译（compile）这个程序了。如果使用 Visual Studio，若按照先前的设定方式，可以直接选择“编译生成项目（Build Project）”来执行编译。

nvcc 是 CUDA 的编译工具，它会将“.cu”文件分解出在 GPU 上执行的部分和在 host 上执行的部分，并调用适当的程序进行编译动作。在 GPU 执行的部分会通过 NVIDIA 提供的编译器编译成中间代码，而 host 执行的部分则会通过系统的 C++ 编译器进行编译（在 Windows 上使用 Visual C++，而在 Linux 上使用 gcc 或 g++）。编译后的程序，执行时如果系统上有支持 CUDA 的设备，应该会显示 “CUDA 初始化成功”类似的信息，否则会显示相关的错误信息。

7.3.2 CUDA 并行编程

运行在 GPU 上的 CUDA 并行计算函数称为核函数（kernel）。一个 kernel 函数并不是一个完整的程序，而是整个程序中的一个可以被并行执行的步骤。内核函数必须通过 _global_ 函数类型限定符定义，如 _global_ void kernel（void）。并且只能在主机端代码中调用，在调用时，必须声明内核函数的执行参数。现考虑给一个 n 位矢量的每一位加上一个常数。为完成此操作设计一个 add 函数，分别用 C 代码和 CUDA C 表示。

```
// 正常 C 语言版本
#define N 10
void add (int *a, int b)
 {
int index=0;
while (index<N)
 {
A [index] =a [index] +b;
Index+=1;
}
}
//CUDA C 语言版本
#define N 10
_global_void add (int*a, int b)
 {
int index=blockIdx.x;
if (index<N) a [index] =a [index] +b;
}
```

在 CPU 运行的程序中，通过 while 循环串行地给 n 位矢量每一位加上常数。值得注意的是程序中的 CUDA Kernel 函数，在实际运行时，CUDA 会产生许多在 GPU 上执行的线程，每一个线程都会去执行内核程序，虽然程序是同一份，但是因为设置了变量 blockIdx（这是一个内置变量），在

CUDA 运行中已经预先定义了这个变量，变量的值是当前执行设备代码线程块的索引，从而取得不同的数据来进行并行计算。这里考虑的实例是 10 位矢量的增量运算，当矢量的位数 *n* 远远大于 10 且进行的并不是简单的增量运算时，使用 CUDA C 就会有明显的差别。

```
int main (void)
 {
int host_a [N] ;
int *device_a;
cudaMalloc ( (void**) &device_a, N * sizeof (int) ) ;
// 在设备上分配内存
for (int i=0; i<N; i++) host_a [i]  = i; // 为数组赋值
cudaMemcpy (device_a, host_a, N*sizeof (int) ,
cudaMemcpyHostToDevice) ;
add<<<N, 1>>> (device_a, 5) ;    cudaMemcpy (host_a,
device_a, N*sizeof (int) , cudaMemcpyDeviceToHost) ;
cudaFree (device_a) ;                          // 释放内存
return 0;
}
```

在定义了 Kernel 函数后，可以在主函数中调用它。add<<<N，1>>> 表示启动了 *n* 个线程块，每个线程块中含一个线程。CPU 串行代码完成的工作包括在 Kernel 函数启动前进行数据准备和设备初始化的工作。其中 cudaMalloc() 函数用来在 GPU 设备上分配内存，第一个参数是一个指针，指向用于保存新分配内存地址的变量，第二个参数指明分配内存的大小，需要注意的是由这个内存分配函数得到的指针不能在主机内存上使用。cudaMemcpy() 通过设置参数在 CPU 和 GPU 之间传递数据。主函数先完成数组初始化的工作，再将数据传入 GPU，并行计算完成后再将结果传回 CPU。

7.4 基于 CUDA 架构的 3D 模型切片

7.4.1 CUDA 多核编程 API 简介

CUDA 的代码分成两部分，一部分在 host（CPU）上运行，是普通的 C 代码；另一部分在 device（GPU）上运行，是并行代码，称为 kernel，由 nvcc 进行编译。在一个系统中可以存在一个主机和多个设备。CPU 主要负责进行逻辑性强的事物处理和串行计算，GPU 则专注于执行高度线程化的并行处理任务（见图 7-5）。Kernel 产生的所有线程称为 Grid。在并行部分结束后，程序回到串行部分，即到 host 上运行。一个 kernel 被调用时，以并行线程的 grid 形式执行，一个 kernel 创建一个 grid。grid 中的线程被组织成两个层次，在最顶层，每个 grid 包含一个或多个线程块（thread block）。grid 中的所有 block 有相同数目的线程。每个 thread block 有一个唯一的二维坐标，由 CUDA 的特定关键字 blockIdx.x 和 blockIdx.y 指定。所有的 thread block 必须以相同的方式组织，并有相同数目的 thread。

在 CUDA 中，host 和 device 有不同的内存空间，所以在 device 上执行 kernel 时，程序员需要把主机内存（host memory）上的数据传送到分配的设备内存（device memory）上。在 device 执行完后，需要把结果从 device 传送回 host，并释放 device memory。CUDA 运行时系统（runtime system）给程序员提供了 API 做这些事情。cudaMemcpy() 函数将 host CPU 中的数据拷贝到 GPU/Device 中。cudaMemcpy() 函数可以在 CPU 和 GPU 之间进行数据拷贝，也可以在主机与主机之间、GPU 与 GPU 之间进行数据拷贝，通过设置该函数的第 4 个参数来决定进行何种操作。

cudaMemcpy() 函数原型和说明如下：

cudaMemcpy（Md，M，size，dudaMemcpyHostToDevice）——内存数据传输。四个参数分别为：指向目标数据的指针、指向源（要复制（copy）的）数据指针、要 copy 出的数据字节数、传输方式（host to host，host to device，device to host，device to device）。

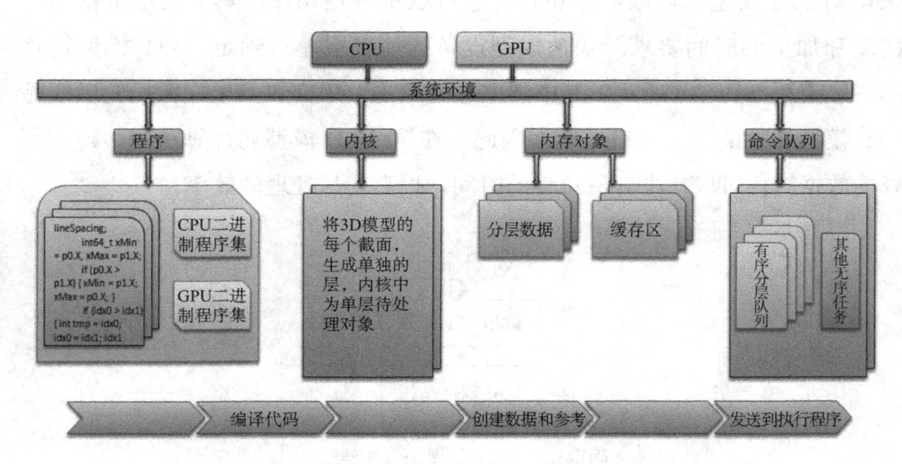

图 7-5　CUDA 多核处理编程模型

cudaMalloc() 函数负责 GPU 内存分配。其函数原型和说明如下：

```
cudaError_t cudaMalloc (void **devPtr, size_t size)
```

在 CUDA 程序中，可以将 cudaMalloc() 分配的指针传递给在 device 上执行的函数，也可以在 device 代码中使用 cudaMalloc() 分配的指针进行 device 内存读写操作。可以将 cudaMalloc() 分配的指针传递给在 host 上执行的函数，但不可以在 host 代码中使用 cudaMalloc() 分配的指针进行 host 内存读写操作。

cudaFree() 与 C 语言中的 free() 函数作用类似，用于释放 cudaMalloc() 函数分配的内存。函数原型为：cudaError_t cudaFree（void* devPtr），其中 devPtr 为指向目标设备的指针。

7.4.2 CUDA 架构模型切片处理流程

在第 6 章，已经详细讨论了 3D 模型的切片原理和部分算法。3D 打印技术中文件的切片处理过程就是用一系列平行的平面（法向一般取 z 轴方向）来切割 STL 模型，可以等距切片，也可以不等距切片，具体大小根据加工精度和加工的时间要求及快速成型设备的加工层厚来确定。STL 模型切片的一般流程如图 7-6 所示，其中建立数据结构、求交线及生成截面轮廓线是 STL 模型切片的 3 个关键环节。因此，在设计 3D 模型切片算法时，建立良好的数据结构可以减少分层过程的时间，提高切片处理的效率。

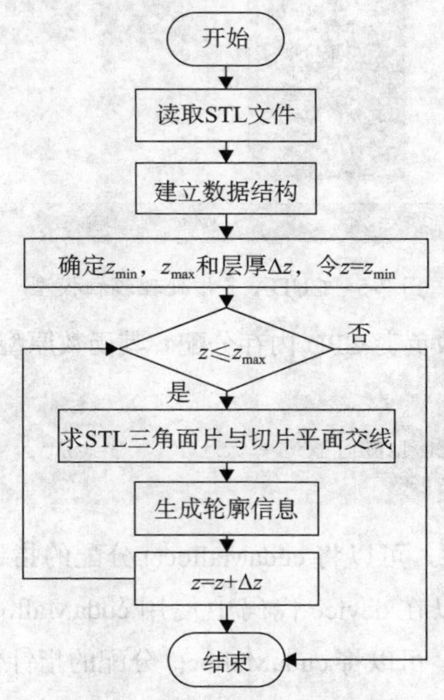

图 7-6 STL 三维模型切片算法

为了便于描述基于 CUDA 架构的模型切片技术流程，可以采用简单的直接求交线切片算法来进行 3D 模型切片。该算法首先设定目标切片层面的高度 z，计算所有三角形面片的 3 个顶点与切片面的位置关系。然后根据位置关系，求出与各个三角形与切片面的相交点，再根据交点求出所有交线并将所有交线首尾连接，形成一个闭合的轮廓线，即物体三维模型在当前层面的切片的截面轮廓。

在模型切片的过程中，最耗时的是分成和生成轮廓信息步骤，我们在引入 CUDA 编程模型后，可以将这些复杂的步骤通过 CUDA 提供的并行计算能力进行处理，从而能极大提高模型切片的整体运行速度（见图 7-7）。对于大型的复杂 3D 模型，通过服务器集群提供的 GPU 阵列的巨大计算资源，这种方式会明显提升效率。

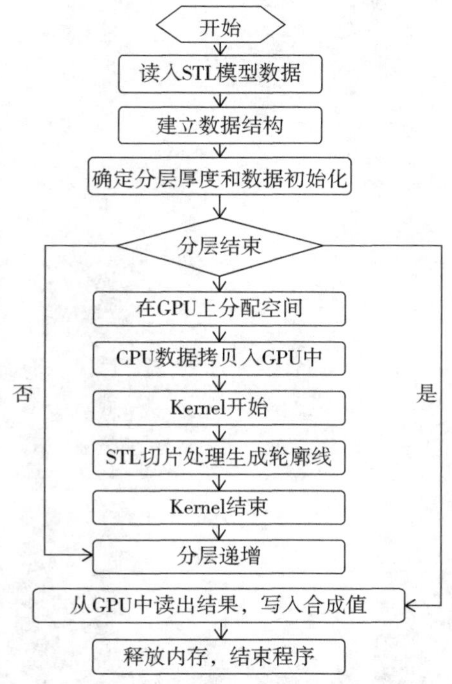

图 7-7　基于 CUDA 的 STL 模型切片算法流程

在云计算架构下，通过硬件资源虚拟化，同样也可以在云端获取强大并行计算能力，这种计算资源的优势会更显著。在这种情形下，云切片可以通过数据挖掘（MapReduce）编程模型，将切片处理的核心计算任务（Job）分解成多个数据块，每个数据块对应一个计算任务（Task），并自动调度计算节点来处理相应的数据块。作业和任务调度功能主要负责分配和调度计算节点（Map 节点或 Reduce 节点），同时负责监控这些节点的执行状态，并负责 Map 节点执行的同步控制。人们可以采用开源的分布式计算（Hadoop）架构来实现上述 3D 模型云切片的思路，前提是要将各种切片算法的核心部分分解成可并行的计算任务，这才是解决问题的关键。

第 8 章 3D 打印云平台与个性化定制

时至今日，随着 3D 打印技术的高速发展和广泛应用，让用户定制设计，按需生产成为可能。然而，要实现从创意设计到产品交付，中间要涉及很多环节，如产品数据资料的创建、材料选择、打印方式、后期处理、快递物流等。其中有一个环节出纰漏，将会直接影响最终产品的交付。如果有一个系统能完整对接上述所有重要环节，将会极大提升用户体验度，同时亦可高效整合 3D 打印行业上下游产业链，构建一个完整自洽的 3D 打印生态系统，从实质上为整个 3D 打印行业的健康有序发展提供一个很好的集成应用示范。本章将通过解析基于云计算架构的 3D 打印生态系统来深入了解 3D 打印个性化定制所涉及的如用户群体特征、市场容量、云创意中心、云制造中心及周边交易服务等各个方面。

8.1 构建 3D 打印生态云平台

8.1.1 3D 打印云生态系统

8.1.1.1 云计算技术简介

自 2006 年 8 月 Google 公司的 CEO 埃里克·施密特（Eric Schmidt）在搜索引擎大会（SES San Jose 2006）首次提出“云计算”（Cloud Computing）的概念以来，云计算在全世界范围内给信息化和计算机工业带来了新一轮创新与发展的历史机遇。

云计算并非凭空出世，是由分布式计算（Distributed Computing）、并行计算（Parallel Computing）及网格计算（Grid Computing）等技术演化而来，其历史渊源与发展源于互联网技术的广泛应用。21 世纪初期，快速崛起的 Web2.0 让网络迎来了新的发展高峰。网站或者业务系统所需要处理的业务量快速增长，例如，视频在线或者照片共享网站需要为用户储存和处理大量的数据，这类系统面临的重要问题是如何在用户数量快速增长的情况下快速扩展原有系统。随着移动终端的智能化、移动宽带网络的普及，将有越来越多的移动设备进入互联网，这意味着与移动终端相关的 IT 系统会承受更多的负载，而对提供数据服务的企业来讲，IT 系统需要处理更多的业务量。由于资源的有限性，其电力成本、空间成本、各种设施的维护成本快速上升，直接导致数据中心的成本上升，这就面临着如何有效地、更少地利用资源来解决更多的问题。同时，随着高速网络连接的衍生，芯片和磁盘驱动器产品在功能增强的同时，价格也更加低廉，拥有大量计算机的数据中心，也具备了快速为大量用户处理复杂问题的能力。在技术上，分布式计算的日益成熟和应用，特别是网格计算的发展通过互联网（Internet），把分散在各处的硬件、软件、信息资源连接成一个巨大的整体，使人们能够利用地理上分散于各处的资源，完成大规模的、复杂的计算和数据处理的任务。数据存储的快速增长产生了以谷歌文件系统（Google File System，GFS）、存储区域网格（Storage Area Network，SAN）为代表的高性能存储技术。服务器整合需求的不断升温，推动了 xen 等虚拟化技术的进步，还有 Web 2.0 的实现、软件即服务（Software as a Service，SaaS）观念的快速普及、多核技术的广泛应用等，所有这些技术为产生更强大的计算能力和服务提供了可能。随着对计算能力、资源利用效率、资源集中化的迫切需求，云计算技术应运而生。云计算是虚拟化（Virtualization）、效用计算（Utility Computing）、基础设施即服务（Infrastructure as a Service，IaaS）、平台即服务（Platform as a Service，PaaS）和软件即服务 SaaS 等概念混合演进并跃升的结果。

虽然已经在各领域有广泛的应用，但云计算目前还没有公认的定义。一般认为云计算是通过网络提供可伸缩的廉价的分布式计算能力。云计算将计算任务发布在大量计算机构成的资源池上，使用各种应用系统能够根据需要获取计算力、存储空间及各种软件服务。美国国家实验室资深科学家、芝加哥大学教授、“网格计算之父”伊安·福斯特（Ian Foster）则认为，云计算是由规模经济拖动，为互联网上的外部用户提供一组抽象化的、虚拟化的、动态可扩展的、可管理的计算资源能力、存储能力、平台和服务的一种大规模分布式计算的聚合体。无论对云计算的定义有何不同，从研究现状上看，云计算具有以下特点。

（1）超大规模（Very Large Scale）。“云”具有相当大的规模，Google 云计算已经拥有 100 多万台服务器，Amazon、IBM、微软、Yahoo 和 Alibaba 等公司的“云”均拥有几十万台服务器。“云”能赋予用户前所未有的计算能力。

（2）虚拟化（Virtualization）。云计算支持用户在任意位置、使用各种终端获取服务。所请求的资源来自“云”，而不是固定的有形的实体。应用在“云”中某处运行，但实际上用户无需了解应用运行的具体位置，只需要一台笔记本或一个其他移动智能终端，就可以通过网络来获取各种能力超强的服务。

（3）高可用性（High Availability）。“云”使用了数据多副本容错、计算节点同构可互换等措施来保障服务的高可靠性，使用云计算比使用本地计算机更加可靠。

（4）通用性（Universality）。云计算不针对特定的应用，在“云”的支撑下可以构造出千变万化的应用，同一片“云”可以同时支撑不同的应用运行。

（5）高可伸缩性（High Scalability）。“云”的规模可以动态伸缩，满足应用和用户规模增长的需要。

（6）按需服务（Service On-Demand）。“云”是一个庞大的资源池，用户按需购买，类似于自来水、电和煤气一样计费。

（7）极其廉价（Low-Cost）。“云”的特殊容错措施使得可以采用极其廉价的节点来构成云。“云”的自动化管理使数据中心管理成本大幅降低，

“云”的公用性和通用性使资源的利用率大幅提升，“云”设施可以建在电力资源丰富的地区，从而大幅降低能源成本。因此“云”具有前所未有的高性价比。因此，用户可以充分享受云计算的低成本优势，需要时，花费几百美元在一天时间内就能完成以前需要数万美元和数月时间才能完成的数据处理任务。

正是由于上述特点，云计算已经在各个不同行业领域都有广泛的成功应用。自从云计算概念被提出以来，不断有厂家推出自己的云计算平台。Google 的 GFS、Amazon 的 AWS、Microsoft 的 Azure、IBM 的 Blue Cloud、Alibaba 的阿里云及百度公司的百度云等都是典型代表，这些平台都是商业应用平台。当然，对于研究云计算技术的个人和科研团体而言，很多开源的云计算项目也可以让大家以极低的成本在由少量机器构成的集群中模拟商用云的环境，给软件研发和测试带来极大的便利。

8.1.1.2 基于云计算架构的 3D 打印生态系统

基于云计算架构的巨大优势，在构建一个新的开放式互联网系统平台时，云架构成了人们最佳的选择。除了技术优势，前期的基础设施投入减少、资源使用成本降低、产品开发上市周期缩短等因素也是人们做出选择的重要依据。

一个 3D 打印生态系统涵盖的上下游产业链一般说来包括打印机硬件、打印耗材、模型设计、服务交易、电商运营以及快递物流等。系统功能模块设计包括需求匹配系统、模型设计系统、模型处理系统、集成分布式制造系统、3D 打印服务接入系统、集成企业管理系统、数据分析增值系统、周边服务交易系统等（见图 8-1）。

接下来，就 3D 打印生态系统平台的 7 个主要的核心子系统进行阐述。

（1）在线设计中心（Online Design Center）：用户通过生态系统的在线设计中心提交自己的想法或创意的基本描述，系统将该任务对接入驻平台的设计师。设计师将根据用户描述和相关其他资料开始设计，并通过多次的交流来完善设计方案。用户登录后可查看设计的实时进展并提出相应建议。

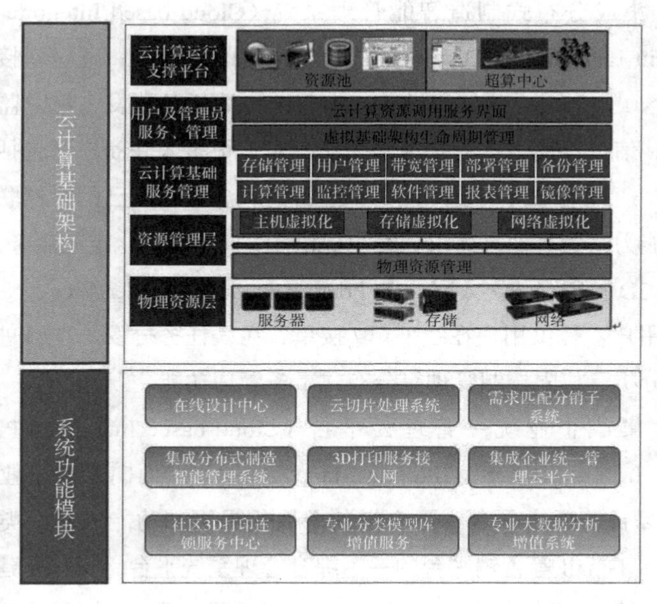

图 8-1　3D 打印云平台系统架构示意图

（2）3D 模型云切片处理系统（Cloud Based 3D Model Slicing System）：基于 3D 打印技术的分布式智能制造系统的一个重要环节是 3D 模型云切片。切片是 3D 打印处理的前置步骤，切片质量的好坏直接影响到制件或成品的精度和性能。在分布式制造的过程中，将直接使用云计算的强大而具有弹性的计算能力对用户上传的 3D 模型进行实时切片，生成轮廓和路径信息，然后将对应的 Gcode 发送至联机的目标 3D 打印机开始打印。

（3）需求匹配分销系统（Distribution System Based on Supply-Demand Matching）：3D 打印生态系统平台的主要用户包括设计师、打印服务提供商、个人或企业用户。通过该系统，用户可以和 3D 打印服务商之间进行很好地衔接，为 3D 打印服务提供商提供销售渠道。同时，系统也为有个性化定制需求的用户提供设计到制造的整体解决方案。入驻平台的设计师也可以将自己闲置的创意设计通过系统对接有需求的用户，从而实现用户想法、创意与打印实物之间的无缝对接。

（4）集成分布式制造智能管理系统（Cloud based Integrate Intelligent Management Platform for Distributed 3D Manufacturing）：通过对接分布于各不同物理区域的联机 3D 打印设备，实现统一的任务分发、集中监控、实时服务跟踪、信息反馈、进程管理等功能。对于很多入驻商户（包括企业和个人用户），通过这个云平台，以共享经济的理念，将自己的机器联机共享剩余的制造能力，为其他有需求的客户提供 3D 打印个性化定制服务。

（5）3D 打印服务接入网（3D Printing Services Provider Access Network）：面向终端用户，提供用户在线下单 / 接单、在线任务分发、项目进程管理、智能数据分析、权限控制管理等分布式事务管理功能。

（6）集成企业统一管理云平台（Cloud based Integrated Platform for Enterprises Information & Marketing Management）：面向入驻企业和加盟商户的统一综合管理云平台。用户定制个性化界面和功能模块。类似于企业 MIS 系统和 T-mall 等营销平台的一个综合管理系统平台。目标是建成一个集各种 3D 打印相关配套产品、其他商家打印机器以及 3D 打印成品的统一交易管理平台。

（7）社区 3D 打印连锁服务中心（Community 3D Printing Services Chain Business Center）：在每个有条件的社区，通过部署一定数量的机器，并联机云平台相关系统，为社区居民提供 7×24 的个性化定制 3D 打印服务。用户只需要在家通过网络下单或者用手机 APP 申请服务，就可以在相应的机器设备上取回自己的打印成品，从某种意义上完成了智能制造入户的最后一公里。

（8）专业分类模型库增值服务系统（Value Added Services System for Professionally Classified 3D Model Libraries）：为企业或其他社会机构和组织提供特色优质 3D 模型相关服务。例如，我们可以给学校等教育教学机构提供相关的各种优质 3D 打印模型，给博物馆提供各种文物 3D 复原模型和打印服务等。

（9）大数据挖掘和商业智能增值服务系统（Value Added Services System based on Big Data Mining & Business Intelligence）：与平台运营到一定阶段，海量的数据沉淀将带来另外一个契机，即大数据挖掘和商业智能服务。该服务可以为 3D 打印行业发展提供决策支持，为其他相关行业提供潜在数据分析和其他增值服务。

8.1.2 3D 打印生态系统用户群

按照需求来划分，3D 打印生态系统的用户可以分为以下 4 类。

（1）普通用户：通过系统平台获得基于 3D 打印技术的个性化定制产品或服务。

（2）模型创意设计师：具有 3D 模型设计能力和创意设计能力，欲通过生态系统平台提供创意设计整体解决方案。

（3）打印服务提供商：拥有一种或多种类型 3D 打印机，欲通过生态系统为客户提供有偿打印制造服务。

（4）3D 打印创业者：有意愿通过 3D 打印来创业，项目通过平台汇聚用户需求及提供能够直接与平台对接的云芯片机器来帮助用户一站式解决创业问题。

基于客户群的属性特点，可以将平台理解为既是一个集成 3D 创意模型设计交易的 3D 数字模型交易垂直电商平台，亦是一个汇聚优秀创意设计人员及对 3D 打印技术和服务有需求、兴趣的群体 SNS 社交网络平台，同时也是一个智能订单分发与分布式制造管理综合服务平台。通过“平台＋服务＋终端＋应用”对 3D 打印行业的垂直整合，基于云计算架构，依托互联网平台和物联网技术，构建一个 3D 打印个性化服务生态系统，从线上线下多个维度为企业和个人用户提供个性订制一体化服务。生态系统平台本质上是个性化订制服务平台、3D 打印产业相关产品的电商推广平台，同时也是 3D 打印综合服务平台和行业技术交流平台。其中核心子系统为个性化设计管理系统、分布式制造管理系统及周边服务管理系统。通过这个闭合自洽的 3D 打印个性化定制服务生态链，实现 3D 打印行业与互联网的无缝融合，从某种意义上讲，诠释了 3D 打印行业的“互联网 + 应用”。

8.2 云平台个性化定制服务系统

由于 3D 打印的技术特点和智能制造的优势，个性化定制服务成为现阶段 3D 打印技术应用的一个重要场景之一。目前，3D 打印行业市场的主要问题有如下 3 个方面。

（1）个性化需求满足率低

随着生活水平的日益提高，老百姓对生活质量要求也越来越高，使得礼品市场、纪念品市场等个性化需求日益旺盛。然而在当前条件下，这种需求很难快速得到满足。

（2）剩余小微生产力闲置率高

3D 打印技术的高速发展，使以前让人望而却步的技术和产品逐步走下神坛，走入老百姓的生活。一些超前的消费者购买了自己的桌面级 3D 打印机，可以在家实现“居家制造”，打印出喜欢的玩具和各种创意作品。然而，大部分时间这些打印机处于闲置状态。首先，3D 打印不像普通的二维打印那么简单，它需要自己制作可打印的 3D 模型，这对 3D 打印相关技术基础和知识储备有一定的要求，对很多普通用户而言这些条件是不具备的。其次，打印耗材的价格也是制约用户高频使用的一个因素。如此一来，这些 3D 打印设备就被长期束之高阁，其制造生产能力也同时被闲置。说到小微生产力，还得提到它的另外一种形式——创意设计能力。目前，众多设计师在工作时间外也有同样的创意设计能力，但是苦于没有一个合适的、可持续性的提供作品和创意有效市场化的途径。

（3）特殊结构工艺零部件生产难

对于很多结构工艺复杂的零部件产品，例如，在一个闭合的球体里面套装另一个结构，在传统的切、削、锻等工艺下无法完成此类制造。如果采用

3D 打印工艺，这根本不是问题。另外，对于很多产品设计生产一般需要手板验证这一步骤。但是如果用开模的方式，价格不菲，而且周期相对较长，这对企业而言不是好的选择。

综上所述，要解决 3D 打印行业市场上的这些问题，人们需要构建一座桥梁，以最优的方式去弥合这些本可以无缝对接的鸿沟。3D 打印云平台的个性化服务中心就是这座桥梁（见图 8-2）。它以“共享”为标签、以融合为目标，汇聚优质创意和集成的分布式小微生产力，以共享经济（Shared Economy）的模式，从线上线下多个维度，为企业和个人用户提供高质量的个性化定制服务。

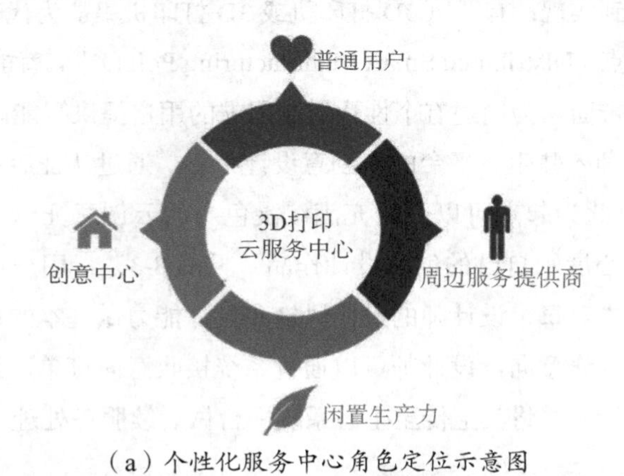

（a）个性化服务中心角色定位示意图

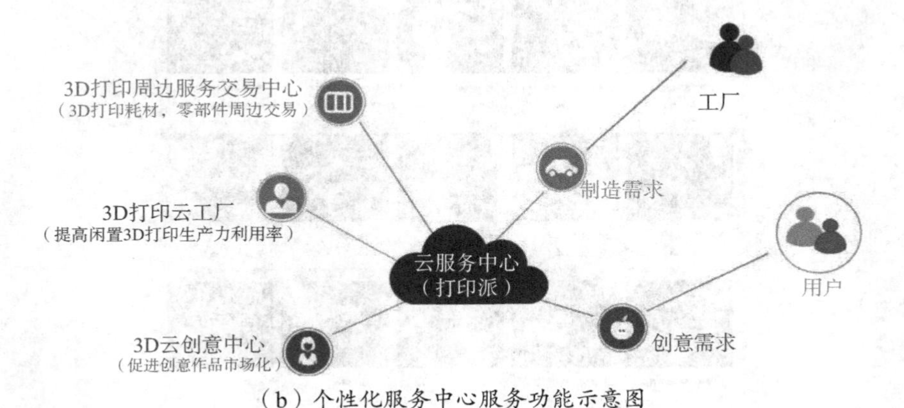

（b）个性化服务中心服务功能示意图

图 8-2　3D 云平台个性化服务中心架构示意图

8.2.1 云创意设计中心

一方面，每个人都具有创新的能力，在这个云平台上，一个人即使不具备 3D 建模的技能，但只要有产品设计的创意，就可以通过与设计师沟通，设计出自己想要的数字模型，并通过 3D 打印机制造出来；另一方面，这个平台必须能够保证设计师有持续的盈利渠道，唯有如此，方可让设计师的创造力、创意思维源源不断地发挥出来。一旦解决了上述问题，互联网与制造业就可以彻底打通。有了完善的设计师平台，在人群聚集的互联网上，创新思想就可以得到实现；有了以 3D 打印机或 3D 打印机集群为代表工具的“分布式智能制造点（Distributed Smart Manufacturing Point）”，就能以“制造点”为核心，以点带面，为周边有个性化定制需求的用户提供智能制造服务。

创意设计师入驻生态平台的云创意设计中心，通过认证后将获取一个唯一识别 ID，以此为起点可以开始充满浪漫色彩的云创意征途。每个设计师可以在创意中心展示自己的创意设计作品（见图 8-3），用户可以通过这些展示作品，首先对每个设计师的设计风格和设计能力做基本的评估，然后据此达成潜在的合作意向。设计师可以通过系统接收意向订单，开始用户定制作品的创意设计，并将其上传至生态系统平台做后续服务处理。

图 8-3 创意设计中心作品展示

这种将创意设计服务与分布式制造服务相结合的方式，会形成一种全新的设计师对用户（Designer to User）商业模式。即线上的设计师直接与用户对接，从而省去大量的中间环节，提高产品生产效率，减小产品生产周期，降低整体生产成本，同时极大提高用户的满意度。

8.2.2 云打印中心

很多 3D 打印服务提供商都想买最好的机器来提供优质服务，以期在即将兴盛的个性化定制生产市场占有一席之地。然而到目前为止，由于各方面的原因，很多价值百万、千万的设备使用率极低。因此，如何让设备、知识、经验等资源通过互联网平台进行分享，甚至通过这种方式来扩展业务渠道已成为亟待解决的问题。对工业生产而言，一家 3D 打印企业不能提供所有材料及所有产品的打印。然而，通过互联网这个便捷工具，使用者可以找到适合自己的生产者，生产者也可通过业务开发的形式找到匹配的使用者。云打印中心的设计理念恰好契合此种需求，将碎片化的客户个性化制造需求和闲置的分布式生产力通过互联网云平台进行无缝对接，打破原有业务的边界，以共享经济的理念和运作模式对 3D 打印行业本身的商业形态做探索性的升华。

3D 打印完整的云打印包括模型云报价、云切片、3D 打印管理、3D 打印机打印、打印成品完成等一系列过程。云打印中心由云报价系统、云切片系统、分布式 3D 打印管理系统三部分组成。

云报价系统（见图 8-4）负责对用户上传的模型文件进行信息提取，计算打印材料耗费量，根据打印用户选择填充率、打印材料给出打印报价，同时根据用户所处位置对云打印中心的服务商进行筛选，推荐价格低、位置最优，且满足打印精度及材料要求的 3D 打印服务商。云报价系统是云服务的核心功能之一，其目标是让用户足不出户便可买到价格低、速度快、质量优的服务或商品。

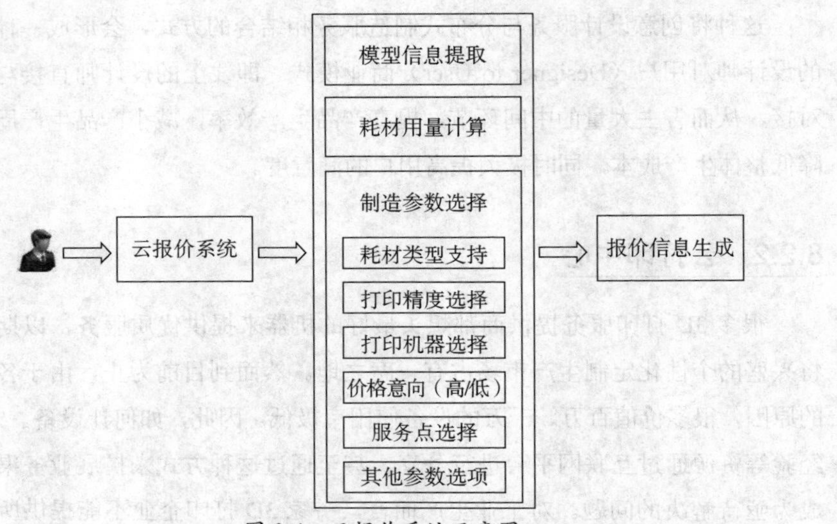

图 8-4　云报价系统示意图

云切片系统负责将数字模型文件转化为机器可读代码（Gcode）。由于入驻的 3D 打印机型号多样化、控制芯片多样化、打印精度多样化、支持文件格式多样化，增加了云切片系统的复杂性。云切片系统需预读取机器的接口、支持格式、打印精度、打印材料等信息，将这些信息应用到云切片转化系统，并进行压缩，通过云端以打印指令形式发送到入网的 3D 打印机。

分布式 3D 打印管理系统负责入网机器信息核实、任务指令发布、打印进程跟踪等。当打印服务提供商联机生态云平台时，入网机器信息核实就已经完成。一旦用户完成在线订单支付，分布式 3D 打印管理系统就会收到来自订单管理系统的订单确认信息，分布式 3D 打印管理系统会及时将订单加入到打印队列发布打印指令。由于 3D 打印机在打印的过程中难免会出错，从而影响到打印管理系统的工作效率，因此，它需要及时反馈设备的打印状态，确保打印过程顺利进行。当发生打印错误时，系统会发送出错警示信息到服务商手机或移动终端并采取措施制止错误继续。

如果 3D 打印产品本身与大数据平台相对接，会产生更大的价值。一旦形成以大数据平台为基础的 3D 打印分布式制造模式，将会对以下两个方面产生颠覆性的影响。

（1）传统电商产业的冲击

现有的电商运营模式是在网上促成用户交易，然后通过物流快递将产品发售到用户手中。而未来，分布式制造方式，虽然不能达到人手一台 3D 打印机的程度，但人们居住周围的分布式智能制造点，可以就近提供相应的订购产品。用户只需在线下单，就可以在分布式智能制造点的计算机里选择数字模型，并将其打印出来。按照美国目前“每 4km 范围内有一台 3D 打印机”的普及程度，在中国这种人口密集的国家，分布式智能制造点在同等密度下，其辐射区域服务承载力将会更高。可以预见，在具有超前感的制造方式的影响下，未来电商的作用会大幅减小，只需销售 3D 打印技术无法完成的产品，而物流的作用，更多的体现在对 3D 打印耗材的配送上。

（2）改变制造模式和就业模式

从政治经济学的角度来看，现有的资本主义生产关系的实质是以生产资料私有制为基础的雇佣劳动制度。资本家占有生产资料，包括土地、厂房、机器设备、工具、原料等，由被雇佣的劳动者付出劳动获得薪酬。分布式制造方式的重要意义在于，生产工具（3D 打印相关设备）不再被少数资本家独占，每个个体劳动者在无需巨额资本的前提下皆可拥有生产工业化产品的能力和创新创意的能力。这些分布式的小微生产力通过参与智能制造的过程，从而从某种程度上消除了资本垄断带来的某些不公平的社会特征。改变制造模式和就业模式是对传统工业化大生产（特别是劳动密集型制造业）的重要破突，将会极大地提升人类社会的生产力，改变当前的产业结构甚至社会结构。

8.2.3 周边服务交易中心

周边交易服务中心为 3D 打印行业企业搭建功能全面的网上营销平台，促进行业人士之间的交流，使整个产业链各个环节的沟通简化，从而节省企业的营销和物流成本。周边交易服务中心（见图 8-5）涵盖 3D 打印整个产业链上的整机制造商、耗材制造商、零配件制造商。它将为普通消费者、DIY 爱好者等不同用户提供专业的评测与导购服务。

图 8-5　周边交易服务中心

周边交易服务系统是生态系统平台的有机组成部分，其重要性主要体现在对其他几个如分布式云制造等重要子系统的支撑辅助上。而且 3D 打印产业的发展在很大程度上得益于周边交易服务的繁荣。

8.3　分布式云打印与个性化定制

8.3.1　3D 打印与个性化定制

8.3.1.1　个性化市场趋势分析

随着基于网络的各种新技术的迅猛发展，个性化定制行业不断兴盛，将更大地改变消费者的消费模式和消费理念。个性化定制是一个新兴的产业，也是一种新的经济模式。据美国一家权威调研机构报告中所提及的“改变未来的十大科技”，其中“个性化定制”被排在首位，该判断来自于市场的变化趋势。两个因素导致消费者的产品需求出现差异，一是消费者分化，二是消费者收入水平和价值判断出现差别。迎合消费者的商家正在个性化上倾注心思，以满足消费者需求。个性定制富有特色是不容置疑的，不仅可以做出独一无二的礼物，并且很多人把它誉为“益智工具”。对儿童来说，设计制作是一个智力开发的过程，可让儿童尽情发挥，这是儿童综合表现的一个良机，不仅能发挥和提交儿童各方面的能力，还能让他们乐在其中。对于成年人来说，设计制作可以更加充分地把创意与艺术结合，在个性化的同时又深具内涵。

个性定制行业被誉为朝阳蓬勃的产业，众多创业者均选择这块国内尚处空白的行业，同时大量 VC 也把眼光投入到这个热门产业，但是真正能够做大做强的却寥若晨星。在未来的几年内，乘着互联网高速发展的东风，个性定制行业会坐拥最鼎盛、成熟而庞大的市场。届时，它不仅影响生活、工作，还会是时尚消费基地，更会成为 SOHO 一族和创业投资者的首选，并长期被看好。个性定制行业深受创业者投资者青睐的原因，除了极具前景，低门槛加入也是重要因素之一。就好像网上开店一样，目前，国内可以供大家免费开店的平台有很多，以淘宝、拍拍等平台为代表，只要用户注册并且通过认证就可免费开店，轻松创业。淘宝的先行免费模式，掀起了网上开店创业潮，短时间内就构成庞大的购物平台。巨大的交易，不仅推动了网络零售业，而且带动了物流业的发展，对整个国民经济的发展做出了巨大的贡献。从此，中国网购企业重新洗牌，格局一再改变，整个市场在频频受挫中大浪淘沙，逐步走向一个新的格局。

8.3.1.2 个性化定制商品的市场容量

中国礼文化历史悠久。走户串门，礼尚往来是中国传统，老百姓都会相互送礼，但是越来越多的人发现所送礼品多为超市买来的大众货。年年如此送礼，送的人觉得缺乏新意，也很难尽心意；受礼者有时觉得礼品太俗，但又不好拒绝，弄得双方心里尴尬。人们对个性化定制礼品需求越来旺盛，个性化定制礼品市场容量越来越大。个性化定化制商品市场包括以下 6 方面内容。

（1）学生个性化礼品市场

学生是最大的个性化产品消费群体，只要是新奇的东西，他（她）们就会一见钟情，10 ～ 20 元的消费对于他（她）们来说并不是问题。据统计，一个中等水平城市的中学生每人每年用于个性化饰品和同学之间赠送礼品的花费不下 180 元，发达城市和大学生则更高。而一个 30 万人口的中小县城，青少年、学生约有 5 万多名，每人每年消费 180 元的市场容量接近 1000 万。这就是“满城尽是礼品屋”能生存赚钱的奥秘所在。

（2）生日个性化礼品市场

十三亿中国人，生日送什么礼才能显得与众不同，让对方铭记在心，确实是件令人头疼的事。虽然大街上隔几百米远就有一家礼品店，但商品基本雷同，没有新意。如果能够按照自己的意愿加工一件独一无二的生日礼品，将会非常惬意。

（3）情侣个性化礼品市场

为了给恋人一个惊喜，情侣们想尽办法在特定的日子里送给恋人一件与众不同的礼物。此外，结婚纪念品也必不可少。由此衍生出一个永无饱和的情侣用品市场，而且需求量逐年递增。

（4）商务个性化礼品市场

商务礼品的需求范围之大远超我们的想象，各种开业剪彩、周年庆典、会议纪念、厂庆校庆、楼宇开盘、博览会、洽谈会、招商会、体育赛事、颁奖会、文艺晚会等一年到头接连不断。奖牌、会议纪念礼品的差异化市场可想而知。

（5）童年个性化礼品市场

人生最值得回忆的莫过于童年，而能反映童年真实生活唯一的物品就是影像。全国 3 亿多儿童，而且每年新生婴儿 2000 万左右。孩子是家长的掌上明珠，能为孩子留下一件恒久不变的珍贵纪念品，是每个做父母的心愿。

（6）旅游个性化礼品市场

旅游热盘活了影像市场和旅游纪念品市场。旅游归来，收获最多的就是照片和各种纪念品。每个景点每天要售出数以万计的各类纪念品，如果能批量生产各种图文并茂的纪念品，专门供应景点的售货摊位，销量可想而知。

综上所述，中国生日礼品市场总额约为 1800 亿元，一个 10 万人口的小县城就蕴藏着千万元级别的市场；还有 2500 亿的情侣礼品市场，3000 亿左右的益智产品市场，以及 1200 亿的卡通动漫市场等。所有市场容量综合将是一个巨大的商机。

8.3.1.3 3D 打印生态系统的个性化服务流程

一个完整的 3D 打印生态系统包括模型创意设计、模型切片、产品打印、成品后期处理和产品交付递送等一系列过程。在这个生态链里，每个中间环节都可以有机会从市场角度切入。其中无打印模型构成的市场就由云平台提供的模型创意交易系统切入；对于产品外包制造市场，云平台提供的在线打印分布式管理系统正好顺势而为。

通过线上平台收集碎片化的用户 3D 打印需求，并通过创意设计管理子系统与分布式制造服务管理子系统生成服务订单，与此同时，通过 3D 打印云芯片的智能区域定位和数据分析功能快速地与分发服务无缝对接，从而解决用户的个性化定制服务需求。

著名的 3D 打印云平台打印派（http://www.dayinpai.com）提出了一个具有代表性的 3D 打印个性化服务基本流程，如图 8-6 所示。

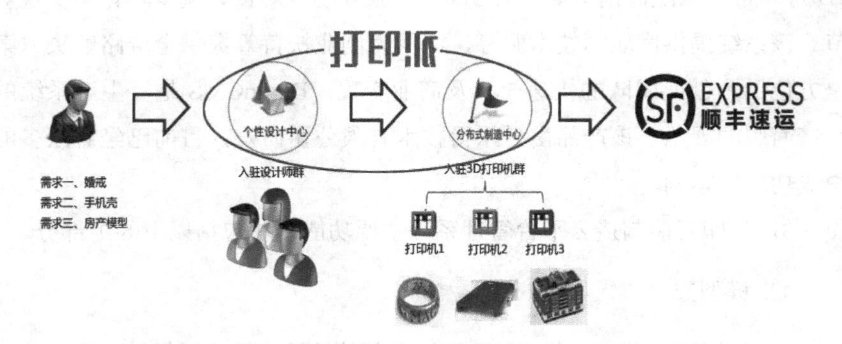

图 8-6 3D 打印个性化服务基本流程示意图

在打印派模式下，用户通过平台提出的个性化制造需求首先到达创意设计中心，中心入驻的设计师群通过任务分发接收意向订单，然后开始根据客户需求进行创意设计。创意设计完成后，三维数字模型传送至分布式智能制造中心。制造中心入驻的打印机群通过集成管理系统进行的任务分发获取打印任务，并开始个性化产品制造。制造完成后的成品将通过物流管理系统快递到终端客户。

3D 打印生态系统的发展策略应该是面向数字创意和个性化定制服务市场，以及行业专业 3D 打印市场，立足生态平台建设和客户资源累积，构建一个闭合的 3D 打印个性化定制服务完整生态平台，打破跨产业间的新边界，重新定义个性化服务的功能，衍生新的商品形态和服务。未来，通过平台沉淀的海量用户数据，利用商业智能（Business Intelligence）、数据挖掘（Data Mining）、机器学习（Machine Learning）、深度学习（Deep Learning）等大数据分析手段实现附加的商业价值。

8.3.2 3D 打印智能制造云平台管理系统简介

3D 打印智能制造云平台管理系统（简称 DayinCMS）（见图 8-7），是一款基于 3D 打印提供个性化制造的移动互联网应用系统，集 PC Web、安卓 APP、苹果 APP、微信等四大主流平台于一身，能够帮助企业和个人快速构建 3D 打印 O2O（线上到线下）服务体系，体系涵盖了模型设计、打印服务、3D 打印机及零配件销售等所有 3D 打印服务场景对接、流量转化与变现等环节。该系统提供优质的技术服务，以及为创业扶持等提供全链路解决方案，全方位助力创业团队的快速成长及商业变现。DayinCMS 是云生态系统的一个精简版的展示，该产品由科乐得技术有限公司研发，目前已经有众多的客户成功应用案例。

3D 打印智能制造云平台管理系统主要功能模块包括以下 8 个部分。

1. 模型交易

（1）模型下载，提供 10 万左右的模型资源供免费下载。

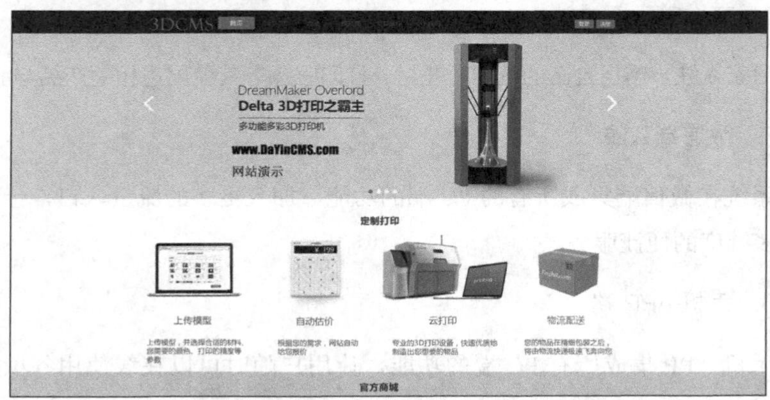

图 8-7　3D 打印智能制造云平台管理系统（DayinCMS）

（2）设计师申请并通过认证后，皆可成为驻站设计师，发布自己设计的模型，或有偿提供其他设计服务。

2. 在线定制打印

用户上传模型，选定耗材种类、颜色，提交打印服务订单，管理员后台查看订单，确认是否接单。

3. 云数据处理

（1）模型转换为图片。用户上传的模型，系统自动转换为 png 或 jpg 格式的图片。用户不用下载即可查看模型内容。

（2）模型在线展示。用户上传的模型，系统自动转换为可在线浏览的格式，同时配合在线 3D 模型展示系统，实现模型在线查看。

4. 系统估算模型价格

DayinCMS 为国内第一家模型云报价系统。在线计算用户上传的模型价格，让在线询价从此变得更轻松。

5. 物流管理系统

用户可及时查看每个订单的物流状态、物流到达时间等信息。

6. 商城管理系统

商家入驻，销售自己的机器、耗材、打印服务等其他周边相关产品与服务。

7. 微信端系统

系统在微信端集成所有的 PC 端的功能，加入更多的流量入口，让用户享受多维度的便捷服务。

8. 手机 APP 端

手机 APP 集成所有 PC 端的功能，让用户随时可以在线使用各项功能服务。

DayinCMS 官方网址为：http://www.dayincms.com/。

3D 打印智能制造云平台管理系统详细系统功能描述如表 8-1 ～表 8-4 所示。

表 8-1 用户端（Web 网站）

用户群	说明
用户群（Web 网站）	
普通用户	任何用户都可以注册平台，购买模型设计、打印服务
设计师	将自己的设计能力分享出来，转化为收益
DIY 爱好者	购买 3D 打印机整机、零配件、耗材、模型服务
3D 打印机厂商	购买 3D 打印机耗材、模型服务，增加机器销售渠道
3D 打印耗材厂商	购买 3D 打印机整机、模型服务，增加 3D 打印耗材销售渠道

续表

功能	说明
用户端（Web 网站）	
用户中心	用户注册，修改个人资料
模型售卖	设计师上传模型、设定价格或积分，普通用户下载或购买模型
商城交易	普通用户购买 3D 打印机整机、零配件、耗材，查看自己订单物流及支付订单状态，结单之后评论
新闻浏览	用户按照管理员设定分类浏览新闻，并给予评论点评
在线定制	用户上传模型，选定耗材种类、颜色，提交打印服务订单

表 8-2　云服务器端（大数据处理）

功能	说明
云服务器端（大数据处理）	
模型转图片	系统对用户上传的 STL 模型进行处理，读取模型信息，生成模型截图及在线三维展示效果
模型在线制作	为用户提供在线模型设计工具，实现云端设计服务
模型在线估价	系统读取用户上传模型内容，根据选择耗材种类颜色等参数，计算模型体积 / 打印时间 / 耗费材料重量
模型数据采集	提供国内外 3D 模型 100 万模型下载、翻译入库服务

表 8-3　商户后台（Web 网站）

功能	说明
模型设计师后台（Web 网站）	
模型订单查看	查看模型销售订单详细情况
模型订单处理	设计师问题服务订单执行取消等处理
模型评价管理	设计师对购买用户评价管理

表 8-4　系统管理后台（Web 网站）

功能	说明
订单管理	
模型订单	汇总平台内所有模型服务订单，管理所有模型订单状态
打印服务订单	处理用户打印服务的所有订单，物流快递信息更新
商城订单	处理商城内打印机、耗材等订单状态、物流快递信息更新

续表

功能	说明
模型管理	
模型审核	对所有用户上传的模型进行审核
模型推荐	筛选用户上传的优质模型，在网站重要位置显示
模型积分管理	用户下载模型积分策略管理
模型评论	对用户评论进行删除 / 修改
新闻管理	
分类管理	无限级新闻分类、增加、删除、修改、排序
文章发布	授权网站工作人员进行文章发布、修改、推荐
新闻评论	对用户评论进行删除 / 修改
在线打印服务管理	
价格设置	设定耗材、颜色对接打印服务价格、发货时间、物流费用
订单处理	接到的订单进行确认、拒绝、售后处理
物流状态	查看发货订单物流最新状态
用户管理	
用户审核	对最新注册的用户进行审核，信息确认
用户编辑	更新用户信息
用户权限分配	按照设定的等级，对用户进行权限分配
订单管理	
模型订单	汇总平台内所有模型服务订单，管理所有模型订单状态
打印服务订单	处理用户打印服务的所有订单，物流快递信息更新
商城订单	处理商城内打印机、耗材等订单状态，物流快递信息更新

DayinCMS 系统目前的成功应用案例主要是部分 3D 打印服务提供商和教育科研机构及部分中小型 3D 打印行业创业公司。他们通过部署该系统对自己现有的3D打印资源（包括硬件资源和软件模型资源等）进行有效的管理，并提供相关的综合性特色服务。DayinCMS 系统采用模块化设计，用户可根据自身的情况和实际需求来选择功能模块。基础版本可免费提供给用户，而其他高级功能和特色定制功能需要支付一定费用。

第 9 章
工业 4.0 与 3D 打印

3D 打印技术发展到今天，其意义已经不仅仅局限于一个行业的技术进步，而是从多个维度以其自身的优势对传统的其他诸多行业进行了渗透，并产生颠覆性的影响，对工业领域也不例外。智能制造将是制造业发展的必然趋势，是传统产业转型升级的必然方向。“工业 4.0”的概念最初形成于德国学界和产业界，如今已风靡全球，成为投资者耳熟能详的热词。“工业 4.0”时代的盛宴，3D 打印技术作为一个重要角色无疑不会缺席，它完美地契合了“工业 4.0”制造智能化、资源效率化和产品人性化的理念。本章将对“工业 4.0”概念本身及其与 3D 打印技术的重要关系做一简要剖析。

9.1 工业 4.0 概述

9.1.1 “工业 4.0”概念的由来

近年来，工业界一直处于一场重大而根本性的技术变革之中。这一具有重大意义的变革，在德国被称之为“工业 4.0”（Industry 4.0）。“工业 4.0”是德国联邦政府教研部与经济技术部在 2013 年汉诺威工业博览会上提出的概念。它描绘了制造业的未来愿景，提出了继蒸汽机应用、规模化生产和电子信息技术等三次工业革命之后，人类将迎来以信息物理融合系统（Cyber-Physical Systems，CPS）为基础，以生产高度数字化、网络化、机器自组织为标志的第四次工业革命（见图 9-1）。信息物理融合系统是一个综合计算、网络和物理环境的多维度复杂系统，通过 3C（Computing、Communication、Control）技术的有机融合与深度协作，实现大型工程系统的实时感知、动态控制和信息服务。CPS 实现计算、通信与物理系统的一体化设计，可使系统更加可靠、高效、实时协同，具有重要而广泛的应用前景。

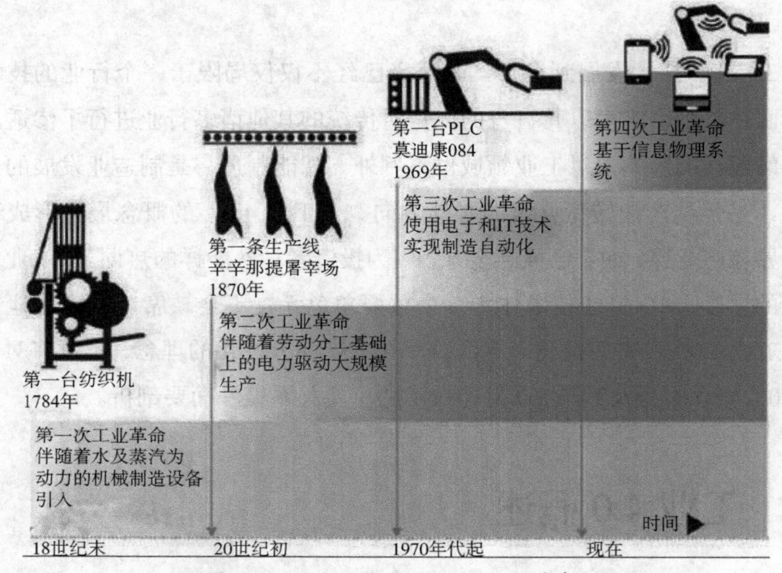

图 9-1　人类历史上的四次工业革命

CPS 系统概念示意图如图 9-2 所示。CPS 类似于物联网（Internet of Things，IOT），它们有相同的基础架构。不过，CPS 较之于 IOT，在物理层和计算单元之间体现出更高的组合与协调能力。

信息物理融合系统（CPS）的概念首先在美国被提出。2006 年年底，美国国家科学基金会（National Science Foundation，NSF）宣布该系统为美国科研核心课题。CPS 系统的演化可以上溯至嵌入式系统，随后发展为智能型嵌入式系统、智能合作性嵌入式系统、成体系系统，直至信息物理融合系统。所以，在有些场合，信息物理融合系统也被称为“智能技术系统”。

“工业 4.0”的概念在欧洲乃至全球工业业务领域都引起了极大的关注和认同。西门子公司作为德国最具有代表性的企业及全球工业业务领域的创新先驱，也是“工业 4.0”概念的积极推动和实践者。

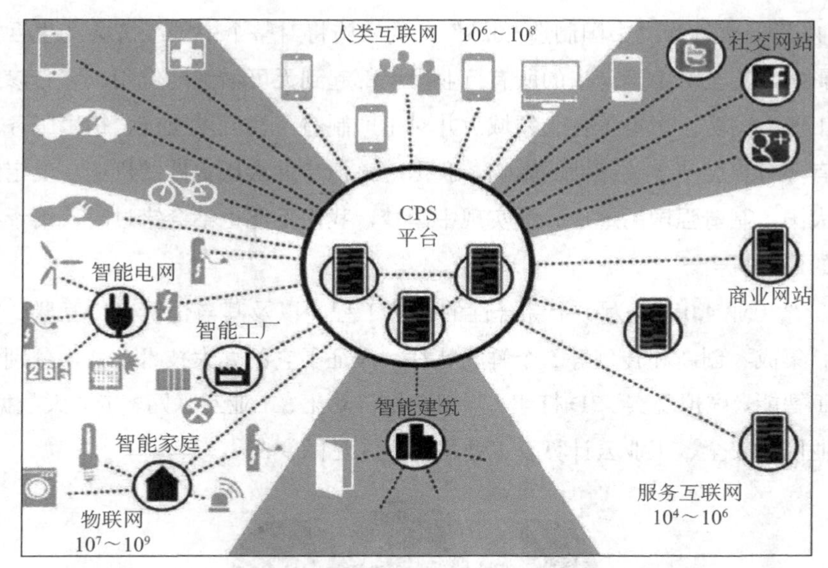

图 9-2 信息物理融合系统（CPS）概念示意图

9.1.2 “工业 4.0”的核心技术与行业影响

基于上面的论述，可以看出，“工业 4.0”从本质上而言是产业互联网，是一场时代的革命，是科技进步达到一定程度自然衍生出的一种综合技术形态，同时亦是对现有诸多领域和商业模式及制造模式和工业生态链的一种颠覆和自我颠覆。“工业 4.0”作为人类有史以来最重要的一次技术革命，它的缘起和快速发展见证了社会生产过程中的自动化到互联网化直至万物互联所经历的所有技术变迁。特别是在当下最流行的热门词汇“互联网 +”与“工业 4.0”有天然的密切相关性。我国工信部部长苗圩曾经表示：“互联网 +”是一个很大的概念，“互联网 + 社会”就变成社会信息化，“互联网 + 环保”就可以绿色化发展。但是，最具备条件的，还是“互联网 + 先进制造业”，这将成为“互联网 +”最先突破的一个领域。

从字面上可以看出，“工业 4.0”这个概念的核心是对目前传统制造业的一个全方位的产业升级和模式颠覆。中国是个制造业大国，中国版本的“工业 4.0”（也称为“中国制造 2025”）的实施将对整个中国经济会产生巨大的影响，甚至对中国未来的所有行业发展都起到无可估量的作用。它会渗透到工业、国防、军事等各个领域，并对生产制造、物流供应链、销售服务等所有环节都会产生关键性的影响。我国应该抓住这次历史性的机遇，奠定制造大国、制造强国的地位。为实现中国梦，我们不能也不会错过时代给予我们的最好机会。

“工业 4.0”作为一个综合性的系统工程，以及其与生俱来的互联、数据、集成、创新和转型等 5 个鲜明特征，表征了它的九大技术支柱，分别为人工智能、虚拟现实、3D 打印、知识工作自动化、工业互联网、工业大数据、工业网络安全、工业云计算及工业机器人（见图 9-3）。

图 9-3 “工业 4.0”九大核心技术支柱

1. 工业互联网（Industrial Internet of Things）

随着信息技术的发展，工业自动化突破局域网的限制，将企业信息化系统延伸到互联网，实现了基于互联网的第五代工业自动化技术——工业互联网技术（Industrial Internet of Things，IIoT）。IIoT 由机器、设备、集群和网络组成，能够在更深层面和大数据分析结合，是全球工业系统与高级计算、分析、传感技术及互联网的高度融合。它通过智能机器之间的连接，最终将人机连接，结合软件和大数据分析，重构全球工业，激发生产力。

工业互联网的终极目标就是利用互联网技术打造一个产品的全生命周期的管理平台。工业互联网也是工业 4.0 的核心基础，有无处不在的传感器，这些传感器进行互联后就形成了大量的数据，然后回到数字中枢，进行数据的清洗、整理、挖掘、数据再增值。过去的大数据在服务业企业运用比较多，工业企业很多数据没有被完全挖掘出来，现在一个新的市场正在形成，就是通过工业互联网形成的大量数据，重新产生价值。

当前，国际上对工业互联网的研究主要有 3 个标准，即 Wireless Hart、ISA100.11a 及 WIA-PA 标准。我国对工业互联网的研究也十分活跃，中科院沈阳自动化所牵头制定了 WIA-PA 标准，使我国在工业无线标准的领域里占据一席之地。清华大学、哈尔滨工业大学、西北工业大学、东北大学及北京科技大学等都在工业互联网的领域中做出了大量的研究成果。IIoT 的核心是信息的融合与分析、技术管理的输出与共享、企业内部资源和外部资源的整合。这种全新的战略执行层面的架构，将从根本上重写现代经济的底层。

2. 工业云计算（Industrial Cloud Computing）

云计算是互联网大脑的中枢神经系统。在互联网虚拟大脑的架构中，互联网虚拟大脑的中枢神经系统是将互联网的核心硬件层、核心软件层和互联网信息层统一起来，为互联网各虚拟神经系统提供支持和服务。从定义上看，云计算与互联网虚拟大脑中枢神经系统的特征非常吻合。在理想状态下，互联网的传感器和互联网的使用者通过网络线路和计算机终端与云计算进行交互，向云计算提供数据，并接受云计算提供的服务。

工业云计算通常指基于云计算架构的工业云平台和基于工业云平台提供的工业云服务，涉及产品研发设计、实验和仿真、工程计算、工艺设计、加工制造及运营管理等诸多环节。工业云基于云计算技术架构，使工业设计和制造、生产运营管理等工具更加大众化、简洁化、透明化。工业云计算服务可大幅提升工业企业全要素劳动生产率。

虚拟化技术是云计算平台的主要技术支撑。工业云计算平台对虚拟计算环境进行动态评估，并基于计算系统虚拟化技术实现在线迁移、动态扩容。一部分集群中部署虚拟化中间件，以此为基础按需动态地构建虚拟计算节点，形成虚拟计算资源，由虚拟机管理模块统一管理。另一部分集群中直接安装仿真分析等高性能工程计算软件，在上面部署监控代理，形成物理计算资源，由管理模块统一管理。服务化中间件根据需要，既可以部署到物理计算节点上，又可以部署到虚拟计算节点上，为部署和监控工具软件的接口服务和仿真分析等软件的计算提供服务。

工业云计算体系架构（见图 9-4）分为基础设施即服务层（IaaS）、平台即服务层（PaaS）、软件即服务层（SaaS），以及面向工业制造领域的行业应用云服务（如焊接云、切削云、磨削云、精加工云等）。基础设施即服务层（IaaS）涵盖了基础设施和基础服务。基础设施包括计算资源、存储资源、设计资源、仿真资源、生产资源、试验资源、管理资源、集成资源及能力资源等，体现为制造资源和制造能力两种形态。基础服务包括基于基础设施之上的服务，通过感知、虚拟化、服务化中间件而全面整合资源层所提供的基础设施，通过资源管理和协同中间件为上层的资源提供重要支撑服务，如数据存储服务、计算服务、负载管理服务、备份服务等。平台即服务层（PaaS）基于相关工业云计算 API，提供服务发布、智能匹配、协同整合、运行容错、交易管理、监控评估等各项核心功能。平台基于高效能工业云计算服务，实现独立完成某阶段制造任务、协同完成某阶段制造任务及协同完成跨阶段制造任务等。

3. 工业大数据（Industrial Big Data）

工业大数据是一个全新的概念，从字面上理解，工业大数据是指在工业领域信息化应用中产生的大数据。随着信息化与工业化的深度融合，信息技术渗透到工业企业产业链的各个环节，条形码、二维码、射频识别（RFID）、工业传感器、工业自动控制系统、工业物联网、ERP、CAD/CAM/CAE/CAI 等技术在工业企业中得到广泛应用，尤其是互联网、移动互联网、物联网等新一代信息技术在工业领域得到广泛应用，工业企业也进入互联网工业的新发展阶段，工业企业所拥有的数据也日益丰富。工业企业中生产线处于高速运转，由工业设备产生、采集和处理的数据量远大于企业中计算机和人工产生的数据，从数据类型看也多是非结构化数据，生产线的高速运转对数据的实时性要求也更高。因此，工业大数据应用所面临的问题和挑战并不比互联网行业的大数据应用少，某些情况下甚至更为复杂。

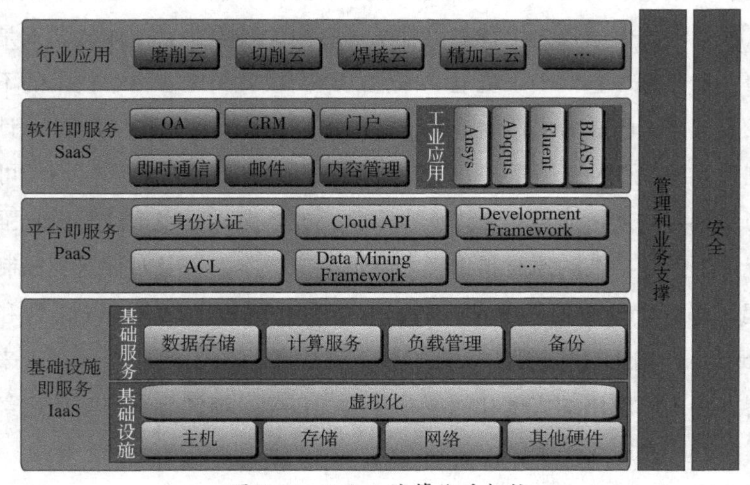

图 9-4 工业云计算体系架构

未来所有的企业都会变成数据企业，未来是一个从 IT（Inforamtion Technology）到 DT（Data Technology）转变的时代。工业大数据在整个工业 4.0 里也是至关重要的技术领域，现在的美国硅谷，以及德国很多新的工业大数据公司，提供工业数据的分析、采集服务，而这些工业数据会被保存在云端。通过对工业大数据的分析，可以监测机器的运行状况，提升机器的整体运行效率。工业大数据的应用，将引领工业企业走进创新和变革的新时代。通过互联网、移动物联网等带来的低成本感知、高速移动连接、分布式计算和高级分析等功能，信息技术和全球工业系统将进行深入融合，给全球工业领域带来巨大的变革，也会对创新企业的研发、生产、运营、营销和管理方式等各个方面带来深刻的影响。工业大数据的典型应用包括产品创新、产品故障诊断与预测、工业生产线物联网分析、工业企业供应链优化和产品精准营销等诸多方面。

4. 工业机器人（Industrial Robot）

工业机器人是集机械、电子、控制、计算机、传感器、人工智能等多学科先进技术于一体的现代制造业重要的自动化装备，它涉及机械工程学、电气工程学、微电子工程学、计算机工程学、控制工程学、信息传感工程学、声学工程学、仿生学及人工智能工程学等多门尖端学科。工业机器人是机器人学的一个分支，它代表了机电一体化的最高成就。随着科学技术的不断发展，工业机器人已成为柔性制造系统（FMS）、自动化工厂（FA）、计算机集成制造系统（CIMS）的自动化工具。广泛采用工业机器人，不仅可提高产品的质量与数量，而且对保障人身安全，改善劳动环境，减轻劳动强度，提高劳动生产率，节约原材料消耗，降低生产成本，以及对促进我国制造业的崛起，都有十分重要的意义。2015 年 6 月，阿里巴巴（Alibaba）和富士康（Foxconn）集团共同投资了日本一家做服务机器人的公司。在未来，工业机器人在工厂应用的广度和深度非常大。东莞、浙江等部分省市已经提出“机器换人，政府给予奖励”。

美国是工业机器人的诞生地，基础雄厚，技术先进。现今美国有一批具有国际影响力的工业机器人供应商，如美国机器人（American Robot）、艾默生工业自动化（Emerson Industrial Automation）等。德国工业机器人的数量占世界第三，仅次于日本和美国，其智能机器人的研究和应用在世界上处于领先地位，德国的库卡机器人（KUKA Roboter Gmbh）公司是世界上几家顶级工业机器人制造商之一。世界上的机器人供应商分为日系和欧系，瑞典的 ABB 公司也是世界上最大机器人制造公司之一。日系是工业机器人制造的主要派系，其代表有 FANUC、安川、川崎、OTC、松下等国际知名公司。我国工业机器人起步于 20 世纪 70 年代初期，经过 20 多年的发展，大致经历了 3 个阶段，即 70 年代的萌芽期、80 年代的发展期和 90 年代的适用化期。目前，我国研制的工业机器人已达到工业应用水平。现在，我国更加重视机器人工业的发展，已有越来越多的企业和科研人员投身于工业机器人的研发之中。工业机器人作为最典型的机电一体化数字化装备，技术附加值很高，应用范围很广。作为“工业 4.0”的重要分支和先进制造业的支撑技术，以及信息化社会的新兴产业，工业机器人将对未来生产和社会发展起越来越重要的作用。

5. 3D 打印（3D Printing）

3D 打印是“增材制造（Additive Manufacturing）”的主要实现形式，是制造业领域正在迅速发展的一项新兴技术，被称为“具有工业革命意义的制造技术”。运用该技术进行生产的主要流程是：首先应用计算机软件设计出立体的加工样式，然后通过特定的成型设备（俗称“3D 打印机”），用液化、粉末化、丝化的成型材料逐层“打印”出产品。作为一种综合性应用技术，3D 打印综合了数字建模技术、机电控制技术、信息技术、材料科学与化学等诸多方面的前沿技术知识，具有很高的科技含量。

在工业领域，工业级 3D 打印机可以打印出汽车、航天等需要的零部件，有效地规避了传统零部件研发测试过程中高投入和长耗时的弊端。如汽车制造前期的零部件研发测试阶段，只是一个小批量生产过程，3D 打印可以缩短开发周期、降低研发成本的快速成型要求，以便能够及时对关键的零部件进行可行性测验和调整。3D 打印以一种成本有效的方式规避了传统零部件研测高投入和长耗时的弊端。

3D 打印技术作为一种新兴技术，目前并未形成完整的产业链，技术研发等方面均需要政府加大支持力度，各方面发展还有待进一步提高。2015 年 2 月 28 日，工信部、发改委、财政部联合发布《国家增材制造产业发展推进计划（2015—2016 年）》（简称“《计划》”）。《计划》就总体要求、具体推进计划、政策措施三方面对 3D 打印技术发展做出指示，要求各地工业管理、发展改革、财政等部门要加强沟通、密切配合，切实做好有关指导和服务工作。3D 打印技术发展已经成为全球时代发展的焦点，在迎接“工业 4.0”全面到来的大背景下，我国 3D 打印行业面临着前所未有的机遇。

6. 知识工作自动化（Knowledge Task Automation）

知识工作自动化就是可执行知识工作的智能软件系统，其主要实现技术包括知识自动化技术、工程中间件技术、智能规划技术、流程驱动技术、系统集成技术等。

工业自动化就是以工业生产中的各种参数为控制依据，实现各种自动化过程控制。工业自动化通常由自动化系统和各个延伸于生产环节的自动化设备、仪表、工业控制阀等经过组合后安装、调试而成。在整个工业生产中，尽量减少人力的操作，从而能充分利用人力以外的能源与各种资讯进行组织生产工作，即称为工业自动化生产，而使工业能进行自动生产的过程称为工业自动化。

在工业领域，知识工作自动化能将工业技术进行数字化表达和模型化，并将其移植到工程中间件平台，以便驱动各种软件、硬件和设备，从而完成原本需要人去完成的大部分工作，将人员解放出来去做更高级、更具创造性的工作。同时，知识自动化还能通过对企业历史数据和行为数据的深度挖掘，利用机器学习技术把经验性知识显性化和模型化表达，进而实现工程技术知识的持续积累，实现工业技术驱动信息技术，信息技术促进工业技术的双向发展。这对于建立数字化的工业技术体系，以及促进工业化与信息化深度融合具有十分重要的战略意义。所以，知识工作自动化在被视为国内制造业突破口的同时，更应当被视为知识表达和知识智能的一次重要变革。目前为止，只有知识工作自动化第一次实实在在地将知识直接输出成为生产力，实现了人与机器的重新分工。未来社会是一个知识工作者联合作战的时代，知识工作者的工作会变得更加自动化，这是一个数万亿的新兴市场。

7. 工业网络安全（Industrial Network Security）

在现有的企业级的网络安全架构下，企业防火墙等措施具有一定的防范效果和安全指数。而工业生产中的信息安全问题需要考虑的是与办公室网络完全不同的系统框架。在“工业 4.0”中，从生产设施到产品都会纳入互联网中，这将遇到前所未有的安全挑战。在工业生产环境里，过去的数据是基于 PC 和 PC 的互联，而在未来则是机器与机器之间的互联。这不仅存在不同接口之间的兼容性问题，更重要的是这些数据保存在云端，数据之间的安全防范性变成至关重要的选择。所以，工业网络安全是“工业 4.0”技术里面一个非常重要的环节。

“工业 4.0”会带来价值生产链条的互联，跨越多地点，融合不同的装备、机器人、系统部件及传感器内部微型计算机的生产网络将被搭建起来。生产链条中各要素相互交换数据，从而检索设备和各部件的工作状态，优化工作流程，分配设备的使用。不过，将互联网通信融入工业生产中，安全风险也与之俱增，可能会出现针对生产网络的新型恶意病毒。这些病毒可以秘密监视生产系统的参数，远程操控不够安全的机器，攻击控制系统以致程序瘫痪。因此，“工业 4.0”智能网络需要特殊的保护措施、高端的网络技术，以及有效的检测手段来侦测安全漏洞并及时修复。目前国内针对工业控制网络的防护标准尚未成型，公安部同有关部门也在制定计算机信息系统安全等级的划分标准和安全等级保护的具体办法。在国际上，美国在 2007 年颁布的化学设施反恐标准（Chemical Facility Anti-Terrorism Standards，CFATS）（该标准由美国国土安全部颁布），以及 2008 年颁布的美国化学反恐怖主义法（US Chemical Anti-Terrorism Act）针对化工设备安全做了强制要求。

8. 虚拟现实（Virtual Reality）

虚拟现实（Virtual Reality，VR）是利用电脑模拟产生一个三维空间的虚拟世界，为使用者提供关于视觉、听觉、触觉等感官的模拟，让使用者有身临其境般感受，可以及时且没有限制地观察三维空间内的事物。这一技术的应用可以大大增强人机交互技术，可很大程度提升用户的体验感，进一步增强产品的竞争力。“工业 4.0”时代又叫智能制造时代。其中，虚拟现实技术（VR）及增强现实技术（Augmented Reality，AR）作为一种全新的人机交互方式亦可被广泛应用于工业生产中。虚拟制造技术是以虚拟现实和仿真技术为基础，对产品的设计、生产过程统一建模，在计算机上实现产品从设计、加工和装配、检验、使用，实现产品整个生命周期的模拟和仿真。

在技术不断发展的今天，越来越多的行业用到虚拟现实技术。在城市规划、旅游景观、医学、娱乐、教育、军事与航天、室内设计、房产开发及工业仿真等皆有 VR 技术的广泛应用。就工业设计领域中，它的出现完全颠覆了以往的产品单一的表现形式。让用户感受到产品栩栩如生地呈现在面前，不但冲击着人们的视觉，更让人有身临其境之感。Alibaba 已启动的“Buy+计划”就是一个非常典型的 VR 应用实例。

在国外，西方发达国家和日本，虚拟现实技术已经有了近 30 年的研究和使用。国内的虚拟现实技术也有十多年的研究和应用，尤其在国防的航空工业和相关院校，比如国防科技大学、北京航空航天大学等。虚拟现实技术应用已经走过了只被高端国防工业和高等院校使用和研究的阶段，已经开始越来越多地被应用于民用项目和其他民用行业。新的虚拟现实公司的不断涌现，新的应用方向和市场也在被不断探索和开拓，经济效益不断提高，产值不断扩大。

虚拟现实与网络通信及多媒体技术的结合，是传统信息技术的突破，是一项发展中的、具有深远的潜在应用方向的新技术。网上互动虚拟世界是人类社会信息时代的发展方向，是各个行业未来信息化的必然目标。互动的网络虚拟现实技术将改变人们的思维方式，改变人们对世界、自己、空间和时间的看法。我们正在经历人类历史上规模最大的移民，即从现实到虚拟世界，而虚拟现实的产生无疑加快这一进程，也是历史发展大势所趋。

9. 人工智能（Artificial Intelligence）

在“工业 4.0”时代，人工智能（AI）将成为主角。人工智能是对人的意识、思维的信息过程的模拟，它是用于模拟、延伸和扩展人的智能的理论、方法、技术及应用系统的一门新的技术科学。人工智能是计算机科学的一个分支，它企图了解智能的实质，并生产出一种新的能与人类智能相似的方式做出反应的智能机器，该领域的研究包括机器人、语言识别、图像识别、自然语言处理和专家系统等。人工智能从诞生以来，理论和技术日益成熟，应用领域也不断扩大。

当前，全球范围内人工智能产业化应用蓬勃发展。谷歌、IBM 等国际巨头纷纷抢滩布局人工智能产业链，力图掌握人工智能时代的主动权。而未来人工智能技术将进一步推动关联技术和新兴科技、新兴产业的深度融合，推动新一轮的信息技术革命，成为经济结构转型升级的新支点。百度公司现在把未来战略压在两个点上：一个是建立人和信息的连接，另一个是人工智能。科大讯飞股份有限公司也将整个业务范围布局于人工智能上。人工智能是一个万亿级的市场，在作为高新科技发展标杆的硅谷，很多人工智能的公司在陆续产生。过去是人来操作机器，机器智能化后，机器可以主导、指挥生产，人工智能将对世界产生巨大改变。人工智能的发展将会给人们的生活生产带来极大改变，在信息化技术的支持下，“工业 4.0”与人工智能将碰撞出不一样的火花。

在未来的“工业 4.0”时代，软件重要还是硬件重要？这个答案非常简单，即软件决定一切，软件定义机器。所有的工厂都是软件企业，都是数据企业，所有工业软件在“工业 4.0”时代都是至关重要的，所以说软件决定一切。这一轮的工业革命是由科技革命导致的，在我国的“互联网”里，“工业 4.0”是“互联网”的一个组成部分，“互联网 + 制造”就是德国版的“工业 4.0”，也就是“中国制造 2025”。“工业 4.0”这条路刚开始，但给了人们大概的方向，未来企业会变成数据的企业、创新的企业、集成的企业、不断快速变化的企业。对于整个制造业来说，这是一个巨大的颠覆，称之为工业革命是毫不为过的。

上述 9 个对“工业 4.0”系统提供支撑的技术群基本涵括了目前世界上主流的先进技术和在未来相当长一段时间内持续发展和升华的科技方向。而且，这九大支柱技术衍生出来的无数商机将引领无数商业公司取得巨大的成功，从而对整个社会的固有业务生态和社会生活方式产生难以估量的实质性影响。

9.2　3D 打印技术在工业 4.0 中的重要作用

2016 年 8 月 18 日召开的《中国制造 2025》城市试点示范新闻发布会上，

工业和信息化部（简称“工信部”）正式宣布，首个试点示范城市宁波正式批复实施。这意味着《中国制造 2025》试点示范城市工作的全面推进和正式启动。为深入贯彻落实《中国制造 2025》，充分发挥各地方在推动制造业转型升级的积极性和主动性，形成国家和地方共同推进制造强国建设的良好局面，工信部组织开展了《中国制造 2025》城市试点示范工作。工信部表示，开展以城市（城市群）为载体的《中国制造 2025》试点示范工作是创建有利于制造业转型升级生态环境的重要探索，是推动《中国制造 2025》系统落地的重要抓手，有利于调动地方实施主动性和创造性，探索新常态下制造业转型升级的新模式、新路径，共同推动《中国制造 2025》系统落地，并通过示范推广进而带动全国其他地区实现制造业提质增效、由大变强。据悉，《中国制造 2025》试点示范城市不设具体数量目标，开放式申请。截至目前，全国已有 30 个城市提出创建示范城市，工信部正在组织审核方案，将采取成熟一个启动一个，有序推进。

“中国制造 2025”这一概念在 2014 年 12 月首次被提出，2015 年 5 月国务院正是印发《中国制造 2025》直到上文提及的 2016 年 8 月国家首个试点城市正式被批复，仅仅用了一年多时间。对于这一国家层面上的重大战略部署，其受重视程度可见一斑。“工业 4.0”或者说《中国制造 2025》从一开始就承载了中国由“工业大国”向“工业强国”转变的伟大梦想。中国的“智造未来”，谁来眺望星空？“工业 4.0”散发出的耀眼光芒，指引着人们期待远景光明的未来。

“工业 4.0”对未来社会生产模型的描述也与寄予太多期望的 3D 打印联系在一起。“工业 4.0”的逻辑是用来描述第四次工业革命的，描绘由智能制造主导的工业社会，其外在的表现形式是智慧工厂、智慧生产与智慧物流。清晰勾勒“工业 4.0”主导下未来工业愿景的主线，需要分解“工业 4.0”的概念及其如何对商业流程和价值流程转变。“工业 4.0”描绘了制造业的未来愿景，提出继蒸汽机的应用、规模化生产和电子信息技术等三次工业革命后，人类将迎来以信息物理融合系统（CPS）为基础，以生产高度数字化、网络化、机器自组织为标志的第四次工业革命。工业革命是利用信息物理系统（Cyber Physical Systems，CPS）将生产中的供应、制造、销售信息数据化、智慧化，最后达到快速、有效、个人化的产品供应。“工业 4.0”包含了由集中式控制向分散式增强型控制的基本模式转变，目标是建立一个高度灵活的个性化和数字化的产品与服务的生产模式。在这种模式中，传统的行业界限将消失，并会产生各种新的活动领域和合作形式。创造新价值的过程正在发生改变，产业链分工将被重组。“工业 4.0”旨在提升制造业的智能化水平，建立具有适应性、资源效率及人因工程学的智慧工厂，在商业流程及价值流程中整合客户及商业伙伴。“工业 4.0”是大数据革命、云计算、移动互联时代背景下，对企业进行智能化、工业化相结合的改进升级，是中国企业更好地提升和发展的一条重要途径。由上述对于“工业 4.0”的简要描述，可以看出其真正的核心逻辑在于：“工业 4.0”是生产的高度数字化、网络化、机器自组织——利用网络整合机器、仓储系统和生产设施；“工业 4.0”是生产中的供应、制造、销售信息数据化、智慧化；“工业 4.0”是在商业流程和价值流程中整合客户及商业伙伴；“工业 4.0”是传统行业界限或将消失的产品与服务生产模式；“工业 4.0”是工业生产智能化、信息化升级的途径。

“工业 4.0”的 3 个核心构成分别是智慧工厂、智慧生产与智慧物流。在社会生产的整个系统中，这些重要环节的智能化，加速了社会发展的速度，提高了整个社会生产运营体系的总体效率。从技术层面对现有的基础设施、生产系统和物流系统做了无差别整体覆盖。

基础设施——“智慧工厂”：网络化分布生产设施，使生产系统及过程智能化（可视化、数字化）。

生产系统——“智慧生产”：通过智能化的生产系统及过程，对企业原材料、仓储、加工、零部件及组装、仓储系统进行智能化、可视化监控，从而优化人机互动的流程及 3D 技术的应用。

物流系统——“智慧物流”：整合物流及快速服务匹配，在商业伙伴及市场（客户）上迅速获得物流支持。

在进行未来生产的模型前，还是要回到3D打印的主题。有关“工业4.0”中提到的3D技术的应用，是智能生产的一部分，三维可视化为机器自组织提供了技术支持，但它和3D打印有一定的区别。“工业4.0”描绘的对现有制造业、工业的升级改造过程，同时为建立未来3D打印生产模型奠定基础。升级改造的智能工业是向3D打印天然的智能化生产模式的过渡。

智能制造的时代已经开始到来，3D打印技术如何更好与工业4.0结合，与智能制造结合是我们亟待解决的问题。3D打印技术诞生于上世纪80年代，初期主要以模型打印为主。发展到现阶段，已经能够打印制造高精度、功能性产品，并在航空、医疗等领域得到广泛应用。很多专家认为，3D打印技术是最能创造奇迹和神话的技术，同时也是最有发展前景的技术之一，这正是我国在各种政府指导性文件中屡次提及3D打印的重要原因。3D打印技术的发展绝不能仅仅依靠自身的积累和完善，与其他相关技术集成发展或融合发展是一种必然的趋势。未来的发展是在“工业4.0”智能制造的时代背景下，将3D打印技术与物联网、大数据、云计算、机器人、智能材料等其他诸多先进技术结合，成为若干智能制造平台的一个重要组成部分，云计算3D打印制造时代将全面到来。制造业智能化的未来，可以把它描述为没有边界的生产。未来的智能生产，联系上述种种信息技术的应用，或许可以发现，在信息技术支撑下，未来将实现向“工业强国”的转变，这也将为中国“工业4.0”的美好愿景做一个重要的注脚。

第 10 章 3D 打印技术应用展望

2016 年 8 月 8 日，国务院印发了“十三五”国家科技创新规划，该规划主要明确了“十三五”时期科技创新的总体思路、发展目标、主要任务和重大举措。该规划是国家在科技创新领域的重点专项规划，是我国迈进创新型国家行列的行动指南。在这个规划中，至少有八处提到了“增材制造”（3D 打印）技术。从某种意义上讲，一个上升到国家关注层面的技术，其未来发展前景是无限广阔的。3D 打印将在未来各个方面快速渗透、高速发展，从而产生一种对现有诸多商业模式和生活方式的根本性颠覆。本章将从几个不同的行业角度来阐述 3D 技术的实际应用及对社会发展的潜在巨大影响。

10.1 3D 打印技术应用

10.1.1 3D 打印时代的生活

一个人的日常生活涉及最多的无非是衣食住行这 4 个方面，3D 打印技术的迅猛发展，使它在这 4 个方面的应用成为可能。目前，3D 打印已经进入 2.0 时代，能够打印出人们需要的功能性产品。随着 3D 打印技术的不断发展与材料技术的进步，产品打印制造成本会越来越低，同时打印速度将越来越快。未来的生活中，使用 3D 打印技术的各种机器设备将会和其他家用电器一样成为一个家庭的标配。

在穿着方面，采用 3D 打印技术制作各类衣服已经成为可能（见图 10-1）。在服装设计中，3D 打印技术可以被用在那些漂亮且独具功能的部分。在巴黎时装周上，人们已经可以看到 3D 打印的身影了，2013 ～ 2014 高级女装秋冬时装秀场上，荷兰 80 后年轻设计师艾里斯·范·荷本展现了一组运用 3D 打印和激光切割等高新技术设计制作的作品。然而，由于服装的产品形态、所用原料、使用要求与其他产品大不相同，其有着极为鲜明的行业特点，因此对 3D 打印技术也有不同的要求。这些要求主要体现在服装打印原材料、打印设备以及与之配套的 3D 人体测量、服装 CAD、相关服装数据库等方面的技术突破和创新升级。对于 3D 打印服装的前景，从市场角度来分析，对服装的社会化制造和个性化生产有很大的需求，前景乐观、潜力巨大。从产品供给方面分析，服装制造业近年来致力于产业转型升级，高新技术普遍应用，3D 人体测量技术、大规模定制技术、敏捷制造技术、一次成型技术等初见成果，形成了相当的应用基础。总之，3D 打印技术这种颠覆性的生产方式将会对服装业产生巨大变革，影响服装数字化的未来走向，并给服装行业带来无限可能。

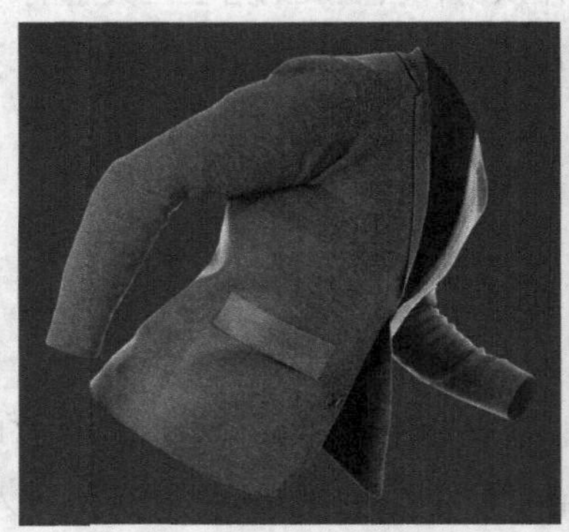

（a）3D 打印编织材料男士外套

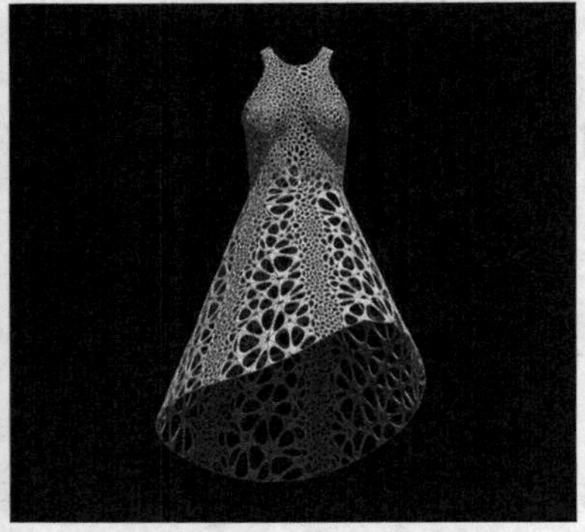

（b）3D 打印塑料材质女裙

图 10-1　应用 3D 打印技术制作的各式服装

在家具领域，3D 打印特异造型产品的发展空间十分广阔。近日，北京一家公司开发出了一款适合家具行业的大型 3D 打印机——碳纤维 3D 打印机。这套设备已经打印出造型艺术品、家居、室内外异型造型品等。有了这款 3D 打印机，家具不仅是可以坐的椅子，可以放东西的桌子，更是艺术品，还体现了主人的文化品位和生活格调。软装设计、装饰装修、展会布展领域的人士看到这样的异形体，同样感觉耳目一新。有工程装饰行业人士表示，这种 3D 打印碳纤维的加工方式，降低了家具行业的成本，造型创新不再受制于传统的加工工艺而得到突破，开辟了家具行业的全新领域。图 10-2 展示了一款碳纤维 3D 打印机制造出来的作品。

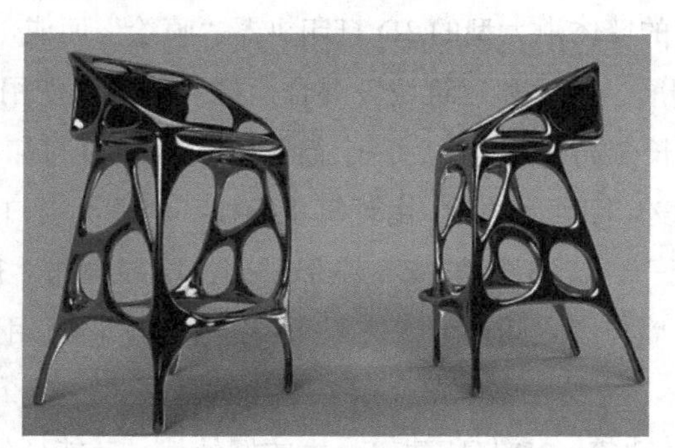

图 10-2　3D 打印创意造型碳纤维座椅

2014 年，在巴黎举办的创客嘉年华上，一家名为 Drawn 的公司展示了他们全 3D 打印的家具，以及打印这套家具的 3D 打印机。该公司的最终目标是推出自己的 3D 打印家具产品线，并开办工作坊，指导人们如何设计并打印自己的家具，最后让艺术家和设计师使用该公司的服务，打印出自己设计的家具。Drawn 公司成立于 2012 年，他们在投资者的帮助下设计了一台称之为“葛拉蒂（Galatea）”的机械臂 3D 家具打印设备，该设备能打印全尺寸的通用家具，如图 10-3 所示。

（a）用于家具制造的 3D 打印设备 Galatea

（b）Galatea 打印出来的部分家具

图 10-3　Drawn 公司的家具打印设备和部分产品展示

除了家具，房子或别墅也可以通过 3D 打印搭建起来。虽然听上去不可思议，然而现实中已经有相当多的成熟应用案例。2015 年，数栋使用 3D 打印技术建造的建筑在苏州工业园区亮相，吸引了众多媒体的关注。这批建筑包括一栋面积约 1100m^2 的别墅、一栋 5 层居民楼和移动简易展厅等（见图 10-4）。建筑的墙体由大型的 3D 打印机器“喷绘”而成，使用的“油墨”则是由少量的钢筋、水泥和建筑垃圾混合而成。该建筑使用的 3D 打印机高 6.6m，宽 10m，长 32m。占地约为一个篮球场大小。3D 打印机开始“打印”时，根据计算机设计图纸和方案，由计算机操控一个巨大喷口喷射出“油墨”，喷头像奶油裱花一样，油墨呈“Z”字形排列，层层叠加，很快便砌起了一面高墙。之后，墙与墙之间还可像搭积木一样垒起来，再用钢筋水泥进行二次“打印”灌注，连成一体。据介绍，采用这种技术，在 24 小时内即可打印出 10 幢 200m^2 建筑。3D 打印建筑最大的好处就是节能环保、节省原材料。这批建筑的墙体是普通水泥的 5 倍，而且是中空结构，有利于保温。目前国家相关机构正在筹划制定 3D 打印建筑的国家标准，让 3D 打印建筑各项指标都有“规”可依，有“标”可循。

图 10-4　3D 打印技术建造的别墅

随着“微信运动”等类似活动的风靡，许多跑步爱好者都在寻求一款既舒适又轻盈，还具有极佳减震效果的跑鞋。知名运动鞋品牌锐步（Reebok）运用动态捕捉系统、大数据分析和 3D 打印技术，经过不断测试，终于推出了这样一款全新的跑鞋——Reebok ZPrint（见图 10-5）。锐步跑步产品设计师借用动态捕捉系统，记录多位跑者每次着地时产生的数据，运用这些海量的数据由计算机运用繁杂的物理定律进行演算，最终生成跑鞋鞋底的原始模型，在 3D 打印技术帮助下，根据即时反馈，快速重塑原始模型，为跑步者制作精确切割的 ZPrint 跑鞋中底。经过精确切割的中底被分成多个不同的小模块，能够完美应对穿戴者足部不同的着力点，在运动过程中，不同模块可相互响应与调整，从而带来一种灵敏且精确的动态减震效果，完全满足了跑步爱好者们的需求。

图 10-5　3D 打印跑鞋 -ReebokZPrint

在出行方面，3D 打印也开始进入汽车制造市场。近期，在北美的车展上，来自美国马萨诸塞州的 LocalMotors 汽车设计公司向人们展示了世界上第一辆 3D 打印汽车 Strati（见图 10-6）。这辆汽车制造时间约为 44 个小时，其最大的创新在于制造人员只需要拼接 40 个零件就能完成，而传统当下汽车制造业需要涉及 2 万多个零部件。Strati 预计最高时速可达 40 公里 / 小时，一次完整充电可行驶 120 ～ 150 英里。

中国人对美食的追求乃自古以来的传统，一部《舌尖上的中国》解构了中华饮食文化的精致和源远流长。作为未来主打科技之一的 3D 打印当然不会缺席这场依然精彩的盛宴。随着人们生活水平的日益提高，对品质的追求成为刚需。私人定制作为一种展现个性化风格的标签，其需求在人们日常生活的各方面已然开始井喷。如服装鞋帽、首饰、玩具、美容保养、家具房屋及人们的一日三餐饮食等莫不如此。

图 10-6　世界首款 3D 打印汽车 Strati

食品的私人定制除了传统的方式（也就是根据自己的口味需求，让特定的厨师为客户精心准备制作），在普通家庭，采用 3D 打印技术来实现不失为一个令人怦然心动的选择。3D 打印食品，可让人们的口味从此自己定制，自己创意。3D 食品打印机目前已经涵括了人们日常饮食的很多类别，如煎饼、巧克力、蛋糕、披萨、冰激凌、糖果、咖啡、花生酱等。ChefJet Pro 3D 打印机是世界上第一台专业食品 3D 打印机（见图 10-7（a）），可实现大幅面全彩打印。这款打印机让厨师和调酒师可充分发挥他们的烹饪创意，打印出史无前例的形状和结构。从蛋糕雕花到格子托盘都是 3D 打印而成。

3D 打印食品的原理，与通常的 3D 打印没有区别，除了打印材料和部分工艺有所不同。例如，网云三维科技股份有限公司的煎饼打印机（见图 10-7（b）），就是通过自己绘图设计出煎饼的样式，然后将样式 3D 格式文件上传到目标打印机器，通过控制芯片将食品原材料以层层叠加的方式“画”出来，实现“画饼充饥”。

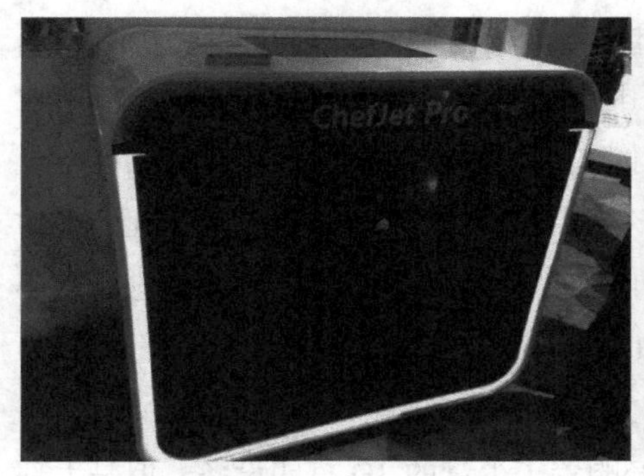

（a）ChefJet Pro 食品 3D 打印机

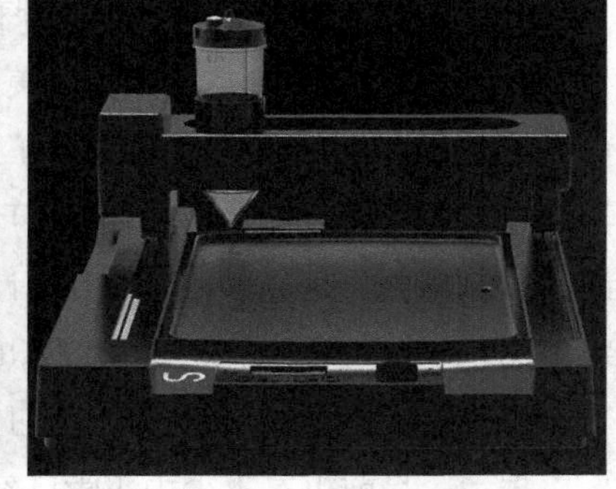

（b）网云 3D 煎饼打印机

图 10-7　几种不同的 3D 食品打印机

10.1.2　3D 打印时代的教育

时至今日，作为人才培养重要基地的高等院校和中等职业技术院校开设 3D 打印专业的依然寥寥无几。究其原因，主要受制于普通高校各方面体制内的因素，开设新的学科和专业需要层层申报和批复。这个过程在大多数时候相当漫长。也就造成现在以下局面：一方面目前和不远的将来社会需要大量 3D 打印相关专业技术人员；另一方面，我国无法大规模通过高质量的正规高等院校和中等职业技术院校培养得到大量该领域急需的紧缺人才。目前从事 3D 打印行业的专业人员大都是以前从事材料科学、信息技术、自动化、机械制造等基础学科转行而来的。虽然 3D 打印技术源于这些专业，但是在逐步进化的过程中逐步独立为一个专门的学科门类，其特有的交叉学科技术属性对人才的综合素质提出了更高的要求。

教育创新一直是一个持久而永恒的话题。培养学生的创新创意能力，提高学生的综合素质是个系统的工程。传统的应试教育大多注重理论的讲解和记忆，这种方式很容易使学生大脑僵化。如果在教育教学的过程中，引入 3D 打印技术作为辅助手段，将会从根本上改观现有授课模式下直观理解复杂知识点的现象。美国政府已经以实际行动给出了答案。在美国，几乎所有的大中小学已经开设了3D打印的课程，通过对青少年进行3D打印创新意识、技术手段的培养，3D打印成为“美国智造”的有力手段，成为中美制造业竞争的重要砝码。我国政府相关部门也应该高屋建瓴地从政策上予以指导，学校应开设集创意设计和3D打印于一体的实验课程，把数学、物理课中的许多抽象概念，通过让学生动手设计一些由3D打印组件组成的小电路和小装置，使其变成有趣的探索。3D打印机将激发新一代学生投身物理学、数学、工程和设计的热情，造就一批学生工程师。

据悉，目前也有不少中小学已经购置了少量的3D打印设备，但是大部分时间处于闲置状态。一来是因为对于这个新事物，大部分教学人员并不熟悉，更不知道如何应用到自己的课程设计中去。二来是大部分学校从心理上还没真正接受把这种新技术作为一种常态化的教学设备而认真使用起来。所以也就基本上没有把机器的实验指导书和相应的上机实验等落实到可实际操作的层面。这些设备的购置，根本上还是基于“面子工程”的需要。

对于中小学开设3D打印课程或者课外兴趣小组，其实操作起来难度并没有想象中那么大。图10-8展示了一个可供参考的标准配置3D打印教学实验室的解决方案。

一个标准配置的实验室，一般可供几十个学生（40人左右）同时使用。硬件配置主要包括一套3D扫描仪，40台左右的桌面级FDM 3D打印机和几台其他类型的3D打印机，以及一台控制主机和一台多路交换机。鉴于目前3D打印的速度限制，学生的作品很难在一节课程之内打印完成。我们可以设计一个控制软件，以一台主控计算机通过交换机连接所有的3D打印设备，使其保持在线。这样一来，学生即使下课，也可让未完成的打印任务在系统统一控制下继续打印，直至任务完成。整个系统硬件从功能上可以划分为学生机器系统和教师机器系统。系统主要功能包括以下内容。

- 40台左右3D打印机分布式运行
- 教师机一键接管
- 多机管控

（a）3D 打印教学实验室布局示意图

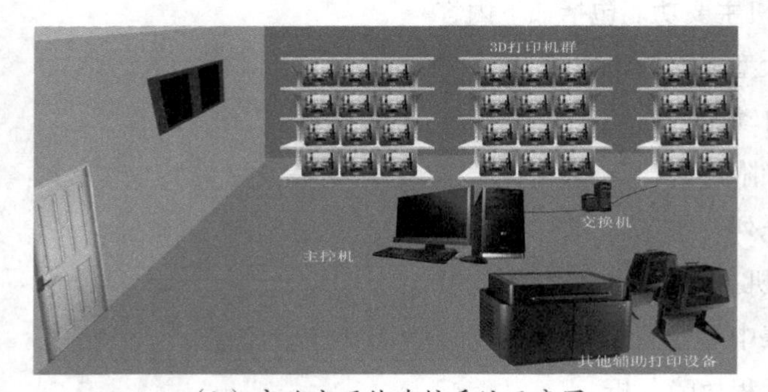

（b）实验室硬件连接系统示意图

图 10-8　3D 打印教学实验室系统架构

- 模型全推演示
- 模型共享
- 云设计
- 云管理
- 互动点评
- 教学专用模型库
- 多校合作互动
- 课件生成

- 远程故障分析
- 多机材料监测
- 分布式控制
- 用户软件一键恢复
- 为学生创业提供的模型交易
- 为学生排名提供的作品拍卖
- 学生作品自动评分
- 在线答疑
- 自动进行模型优化测试
- 自动进行模型错误分析

教师机主要功能包括如下内容。

- 大型工件打印功能
- 自动调平
- 吸附平台
- 陈列打印

学生机主要功能包括如下内容。

- 集中远程控制
- 远程故障分析
- 操作安全防护
- 易于观察（模型）
- 一键恢复
- 坚固耐用

打印制造示范区主要功能如下。

- 多机在线
- 一点多控
- 效率分析
- 材料监测

- 完成警示
- 分离式平台

规划面积：占地 200 ～ 300m^2（主要 3D 打印教室 1 个、生产示范区 1 个）其中多校合作互动功能是指不同学校之间如果使用类似的实验室设计方案，可以通过云计算架构进行信息的存贮交换，实现打印资源共享。不同的打印任务可以通过云端发送到校际之间的联网 3D 打印设备进行操作。这种方式特别适合于合作办学及联盟学校之间的实验室共建方案。

通过上述参考设计方案，有条件的学校或教育机构可以率先搭建起一个真正有效的 3D 打印教育教学平台，让学生尽快接触和掌握这一未来重要技术。至于软件和教学实验指导书，可以通过校企合作的方式进行完善。有能力的学校或教育机构可以自主研发相关软件，编制相应的实验教材和上机操作指导书。

10.1.3 3D 打印时代的制造

SDM（Stratasys Direct Manufacturing）公司的一项研究报告称，最新的 3D 打印技术已经缩短了设计师与工程师提出原型概念（Prototype Concept）、制造原型产品和测试原型产品的时间。但是 3D 打印技术要想在瞬息万变的制造业中大有作为，就必须让企业不再只是将它当作一项新的技术升级，而是要能够将它纳入日常的业务决策中。

前文已经提到过，无论是在《中国制造 2025》还是国务院“十三五”创新规划中，增材制造（3D 打印）都是不可或缺的重要支撑技术。未来的制造业，3D 打印技术将进入终端零件，特别是金属材料零部件的生产环节中。为了迎接这种巨大的产业变革，很多企业正在对现有诸多生产方式进行改造，构建自己的 3D 打印技术力量，培训新员工及购买更多的 3D 打印设备。SDM 的报告也显示，在众多受访对象中，70% 以上的受访者表示他们的企业将打算提高打印零部件的内部生产，这种趋势在航空和汽车制造等高科技行业尤为明显。

模具行业是一个跨度最大的行业，它与制造业的各个领域都发生关系。模具制造在整个制造业中是个重要的庞大市场。几乎所有产品的设计生产都需要涉及这个不可缺少的重要环节。计算机数值控制（Computer Numerical Control，CNC）加工是在制造模具时最常用的技术。虽然它能够提供高度可靠的结果，但同时也非常昂贵、费时，主要表现在设计定版的过程中。很多企业本身不具备开模的条件，毕竟所关注的侧重点不同，不可能每个企业都具有所有环节的生产能力，而且这些额外的设备需要大量的人力、物力去支撑，对于大多数企业而言，模具大部分时间处于闲置状态。因此，业务外包不失为一个很好的选择。如果模板设计定型之后进行模具生产，速度应该比较快。但是在定型之前，修改设计方案过程中很多时间耗费在来来往往的沟通和重新打样的过程中。如果企业拥有自己的 3D 打印设备，当然从成本而言，比传统的模具生产制造设备要低很多，这种情形会得到根本性的改观。所有的定版设计之前的验证都可以很快在公司自己的 3D 打印机上进行技术验证和修正，效率上的提高是不言而喻的。图 10-9 展示了一个用 3D 打印技术制作的验证模具，其表面精度和其他相关数据都已达到了传统工艺制件类似的标准，但是其制造过程所需时间较之传统生产周期有了大幅的缩减。

图 10-9　3D 打印出来的验证模具

对于制造业而言，金属材料 3D 打印是关键。很多先进制造行业，特别是航空领域，要求使用钛合金等轻质量的金属来制造生产零部件。未来的金属材料使用量在未来几年将有大幅度的上升。也正是金属材料技术的发展和材料成本的逐步降低，使 3D 打印快速走上产业应用之路，从而将 3D 打印这一产业推上一个新的发展高潮。

10.1.4 3D 打印时代的知识产权

每一项前沿高新技术的诞生都将对整个社会的现有生态产生巨大影响，3D 打印技术也不例外。3D 打印技术的应用在本书已经做了诸多论述，其应用范围的广泛程度正日益超越我们的想象。在未来，几乎所有的东西都可通过 3D 打印复制出来，实现所见即所得的应用场景。从人体器官到衣食住行各类产品都有 3D 打印的现实案例。3D 打印技术正在为人类塑造一个更加美好的未来，但是它也正在经受各种现有社会规范和伦理道德的考验。一个比较明显的例子是维基武器（Wiki Weapon）项目希望通过 3D 打印技术向社会推广自制枪械的概念，此举引起社会各方面的极大关注和纷纷质疑。在强调社会伦理规范和新技术矛盾时，又浮现出一个 3D 打印时代如何保护知识产权（Intellectual Property）的问题。

在这个逐步到来的 3D 打印时代，人们日常生活中的许多物品都会被贴上 3D 打印的标签。在这个数字与虚拟化网络构建起来的信息化社会，几乎所有的产品设计文档都以数字化方式存储在各个终端设备中。信息安全的保护稍有不慎，产品设计的 3D 打印源文件就会被非法获取。通过各种 3D 打印设备，这些源文件可以很方便地在机器上打印复制出来。然而如果没有知识产权的保护，如果每一个对产品有所觊觎的人都能从网络上便捷地下载 CAD 模型（或者其他 3D 格式源文件），谁来保护知识产权所有者的利益呢？

为了防止每个人都在家中开办各种名牌产品的“山寨”工厂（Copycatting Factory），美国专利与商标局（U.S.Patent & Trademark Office）推出了一个针对 3D 打印版权保护的“生产控制系统”。在该系统的管理下，任何与 3D 打印有关的设备在执行打印任务之前，都要将待打印的 CAD 模型与系统数据库中的数据进行比对。如果出现高比例的匹配和吻合，对应的 3D 打印任务就不能进行。由于 3D 打印机在工作时不需要联网，因此其在线版权保护效果有限，该系统最大的杀伤力应该是将网络上存在的 CAD 模型与数据库中的数据进行比对，用类似于清除盗版音像文件的方法将其清除。同时，该系统还适用于文件的上传（Uploading）阶段，任何与数据库数据高度匹配的 CAD 模型将被禁止上传。美国专利与商标局的努力乍一看无懈可击，但保护 3D 打印知识产权的难度要大大超乎任何传统产业。3D 探测软件能够帮助用户将实物数据化，软件甚至可以在手机上运行。从这个角度看，控制 CAD 模型的来源基本等于空谈。如果不能监管 CAD 模型的来源，保护版权就必须要求所有的 3D 打印机在工作时都保持联网，这种强制方式在目前远非经济和法律手段所能轻易解决。因此，3D 打印时代的版权保护之路依然任重道远。

10.2 3D 打印时代的机遇与挑战

2016 年是中国“走出去”战略正式提出的第 15 年，也是“一带一路”战略规划提出的第 3 年。从“投资中国”到“中国投资”，中国企业的海外形象正从“世界工厂”向“全球投资者”转变，“华丽转身”的背后是中企十几年的接续“出海”，是国家相关政策的稳步推进，是中国经济转型升级的大势所趋。所谓“世界工厂”是指对世界工业强国尤其是制造业强国的特定称谓。在世界经济史上，英国、美国和日本先后被称为“世界工厂”。2009 年，中国取代日本成为仅次于美国的第二大经济体并成功超越德国成为世界第一出口大国。同时，中国国制造业在全球制造业总值中所占比例达到 15.6%，成为仅次于美国的第二大工业制造国，并被全球公认为理所当然的“世界工厂”。然而，时过境迁，眼下在中国雇佣一名工人的费用是东南亚许多国家的 2 ～ 3 倍。中国的人口红利正在逐渐消失，廉价劳动力成本优势已经不复存在。与此同时，欧美发达国家正通过各种政策性引导和采取强制性措施，准备实施“再工业化”和“重振制造业”的战略。美国奥巴马政府实施的“再工业化”战略，中期目标是要重振美国制造业，创造就业，推动美国经济走出低谷等，而远期目标则是要在世界经济领域掀起一场“战略大反攻”，以“再工业化”作为抢占世界高端制造业的战略跳板，促使主导“新型制造业”的先进技术和设备在环保、能源、交通，乃至在所有经济领域遍地开花，以达到巩固并长期维持其世界第一经济超级大国地位的战略目标。奥巴马政府期望通过“再工业化”战略来延续美国经济霸主的地位。反观中国，长期以来一直高速发展、在全球处于领先地位的制造业在现阶段开始遭遇高端技术与低端成本双向夹击的局面，争当全球工业制造强国的梦想受到严峻的挑战。3D 打印时代的到来，无论是对于有着“再工业化”需求的欧美国家还是力求保住“世界工厂”地位的中国，无疑都是一缕希望的曙光。

首先，随着 3D 打印技术的日渐成熟，社会化制造对于产业工人的刚性需求将日渐减少。机器取代人工的时代已经为期不远，类似场景在郝景芳获得 74 届雨果奖的科幻小说《北京折叠》中已有诸多描述。现实中，全球最大的代工厂商富士康集团已经开始利用机器人技术，将昆山工厂的员工从 11 万减少到 5 万，成功减少人力资源成本。

其次，未来在各个领域全球化竞争随着经济模式的转变将有着根本性的变化。人类未来的经济模式将是创新经济，而不再是大规模的工业化生产，取而代之的将是以 3D 打印技术等为主要特征工具的智能制造生产模式。在 3D 打印这个领域，中国与世界发达国家之间的差距日益减小，在金属打印等部分领域，我国甚至超过欧美和日本等国家而具有行业领先地位。从 20 世纪 90 年代开始，我国很多高等院校和科研院所已经开始了 3D 打印技术的自主研发，到目前为止，成果丰硕，取得了大量的技术专利和行业成功应用案例。在第四次工业革命的历史时刻，我国和其他发达国家一样处在同一起跑线上。虽然在起点我国没有落后，但实现工业强国之路依然任重道远。创新作为一种常态和战略性思路已经在国家政策层面体现出来。这也正是《中国制造 2025》及与 3D 打印相关的其他战略性规划出台的深层次原因。如果我国能在这一宏大的战略背景下，抓住机遇、直面挑战，在 3D 打印技术领域培养大量的高技术人才作为储备，那么在未来的全球竞争中将会有深厚的资本去应对各种局面，从而实现中国工业从低成本要素竞争到创新驱动竞争的历史转折。

10.3 4D 打印技术简介

当代技术的发展速度在很多时候超乎人们的想象。人类通过几个世纪以来各个学科的知识沉淀，在某种程度上已经进入了一个“技术爆炸”的时代。各种高新技术和思想，在很多领域此起彼伏闪现着耀眼的光芒。希格斯玻色子（Higgs boson）和引力波（Gravitational Wave）的相继发现让人类对宇宙的认知有了全新的高度，也从另一个维度印证了技术的进步对基础学科研究的反馈式大力支撑。

当人们还沉浸于 3D 打印给我们带来的技术变革红利的惊喜之余，4D 打印技术的横空出世已经让快速原型制造发生了根本性的嬗变。相较于 3D 打印技术的预先建模、扫描，然后通过逐层叠加打印材料成型，4D 打印技术则直接将设计内置于打印材料之中，简化了从“概念设计”到“实物制造”的过程。让物体类似于变形金刚一样自动创造出来。所谓 4D 打印，比 3D 打印多了一个维度，也就是时间维度，人们可以通过软件设定模型和时间，变形材料会在设定的时间内变形为所需的形状。准确地说，4D 打印是一种利用可自动变形的材料（见图 10-10），直接将设计内置到物料当中，再经过简单的 3D 基础打印后，不需要连接任何复杂的机电设备，就能按照产品设计方案自动折叠成相应的形状的制造方法。4D 打印最关键部分是形状记忆合金（Shape Memory Alloy）材料的研发。4D 打印由 MIT 与 Stratasys 教育研发部门合作研发，是一种无需打印机器就能让材料快速成型的革命性新技术，大小形状可以随时间变化。

就概念而言，4D 打印对于普通大众来说非常陌生。在 2013 年于美国加州举行的 TED 2013 大会上，来自美国麻省理工学院（MIT）的斯凯拉・蒂比茨展示了 4D 打印技术，它是通过一个完整的实验向与会者展示的，并借助实验加以阐述。从时间跨度来看，4D 打印技术的提出与 3D 打印技术热潮的出现差不多同时发生，但目前大家的关注点几乎都放在 3D 打印技术及其广泛的应用之上，忽视了对 4D 打印技术的关注。

图 10-10 4D 打印材料

当然，目前 4D 打印也只是处于概念阶段，麻省理工学院的项目或运动学（Kinematics），进展依旧十分缓慢，目前能够实现自我组装的材料还很少，组装时间也长得有些难以接受，图 10-10 中的这个简单的形状折叠起来，用了将近 1 个小时。尽管如此，事实上，无论人们向前看科技发展的趋势，还是从当前挖掘科技价值、探索未来商业发展方向来看，4D 打印技术都比 3D 打印技术更具前瞻性和颠覆性，它不仅是一种生产工具的革命，更是一种由生产资料改变而引发未来整个商业生态结构方式改变的技术，因而颠覆的将不只是制造技术。

附录 A
中英文术语对照表

Additive Manufacturing（AM），增材制造

Discrete-Collecting，离散—堆积

3D Printing，3D 打印

3D Printer，3D 打印机

3D Systems，美国 3D System 公司

Rapid Prototyping（RP），快速原型制造

Prototype，手板

Printed Circuit Board（PCB），印制电路板

Computer Aided Design（CAD），计算机辅助设计

Stereolithography（STL），STL 格式文件

Stereo lithography Apparatus（SLA），光固化立体成型

Fused Deposition Modeling（FDM），熔融沉积成型

Solid Ground Curing（SGC），实体平面固化

Laminated Object Manufacturing（LOM），叠层实体制造

Selected Laser Sintering（SLS），选择性激光烧结成型

Selective Laser Melting（SLM），激光选区熔化成型

Direct Metal Deposition（DED），多层激光熔覆成型

Direct Metal Laser Sintering（DMLS），金属直接激光烧结成型

Electron Beam Melting（EBM），电子速熔覆成型

Continuous Liquid Interface Production（CLIP），连续液体界面制造

Stepper Motor，步进电机

Power Supply，电源

Linear Guide，直线导轨

Screw，丝杠

Heat Bed，热床

Extruder，挤出机

Heater，加热头

Filament，料丝

Thermistor，电热调节器

Thermocouple，热电偶

Acrylonitrile Butadiene Styrene（ABS），丙烯腈 - 丁二烯 - 苯乙烯共聚物，又称 ABS 树脂

Polylactic Acid（PLA），聚乳酸

Poly ether-ether-ketone（PEEK），聚醚醚酮

Polycarbonate（PC），聚碳酸酯

Ceramic Powder，陶瓷粉末

Carriage，滑车

Diagonal Rod，斜杆

Build Plate，打印床

Host，上位机

Client，下位机

Staircase Effect，阶梯效应

Rendering，渲染

Firmware，固件

Scanning Path，扫描路径

Contour Loops Grouping，轮廓环分组

Single Connected Domain，单联通域

Multi-Connected Domain，多联通域

Path Calculation，路径计算

Sorting & Merging Optimization，排序和合并优化

Reversing，倒置

Support Generation，支撑生成

Boolean Operations，布尔运算

Genetic Algorithm，遗传算法

Cloud Computing，云计算

Central Processing Unit（CPU），中央处理器

Graphics Processing Unit（GPU），图形处理器

Compute Unified Device Architecture（CUDA），统一计算设备架构

Stream Processor Cluster，流处理器簇

Parallel Computing，并行计算

Distributed Computing，分布式计算

Grid Computing，网格计算

Kernel，内核

Slicing，切片

Google File System（GFS），Google 文件系统

Storage Area Network（SAN），存储区域网络

Software as a Service（SaaS），软件即服务

Infrastructure as a Service（IaaS），基础设施即服务

Platform as a Service（PaaS），平台即服务

Utility Computing，效用计算

Virtualization，虚拟化

High Availability（HA），高可用性

High Scalability，高可伸缩性

Service On-Demand，按需服务

Cloud based Integrate Intelligent Management Platform for Distributed 3D Manufacturing，集成分布式制造智能管理云平台

Shared Economy，共享经济

Distributed Smart Manufacturing Point，分布式智能制造点

Designer to User（D2U），设计者到用户模式

Business Intelligence，商业智能

Data Mining，数据挖掘

Machine Learning，机器学习

Deep Learning，深度学习

Industry 4.0，工业 4.0

Cyber-Physical Systems（CPS），信息物理融合系统

Internet of Things（IOT），物联网

Knowledge Task Automation，知识工作自动化

Industrial Network Security，工业网络安全

Industrial Robot，工业机器人

Industrial Big Data，工业大数据

Industrial Cloud Computing，工业云计算

Virtual Reality，虚拟现实

Augmented Reality，增强现实

Artificial Intelligence，人工智能

Computer Numerical Control（CNC），计算机数字化控制

Intellectual Property，知识产权

Shape Memory Alloy，形状记忆合金

4D Printing，4D 打印

附录 B 3D 打印机安装测试与常见故障维修

B.1 3D 打印机安装调试

下面将通过 Makerbot Replicator 2 型号的 3D 打印机来演示其组装、配置及使用方法。

B.1.1 拆箱安装

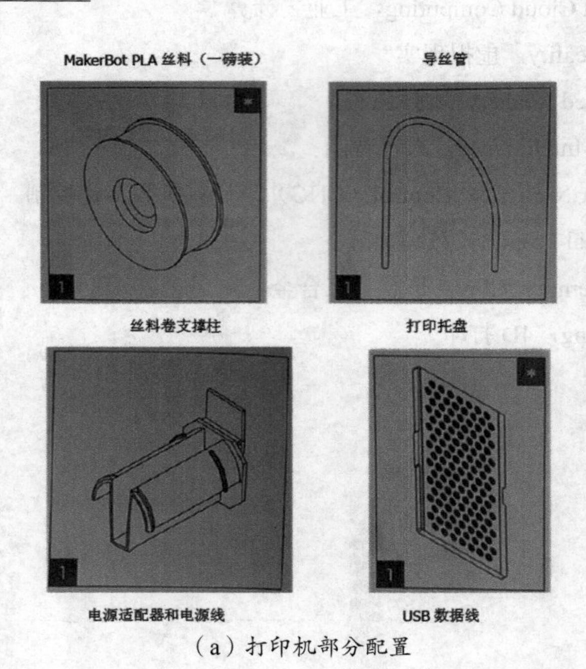

（a）打印机部分配置

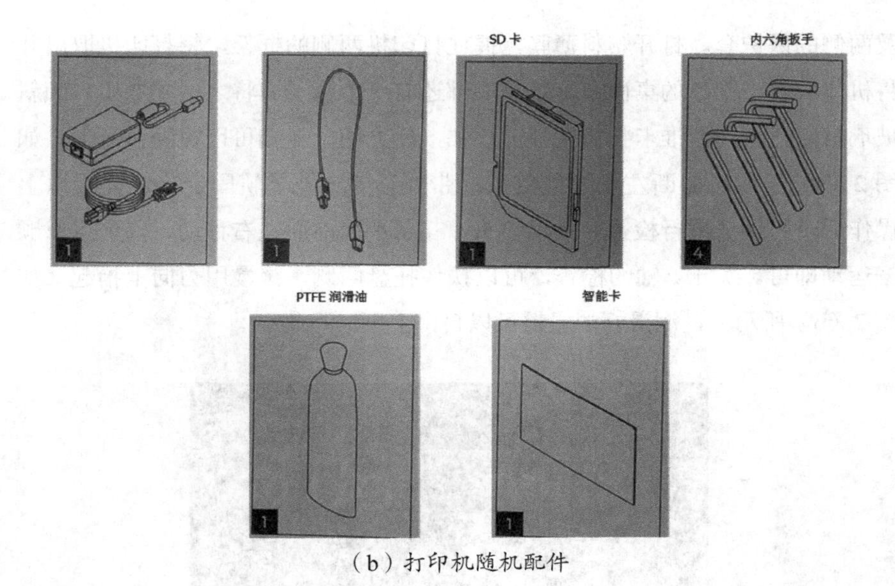

（b）打印机随机配件

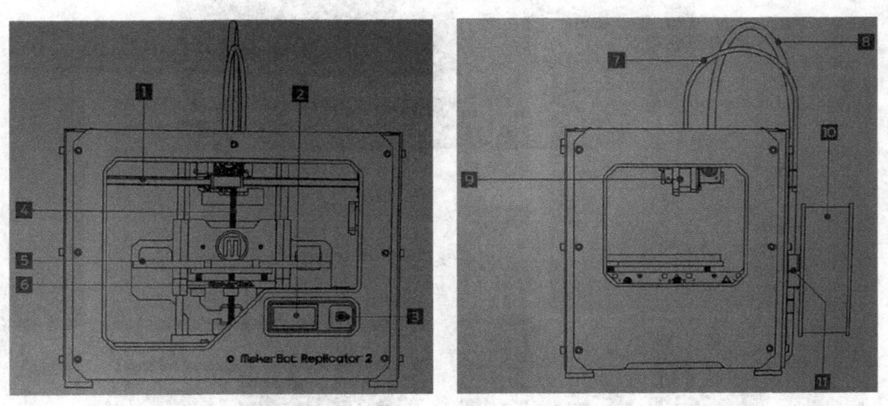

1. 龙门系统（悬梁＋导轨） 2. LCD 黑白显示器 3. 键盘 4. 螺纹 z 轴控制杆（升降控制杆） 5. 打印托盘 6. 打印平台 7. 导丝管 8. 喷头电缆 9. 喷头 10. 丝料卷 11. 耗材芯轴

（c）主机及其部件图示

图 1 Makerbot Replicator 2 打印机硬件总揽

Makerbot Replicator 2 打印机硬件安装过程是：首先，打开包装盒，拿掉保护纸板，取出放在最上面的说明书。然后，去除机器上面的保护套，以及两侧的保护套。打开塑料薄膜，握住打印机两侧的框架，将打印机取出并将机体放置于平整的桌面上。纸箱底部还有一个盒子，将之一并取出。倾斜玻璃打印托盘，对准卡扣位置往前顶住，后方两个卡扣可以很轻松卡上，如图 2（a）所示。剪断左右两侧的束线带，移除 x 轴导轨固定夹。完成以上操作后，对导轨进行检查。拨动喷头，在水平面前后左右移动，保证可以顺畅运动即可。关于 z 轴的检查，可以扶住托盘两侧，缓慢用力向上抬起（如图 2（b）所示），润滑好的机器可以自由上下。

（a）机器卡扣位置示意图

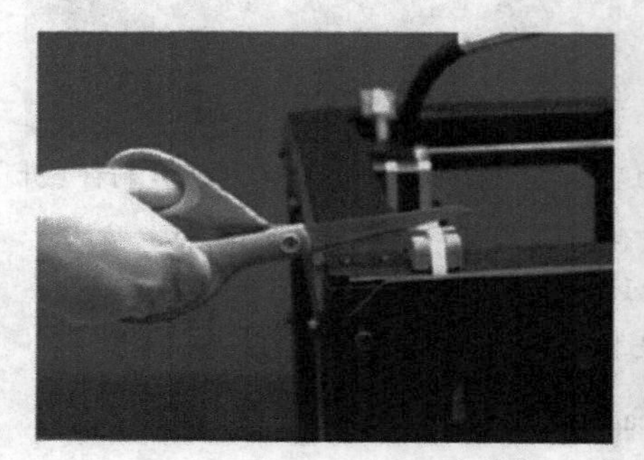

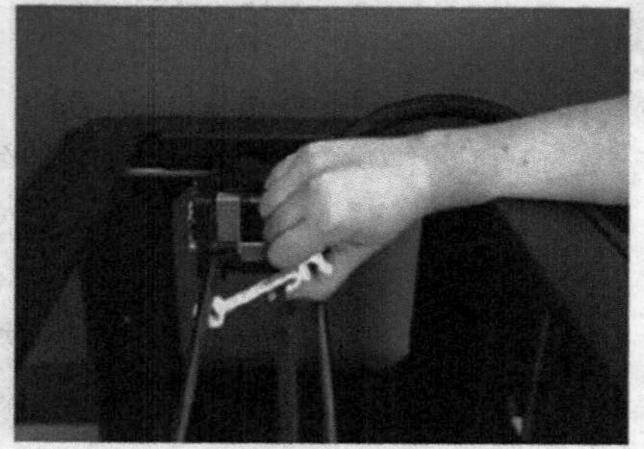

（b）检查机器导轨等部件

图 2　机器安装与检查

B.1.2 打印测试

（1）打印准备及开机预设。将导丝管的一头卡到机器背部的凹槽处，另一头插到喷头的进料处，如图 3（a）所示。

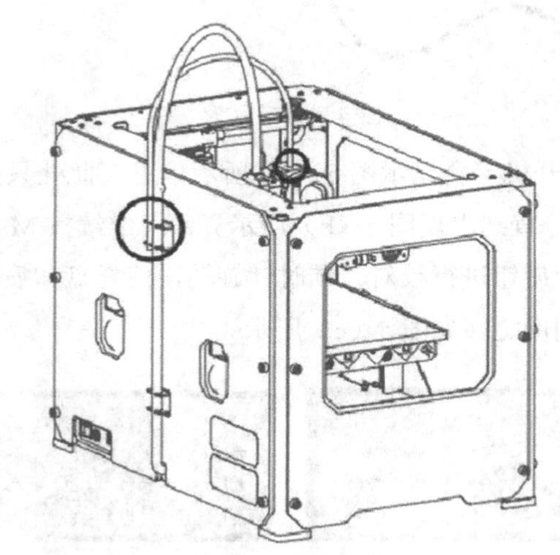

（a）安装导丝管

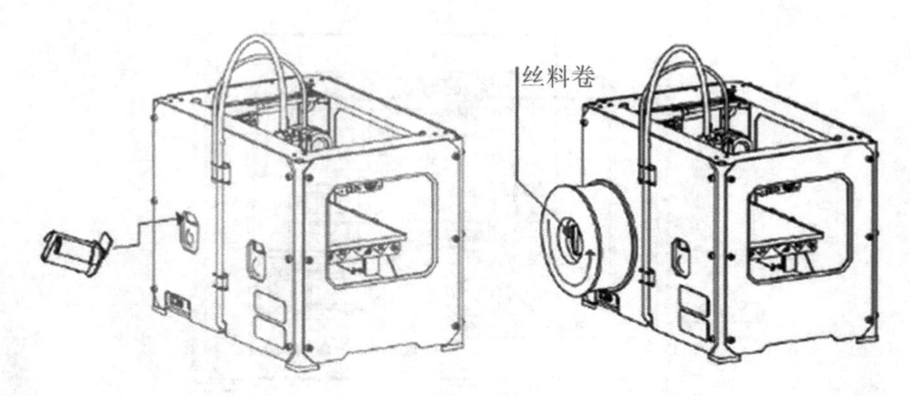

（b）安装支撑和丝料卷

图 3 安装导丝管以及丝料卷

（2）将支撑处安装到背部，同时将丝料卷安装于其上，如图 3（b）所示。

（3）接通电源，并打开接线口旁边的电源开关，如图 4 所示。

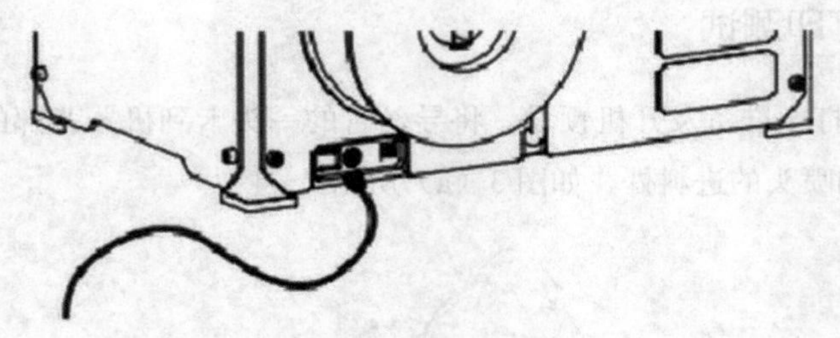

图 4　接通电源

（4）第一次开机，会显示图 5（a）所示信息。此处只需按键盘中间的红色 M 按钮即可。直到出现图 5（b）所示界面。继续按 M 按钮，根据提示操作托盘底部 3 个旋钮进行校对。顺时针旋转，使托盘和喷嘴之间的距离增大，逆时针操作则反之，如图 5（c）所示。

Welcome! I am
The Replicator 2
Press the red M to
get started!

（a）M 按钮提示

Tighten each of the
three knobs under
the build platform
about four turns.

（b）调平提示

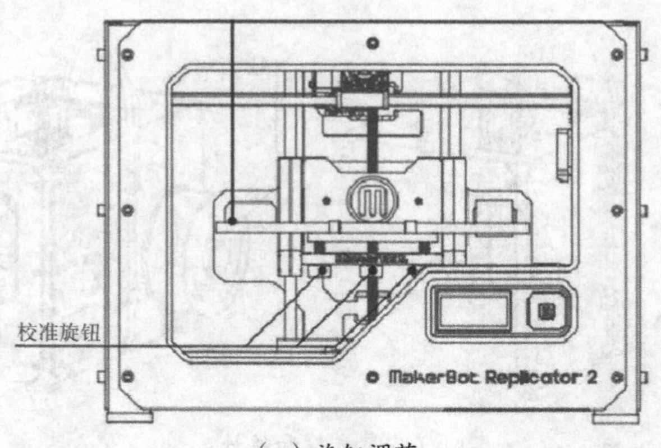

（c）旋钮调节

图 5　开机操作提示信息

（5）每按一次 M 按钮，喷嘴会移动一个位置，总共会校对 7 处。每一处用户可以用自备的普通名片厚度（约为 0.3mm）的卡片去测量喷嘴和平台之间的距离。保证卡片可以插在二者之间为宜。校准完毕，准备上料。

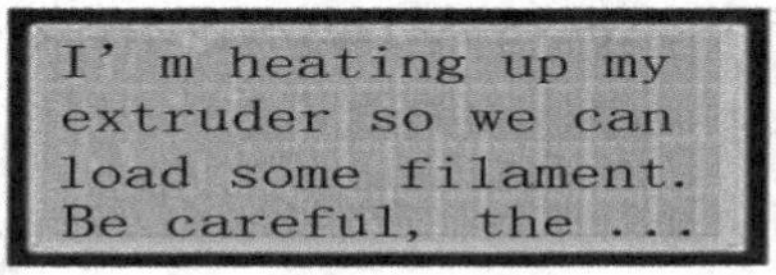

（6）出现图 6 所示的提示，此时用户要先进行挤出机（喷嘴）预热，同时将料丝插入导丝管中。继续按 M 按钮，

```
I' m heating up my
extruder so we can
load some filament.
Be careful, the ...
```

图 6　喷嘴（挤出机）预热提示

会出现新提示和进度条。等待进度条满，也就是喷嘴达到预设温度就会停止（预设温度为 230℃），用户就可以将料丝插入到挤出机的进料口了。

（7）插丝的时候力道不可太大，以免损坏喷嘴内部齿轮及丝本身直径。同时喷嘴出现融化的丝线即表示丝已经安装到位。换料操作时，只有等到出现丝线颜色是更换后的颜色，不再变化，到此，打印机的开机预设才完成，如图 7 所示。

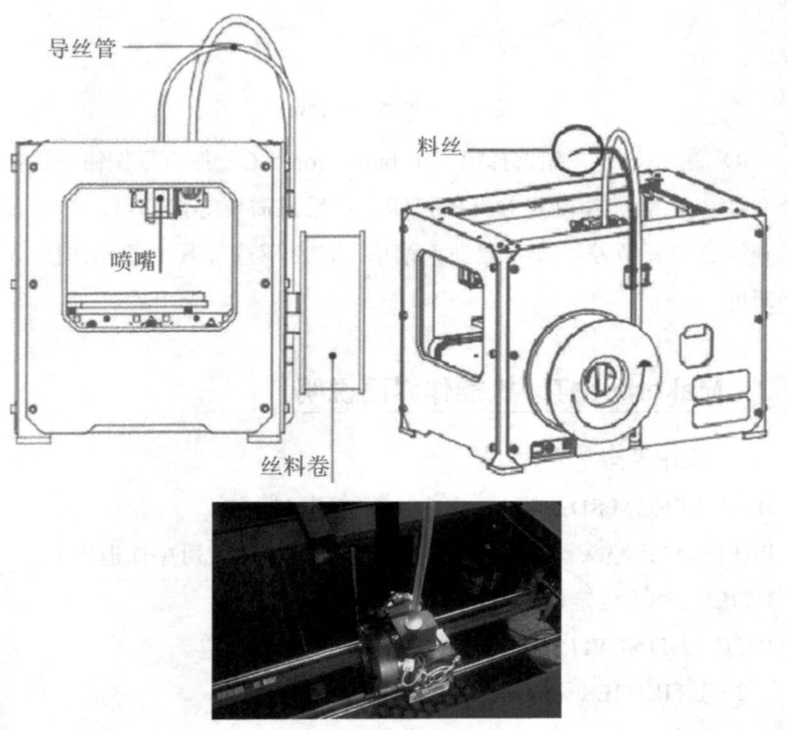

图 7　插丝准备打印

（8）开始打印。先将打印数据拷贝到 SD 卡中，然后插到打印机的卡槽内，如图 8 所示。

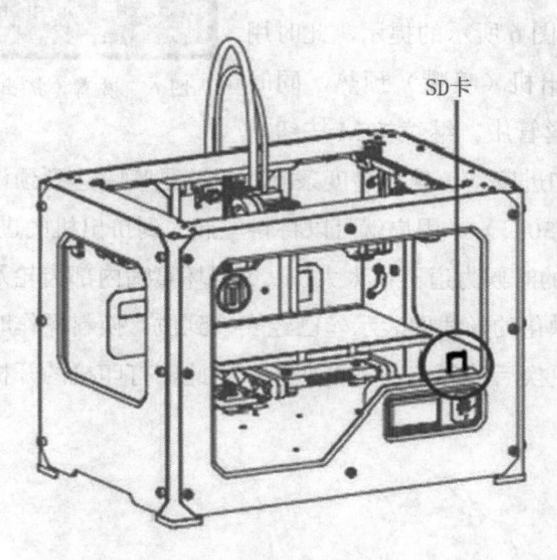

图 8　打印机 SD 卡载入

（9）首先按 M 按钮选择第一个 build from SD，按△▽按钮，选择其中一个文件，按 M 按钮确定并开始打印。然后只需要等待即可。打印过程中如遇到问题需要暂停，按◁键进入菜单，按△▽选择其中的操作按 M 按钮执行即可。

B.1.3　Makerbot 打印机操作界面说明

（1）操作界面主菜单

BUILD FROM SD：从 SD 卡中选择打印目标文件。

PREHEAT：喷头预热——加热喷嘴至预定温度（可中途退出）。

UTILITIES：设定机器打印参数。

INFO AND SETTINGS：机器系统信息和操作设定。

（2）UTILITIES 子菜单

MONITOR MODE：显示当前喷嘴的温度。若在打印中，则显示打印百分比。

CHANGE FILAMENT：更改料丝。

LOAD：料丝装载。

UNLOAD：卸载料丝。

LEVEL BUILD PLATE：引导如何调整托盘到水平位置。

HOME AXES：初始化喷头和托盘位置。

JOG MODE：通过 LCD 黑白显示器，手动操作喷头和平台移动。

RUN STARTUP SCRIPT：运行初始化校准程序（就是初始开机的水平校准和喷头预热）。

ENABLE STEPPERS：启动步进电机。当步进电机未工作时会出现此选项。步进电机工作时不可手动移动喷头和托盘。当步进电机工作时，会出现 DISABLE STEPPERS 选项，功能相反。

BLINK LEDS：让打印机内部的 LED 灯以 4Hz 的频率闪烁。若已经在闪烁，那么会出现 STOP BLINKING 选项。

（3）INFO AND SETTINGS 子菜单

BOT STATISTICS：显示打印机总共运行的时间和最近一次打印的时间。

GENERAL SETTINGS：操作设定及机器信息（包含一堆子菜单）。

SOUND：打开或者关闭打印机的提示音。

LED COLOR：开关或者变更 LED 灯的颜色，即蓝、绿、粉、橘、紫、白和黑等颜色。

ACCELERATE：允许关闭加速模式。加速模式可以让打印更加稳定，默认为开启。

HEAT HOLD：让喷头的温度保持在预定值一定时间。

HELP TEXT：指定是否需要详细的文字说明。off 为显示简短文字。

HEAT LEDS：当打印机加热时，LED 灯颜色会发生变化。当此项功能开启时，LED 颜色会从蓝变红，加热完成后恢复蓝色。

TOOL COUNT：指定打印机喷嘴的数量。Replicator2 只有 1 个喷嘴。

HEATED PLATE：加热平台。Replicator2 没有此功能。

PREHEAT SETTINGS：允许更改喷嘴的温度设定。使用△▽键升高或者降低温度，按 M 按钮保存设定。同时允许导入和卸载一些温度设定。

VERSION NUMBER：显示固件版本号。

RESTORE DEFAULTS：恢复出厂设置。

B.1.4 打印软件安装与机器操作注意事项

（1）Makerware 软件安装使用

在 Makerbot 官方网站上（http://www.makerbot.com/makerware）下载相关驱动软件。该软件支持多个操作系统，还可以运行在不同软件平台之上。目前该软件有如下 8 个不同版本。

Mac OS X（Lion/10.7+）

Mac OS X（Snow Leo./10.6）

Windows8.1 X64

Windows8.1 X86

Windows7/8 X64

windows7/8 X86

Windows XP

Linux（Ubuntu/Fedora）

用户可以根据需要自行选择安装。安装完成后会生成图 9（a）所示图标。双击运行会出现图 9（b）所示软件主界面。

软件安装运行启动以后，可以参阅相关文档资料，学习 Makerware 的使用方法，就可以用它和打印机联机测试打印任务。

（2）机器操作和维护注意事项

① 打印和加热过程中，切勿随意触碰喷头，以免烫伤。

② 打印过程中，不可对喷头和平台进行移动操作，否则可能会损坏步进电机。

（a）桌面软件快捷方式图标

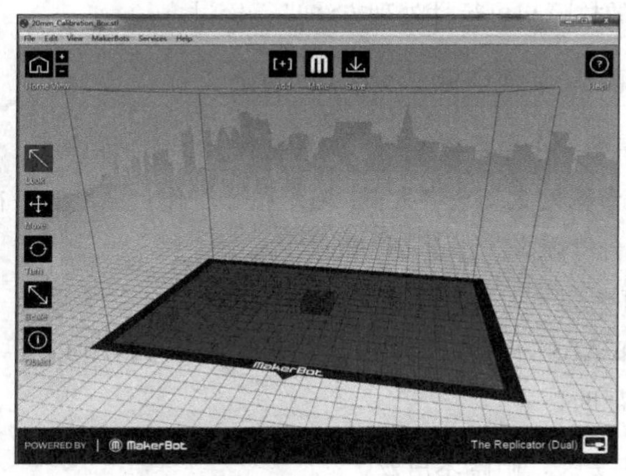

（b）Makerware 运行主界面

图 9　软件运行

③ 打印过程中，由于料丝熔化会产生难闻气体，建议选择一个通风环境好的房间进行打印。同时注意避免强风直接吹入打印平台，以免影响作品成型质量。

④ 定期清理喷头，避免喷头堵塞。

⑤ 料丝最好密封放置，且不可以折弯拉细。

⑥ 平台在久置不工作后，重新打印之前最好重新校准一次，同时保持表面洁净，不可有指印灰尘之类的异物。

⑦ 机器长时间不用，请密封保存，避免积灰引起机械不良。

B.2　3D 打印机常见故障与处理方法

任何机器都不能排除意外的发生，3D 打印机自然也不例外。因 3D 打印机的打印速度一般较慢，耗时较长，且具有严格的自控性，故设计师往往会在为机器预设任务后离开。实际上，一旦 3D 打印机出现故障，它的打印任务会失败，所打印的作品也就会变得凌乱无序而不成型。这样不仅浪费时间与 3D 打印材料，更会对设计加工任务产生很大的不良影响。下面就 3D 打印设备常见的故障与可行性处理方法进行探讨。

1. 故障现象一：模型黏合不到工作台上

（1）喷嘴离工作台距离太远，调整工作台和喷嘴距离。

（2）工作台温度太高或者太低。ABS 打印工作台温度应该在 110℃左右，PLA 打印工作台温度应该稳定在 55℃左右。

（3）打印耗材本身问题，换其他耗材重试。

（4）打印 ABS 一般在工作台贴上高温胶带，打印 PLA 一般在工作台上贴上美纹纸帮助黏合。

2. 故障现象二：喷嘴不出丝

（1）检查送丝器。加温进丝，如果是外置齿轮结构送丝则观察齿轮是否转动，若属内置步进电机送丝则观察进丝时电机是否微微震动并发出工作响声。若无，则检查送丝器及其主板的接线是否完整。

（2）通过温控传感器查看温度。ABS 打印喷嘴温度为 210℃～230℃，PLA 打印喷嘴温度为 195℃～220℃。

（3）查看喷嘴是否堵头。料丝上好后，用手稍微用力推动看喷嘴是否出丝，如果出丝，则喷嘴没有堵头，如果不出丝，则清理喷嘴或直接更换喷嘴。

（4）检查工作台是否离喷嘴过近。如果工作台离喷嘴过近则工作台挤压喷嘴不能出丝。调整喷嘴与工作台之间的距离。

3. 故障现象三：3D 打印机工作一段时间就自动停止

出现此种情形可能是因为 3D 打印机工作过程中温度不稳定，当温度降到最低设定下限时，挤出机会停止工作。对上述情形，主要有以下 3 种应对方案。

（1）设定机器打印过程温度与打印首层温度一致。

（2）将整体温度调高，让挤出机头部温度不至于降低至最低下限温度以下，这样可以有效避免发生强制停止现象。

（3）降低原来设定的最低下限温度，避免温度降低超过设定下限。

4. 故障现象四：接通电源后，控制板无反应

出现类似情况，可按以下步骤逐步排除故障。

（1）首先检查各部位线头是否松动。如果有类似情形，连接好松动的部分，重新通电测试。

（2）检查电源插口内保险管是否损坏。若损坏则更换后通电重试。

（3）检查电源是否损坏。

（4）若以上步骤无问题，通电后板子仍无反应，则板子损坏，更换后重新检测。

5. 故障现象五：打印模型错位

（1）切片模型错误。若发现打印错位，将模型文件重新切片，让软件重新生成 Gcode 再打印测试。

（2）模型图纸问题。出现错位换切片后模型还是一直错位，换成以前打印成功的模型图重试，如果无误，重新制作模型。

（3）打印中途喷嘴被强行阻止路径。首先，打印过程中不能用手触碰正在移动的喷嘴。其次，如果模型打印最上层有积削瘤，则下次打印将会重复增大积削，一定程度坚硬的积削瘤会阻挡喷嘴正常移动，致使电机发生丢步，从而导致模型打印错位。

（4）电压不稳定。打印错位时观察是否为大功率电器如空调电闸关闭时导致打印错位。若是，则在电源加上稳压设备。若否，则观察打印错位是否都是每次喷嘴走到同一点出现行程受阻，喷嘴卡位后出现错位。出现此种情况一般是由于 x、y、z 轴电压不均所致，此时要调整主板上 x、y、z 轴电

流使其通过三轴电流基本均匀。

（5）主板问题。若上述问题都解决不了错位，而且出现最多的是打印任何模型都同一高度错位，则需要更换系统控制板。

6. 故障现象六：打印过程中出现丢步现象

打印过程中出现丢步现象，究其原因，可能是下列因素所致。

（1）打印速度过快。可适当降低 X、Y 电机速度。

（2）电机电流过大，导致电机温度过高。

（3）皮带过松或太紧。

（4）电流过小也会导致步进电机丢步现象发生。如果是因为电流过大或者电流过小可以改变电流大小。

7. 故障现象七：步进电机抖动，不正常工作

步进电机抖动，不正常工作可能的原因为步进电机相序接错，调整一下即可。

8. 故障现象八：打印过程中挤出机发出异响

打印过程中挤出机发出异响应该是挤出机堵头了，原因大概有以下 6 种。

（1）所选材料劣质，粗细不均匀，气泡杂质较多，不完全熔化。

（2）打印头温度过高或长时间使用，材料会碳化成黑色小颗粒堵在打印头里。

（3）可能是散热问题。

（4）换材料时，残料没有处理干净，会留在送料轴承或者导管附近。

（5）检查送料齿轮是否磨损或残料太多，导致扭力不足。

（6）可能是模型切片本身导致。因切片软件生成的 Gcode 非匀速，部分打印区域速度加快，可能会导致异常声响。

处理方法如下。

（1）先调平，然后换其他打印材料重试。

（2）清理送料齿轮。

（3）疏通或者直接更换打印头。

9. 故障现象九：打印模型出现拉丝现象

打印出来的模型中间出现很多不需要的料丝，如图 10 所示。

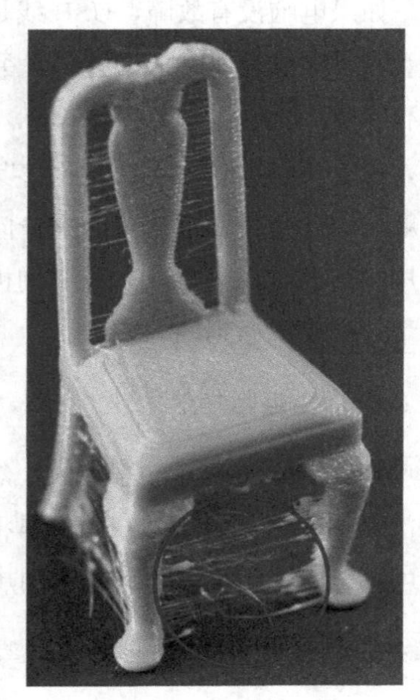

图 10　模型拉丝

产生此现象的主要原因为挤出机喷头在非打印状态下移动时，喷头滴落部分融熔细丝。

处理方法：大多数 3D 打印机都有回抽（Retraction）功能。启动此功能后，在非打印状态下移动喷头前打印机就会将料丝缩回。这样就不会有多余的打印材料从喷头滴落形成拉丝。确保在分层软件中启动回抽功能。以 Cura 为例，回抽设置位于 Advanced 中的 Retraction 栏里，可以加大回抽速度和回抽距离来减少拉丝现象，不过这两个参数不要设置的过大，过大过快的回抽对电机和快接头都有很大的负担。Z hop 设置位于专家（Expert）中的专家设置（expert setting）里面，这个参数的含义是，发生回抽的时候，先抬高打印头。相信通过这两个关键参数的更改，可以很大程度上缓解拉丝现象。

10. 故障现象十：打印过程突然中断

首先，排除系统断电的情况，如果是断电引起的，确保打印全程不断电。其次，USB 线打印时，先排除电脑故障，如死机、卡、休眠等。确保打印过程中控制主机运行正常。如果电脑没有故障，USB 线是否带磁珠，如是，需消除电磁干扰。大型模型打印建议使用 SD 卡打印。另外，中断打印后，查看喷头及平台温度，如不正常，可能是电源功率不够，建议更换打印机电源。

除了上述常见故障，在打印过程中也会出现很多其他突发性硬件故障和模型打印问题。用户一般可以通过排除法来逐步查清问题根源所在，并提出相应的解决方案，如果用户自己难以排除，可以咨询机器生产厂家或查阅相关技术文档看是否可以帮助解决所遇到的问题。

11. 故障现象十一：挤出头电阻加热太快

首先检查机器电源电压是否正常或者功率太大，然后检查温控器是否工作正常。如果上述硬件没有问题，可以考虑在固件里将最高温度调低。控制最高温度依然无效的话可以考虑重新换一个低功率加热管。

12. 故障现象十二：归零时，*xyz* 轴中已有到达零点电机依然在动

首先迅速关闭电源，然后检查行程开关是否接触不良或者损坏。

13. 故障现象十三：温度一直都不升高

检查加热棒、加热电阻的引线与延长线之间的压接套，查看是否有接触不良的问题。

14. 故障现象十四：喷嘴温度及热床温度与设定温度有温差幅度

若喷嘴温度与设定温度在打印过程中有波动，观察喷嘴加热块，加热棒有无松动。若热床温度出现波动，观察加热温感线是否正常。一般情况下，热床的底板加热线在工作台下面用保温导热贴纸固定，时间久了有些贴纸会有松动现象，会导致热床温度有波动。

15. 故障现象十五：喷嘴温度总是比预定温度小 10℃左右且一直处于这种状态。

检查喷头上吹向喷嘴的风扇是否装反，如果有误，拆开喷头重新安装即可。

在 3D 打印机的使用操作过程中，除了上述常见问题，很可能有其他各种故障产生。遇到这种情况，如果无法判断故障原因，首先，在保证机器不会受到更大损坏的情况下切断电源。然后，通过查询相关型号机器的说明书和操作手册查看是否可以找到问题的解决方案。如果自己无法解决可以通过咨询相关厂家寻求官方解决方案。

参考文献

[1] 王运赣，王宣．3D 打印技术．华中科技大学出版社，2014.

[2] 中国机械工程学会 .3D 打印：打印未来 . 中国科学技术出版社，2013.

[3] Christopher Barnatt．3D 打印，正在到来的工业革命 . 人民邮电出版社，2013.

[4] Ulrich Sendler．INDUSTRIE 4.0．乌尔里希 . 森德勒：工业 4.0．机械工业出版社，2015.

[5] 胡迪 . 利普森（美）．3D 打印：从想象到现实．中信出版社，2013.

[6] 李汉．一种步进电机快速准确定位系统的设计及其分析 .

[7] 詹姆斯 . 凯利（美）．3D 打印就这么简单．人民邮电出版社，2014.

[8] 张会．ZPrinter310 系统 X-Y 执行机构中的 Y 轴设计 .

[9] 张昌明．三维打印机 ZPrinter310 系统 Z 向升降台的结构设计 .

[10] 张鸿海．基于喷墨打印机的三维打印快速成型系统开发及实验研究 .

[11] 周稀章、周全．如何正确选用电动机．机械工业出版社 .

[12] 陈根：4D 打印，改变未来商业生态．机械工业出版社，2015.

[13] LEE K S，KIM S H．Non-uniform deformation of an STL model satisfying error criteria．Computer-Aided Design，2010，42930: 238-247.

[14] 钟山，杨永强．快速成型数据就处理的分层算法．计算机集成制造系统，2011，17（6）：1195-1120.

[15] 王从军，黄树槐．由 3 维离散数据反求曲面 STL 数据文件 . 中国机械工程．2000 年 10 期 .

[16] 关履泰，覃廉，张健．用参数样条插值挖补方法进行大规模散乱数据曲面造型 . 计算机辅助设计与图形学学报，2006 年 03 期 .

[17] 彭学军，肖跃加，韩明，黄树槐．快速原型制造系统中切片数据拟合算法的研究．华中理工大学学报，2000，28（5）:27-29.

[18] 韩明，孔亚洲，俞红，黄树槐. STL 切片数据的 NURBS 曲线拟合算法 . 华中科技大学学报（自然科学版），2002 年 01 期 .

[19] 赵保军，汪苏，陈五一. STL 数据模型的快速切片算法 . 北京航空航天大学学报，2004 年 04 期 .

[20] 严梽铭，钟艳如. 基于 VC++ 和 OpenGL 的 STL 文件读取和显示. 计算机系统应用，2009 年第 3 期 .

[21] 张鸿平，叶春生 . 熔丝沉积成型的混合路径填充算法及其 G 代码实现. 锻压技术，2011 年 6 月 .

[22] 蔡道生，史玉升，黄树槐 . 快速成型技术中轮廓环的分组算法及其应用 . 华中科技大学学报（自然科学版），2004 年 1 月，Vol. 32，No.1.

[23] 卞宏友，刘伟军，王天然，赵吉宾. 基于 STL 模型支撑生成算法的研究 . 机械设计与制造，2005 年 7 月 .

[24] 刘厚才，储爱民. 三维打印快速成型零件制作方向的优化研究. 工程图学学报，2009 年第 3 期 .

[25] 洪军，武殿梁，李涤尘. 光固化快速成型中零件制作方向的多目标优化问题研究 . 西安交通大学学报，2001，35950:506-509.

[26] Schenke S，Wuensche B，Denzler J. GPU-based volume segmentation. Proc of IVCNZ，2005.

[27] John Nickolls，Ian Buck，Michael Garland，Kevin Skadron. Scalable Parallel Programming with CUDA. GPU Computing Queue Homepage archive，Volume 6 Issue 2，2008.

[28] 张永. FDM 快速成型中工艺支撑的智能化设计 . 南昌大学，2008.

[29] 龚志海. 熔丝沉积成型工艺支撑自动生成技术研究. 华中科技大学，2006.

[30] 周培德，王树武，李斌. 连接不相交线段成简单多边形（链）的算法及其实现. 计算机辅助设计与图形学学报，2002，14（6）：522-525.

[31] 董学珍. 光固化快速成型中柱形支撑自动生成算法研究. 华中科技大学，2004.

［32］卞宏友，刘伟军，王天然：基于 STL 模型垂直切片的支撑自动生成算法研究．仪器仪表学报，2007，28（2）：213-216．

［33］王清辉，王彪．Visual C++ CAD 应用程序开发技术．机械工业出版社，2003．

［34］毕硕本，张国建，侯荣涛．三维建模技术及实现方法对比研究．武汉理工大学学报，2010，32（16）：27-30．

［35］钱悦．图形处理器 CUDA 编程模型的应用研究．计算机与数字工程 V36，No12，2008．

［36］Jason Sanders，Edward Kandrot．CUDA by Example．Addison WesleyProfes-sional，2010．